锐捷ICT认证系列丛书

锐捷认证互联网专家RCIE&RS理论指南（上册）

黄君羡 黎 明 叶春晓 卢金莲 著

正月十六工作室 组编

电子工业出版社
Publishing House of Electronics Industry
北京·BEIJING

内 容 简 介

本书是锐捷认证互联网专家 RCIE&RS 的配套教材，由锐捷金牌讲师、教学名师、RCIE&RS 讲师等行业资深人员共同编写，全面融入 RCIE&RS 认证最新标准，通过 12 章详细讲解了 IS-IS 路由协议概述、IS-IS 路由协议区域设计、IS-IS 路由协议安全性和可靠性、IS-IS 路由协议计算方法、IS-IS 路由协议可扩展能力、BGP 路由基础、BGP 路径属性、BGP 选路、BGP 特性、IP 组播基础、组播路由协议、路由信息规划设计等知识。

本书适合具备一定网络基础的读者提升路由与交换技能。无论是准备参加 RCIE&RS 认证的考生，还是希望提升数通技能的网络工程师，都能从本书中获得帮助。

未经许可，不得以任何方式复制或抄袭本书之部分或全部内容。
版权所有，侵权必究。

图书在版编目（CIP）数据

锐捷认证互联网专家 RCIE & RS 理论指南．上册 / 黄君羡等著；正月十六工作室组编．-- 北京：电子工业出版社，2025. 6. -- ISBN 978-7-121-48745-3

Ⅰ．TP393

中国国家版本馆 CIP 数据核字第 2024G5V374 号

责任编辑：王　花
印　　刷：三河市华成印务有限公司
装　　订：三河市华成印务有限公司
出版发行：电子工业出版社
　　　　　北京市海淀区万寿路 173 信箱　　邮编：100036
开　　本：787×1092　　1/16　　印张：18.25　　字数：467.20 千字
版　　次：2025 年 6 月第 1 版
印　　次：2025 年 6 月第 1 次印刷
定　　价：198.00 元

凡所购买电子工业出版社图书有缺损问题，请向购买书店调换。若书店售缺，请与本社发行部联系，联系及邮购电话：(010) 88254888，88258888。
质量投诉请发邮件至 zlts@phei.com.cn，盗版侵权举报请发邮件至 dbqq@phei.com.cn。
本书咨询联系方式：(010) 88254608，sunw@phei.com.cn。

前 言

随着数字经济的迅猛发展,网络技术的作用和价值受到前所未有的关注和重视。锐捷网络股份有限公司(以下简称"锐捷")作为成立于 2003 年的老牌 ICT 民族企业,是行业领先的网络基础设施及解决方案提供商,始终致力于将技术与应用充分融合,创造性地解决客户问题。锐捷在全球拥有 8 大研发中心、8000 余名员工,业务范围覆盖 80 多个国家和地区,服务于各行业客户的数字化转型。锐捷认证体系不仅代表了网络技术、数据通信技术的行业至高标准,更是网络工程师打开职业生涯晋升通道的"黄金钥匙"。

本书的著者亲历、研究锐捷认证体系(从早先的 RCNA,到之后的 RCNP,再到如今的 RCIE)超过 10 年,以国育产教融合教育科技(海南)有限公司为代表的锐捷体系的人才供应商和技术服务商也为本书提供了大力支持。

RCIE&RS 认证作为锐捷认证体系中的最高级别认证,其认证过程严格且富有挑战性。网络工程师想通过该认证,需要掌握深厚的理论基础知识和具备丰富的实战经验。该认证一经推出,就成为广大网络工程师提升自己、追求卓越的理想之选。不过,市面上关于该认证的图书几乎是空白的,这也给广大网络工程师的备考之路增加了障碍。在此背景下,为了满足广大网络工程师的学习需求,著者打造了《锐捷认证互联网专家 RCIE&RS 理论指南(上册)》《锐捷认证互联网专家 RCIE&RS 理论指南(下册)》《锐捷认证互联网专家 RCIE&RS 实验指南》。其中,《锐捷认证互联网专家 RCIE&RS 理论指南(上册)》和《锐捷认证互联网专家 RCIE&RS 理论指南(下册)》的编写以理论为主、以案例分析为辅,《锐捷认证互联网专家 RCIE&RS 实验指南》旨在帮助读者深入理解锐捷网络技术的原理和应用,掌握锐捷网络设备的配置和管理技能。3 本书都能为考生顺利通过 RCIE&RS 认证打下坚实的基础。

本书具有以下特色。

1. 金牌团队,赋能人才培养

本书由锐捷金牌讲师、教学名师、RCIE&RS 认证讲师等行业资深人员共同编写,全面融入 RCIE&RS 认证最新标准,将理论与实践相结合。

2. 书证融通,快速提高水平

本书共 12 章,详细讲解了 IS-IS 路由协议概述、IS-IS 路由协议区域设计、IS-IS 路由协议安全性和可靠性、IS-IS 路由协议计算方法、IS-IS 路由协议可扩展能力、BGP 路由基础、BGP 路径属性、BGP 选路、BGP 特性、IP 组播基础、组播路由协议、路由信息规划设计等知识。与《锐捷认证互联网专家 RCIE&RS 理论指南（下册）》《锐捷认证互联网专家 RCIE&RS 实验指南》的内容紧密结合。

3. 配套资源丰富

本书配套锐捷官方模拟器、实验拓扑结构、配置手册、模拟题库等电子资源，并动态同步 RCIE&RS 认证。

本书由正月十六工作室组编，相关参与单位和参与人员的信息如下表所示。

参与单位	参与人员
锐捷网络股份有限公司	汪双顶、黎 明
广东交通职业技术学院	黄君羡、欧 薇
正月十六工作室	卢金莲、欧阳绪彬
国育产教融合教育科技（海南）有限公司	江 政

由于著者学术水平有限，书中难免存在不足之处。我们衷心地希望广大读者在使用本书的过程中提出宝贵的意见和建议，以便我们不断完善和更新内容。

著 者

2025 年 3 月

目　　录

第 1 章　IS–IS 路由协议概述 1

1.1　IS-IS 路由协议基础知识 2

1.1.1　IS-IS 路由协议概念 2

1.1.2　IS-IS 路由协议相关术语 2

1.1.3　IS-IS 路由协议地址编码方式 3

1.1.4　IS-IS 路由协议 NET 配置 5

1.1.5　IS-IS 路由协议报文通用头部格式及类型 5

1.2　IS-IS 路由协议邻居关系建立 12

1.2.1　IS-IS 路由器分类 12

1.2.2　IS-IS 路由协议网络类型与邻居关系建立过程 19

1.2.3　DIS 的选举及特点 21

问题与思考 23

第 2 章　IS–IS 路由协议区域设计 24

2.1　IS-IS 路由协议分层设计 24

2.1.1　IS-IS 路由协议分层概念 24

2.1.2　IS-IS 路由协议区域划分 27

2.1.3　IS-IS 路由协议骨干区域 28

2.2　IS-IS 路由协议数据库交互 30

2.2.1　广播网络类型数据库同步 31

2.2.2　P2P 网络类型数据库同步 34

问题与思考 37

第 3 章　IS–IS 路由协议安全性和可靠性 39

3.1　IS-IS 路由协议认证 39

3.1.1　IS-IS 路由协议认证分类 40

3.1.2　IS-IS 路由协议认证实施 41

3.2　IS-IS 路由协议可靠性 48

3.2.1　BFD 48

		3.2.2 GR 53
	问题与思考 56

第 4 章 IS-IS 路由协议计算方法 57

4.1 SPF 算法概述 57

4.1.1　SPF 算法计算 58

4.1.2　I-SPF 算法计算 63

4.1.3　PRC 算法计算 64

4.1.4　路由信息计算 65

4.2 路由信息渗透 69

4.2.1　路由信息渗透产生 69

4.2.2　路由信息渗透过程 70

问题与思考 77

第 5 章 IS-IS 路由协议可扩展能力 79

5.1 IS-IS 路由协议可扩展能力概述 79

5.1.1　IS-IS 路由协议扩展性 79

5.1.2　IS-ISv6 80

5.2 IS-IS 路由协议 MTR 82

5.2.1　IS-IS 路由协议 MTR 概述 82

5.2.2　IS-IS 路由协议 MTR 应用 84

5.3 IS-IS 路由协议 LSP 分片扩展 89

问题与思考 91

第 6 章 BGP 路由基础 92

6.1 BGP 概述 92

6.1.1　BGP 术语 93

6.1.2　BGP 特征 94

6.1.3　BGP 报文类型 95

6.2 BGP 对等体 99

6.2.1　BGP 对等体状态 99

6.2.2　BGP 对等体关系建立 100

6.3 BGP 路由信息生成与传递 105

6.3.1　BGP 路由信息生成方式 105

6.3.2　BGP 路由信息传递规则 109

问题与思考 114

第 7 章 BGP 路径属性 116
7.1 BGP 路径属性分类 116
7.1.1 BGP 公认路径属性 117
7.1.2 BGP 可选路径属性 118
7.2 BGP 常用路径属性 120
7.2.1 Origin 属性 120
7.2.2 AS-Path 属性 122
7.2.3 Next Hop 属性 125
7.2.4 Local-Preference 属性 126
7.2.5 MED 属性 128
7.2.6 Community 属性 130
7.2.7 Atomic-Aggregate 属性 136
7.2.8 Aggregator 属性 137
7.2.9 Weight 属性 138
问题与思考 138

第 8 章 BGP 选路 140
8.1 BGP 选路概述 141
8.1.1 BGP 路由信息处理 141
8.1.2 BGP 选路由来 141
8.1.3 BGP 路由信息 Next Hop 属性不可达 142
8.2 BGP 选路原则 143
8.2.1 优选 Weight 属性的值较大的路由信息 143
8.2.2 优选 Local-Preference 属性的值较大的路由信息 146
8.2.3 优选 AS-Path 属性较短的路由信息 150
8.2.4 优选 Origin 属性为 IGP、EGP、INCOMPLETE 的路由信息 154
8.2.5 优选 MED 属性的值较小的路由信息 160
8.2.6 优选 EBGP 对等体传递的路由信息 171
8.2.7 优选最近的 IGP 对等体传递的路由信息 173
8.2.8 执行等价负载均衡 174
8.2.9 优选 Router ID 较小的对等体传递的路由信息 177
8.2.10 优选 Cluster List 属性较短的路由信息 179
8.2.11 优选较小的对等体地址路由器传递的路由信息 181
问题与思考 183

第 9 章 BGP 特性 185

9.1 BGP 路由反射器和 BGP 联盟 186
9.1.1 BGP 路由反射器 187
9.1.2 BGP 联盟 198
9.1.3 BGP 路由反射器和 BGP 联盟对比 203

9.2 BGP 高级特性 204
9.2.1 对等体组 204
9.2.2 BGP 路由信息汇总和 BGP 默认路由信息 208
9.2.3 BGP 安全特性 217

问题与思考 220

第 10 章 IP 组播基础 222

10.1 IP 组播基本概念 223
10.1.1 传统点到点应用 223
10.1.2 广播部署点到多点应用 224
10.1.3 组播部署点到多点应用 225
10.1.4 组播服务模型 226
10.1.5 组播地址分类 227

10.2 IGMP 工作原理 229
10.2.1 IGMPv1 231
10.2.2 IGMPv2 236
10.2.3 IGMPv3 239

10.3 IGMP Snooping 241
10.3.1 IGMP Snooping 工作原理 241
10.3.2 IGMP Snooping 接口分类 243
10.3.3 IGMP Snooping 工作模式 243

问题与思考 244

第 11 章 组播路由协议 246

11.1 组播网络部署结构 246
11.1.1 组播分发树 247
11.1.2 RPF 检查 248

11.2 PIM 251
11.2.1 PIM-DM 251
11.2.2 PIM-SM（ASM） 256

		11.2.3　PIM-SM（SSM） 262
	问题与思考 263
第 12 章　路由信息规划设计 265
	12.1　路由信息重分布 265
		12.1.1　路由信息重分布概念 265
		12.1.2　路由信息重分布类型 267
	12.2　路由信息过滤策略和路由信息控制方法 274
		12.2.1　路由信息过滤策略 275
		12.2.2　路由信息控制方法 279
	问题与思考 281

第 1 章　IS-IS 路由协议概述

> 【学习目标】

IS-IS 路由协议属于 IGP（Interior Gateway Protocol，内部网关协议），用于 AS 内。IS-IS 路由协议也属于一种链路状态路由协议，使用 SPF 算法计算路由。

学习完本章内容应能够：
- 了解 IS-IS 路由协议概念
- 了解 IS-IS 路由协议相关术语
- 掌握 IS-IS 路由协议地址编码方式
- 掌握 IS-IS 路由协议 NET 配置
- 掌握 IS-IS 路由协议报文通用头部格式及类型
- 了解 IS-IS 路由协议邻居关系建立

> 【知识结构】

本章主要介绍 IS-IS 路由协议概述，内容包括 IS-IS 路由协议概念、IS-IS 路由协议相关术语、IS-IS 路由协议地址编码方式、IS-IS 路由器分类等。

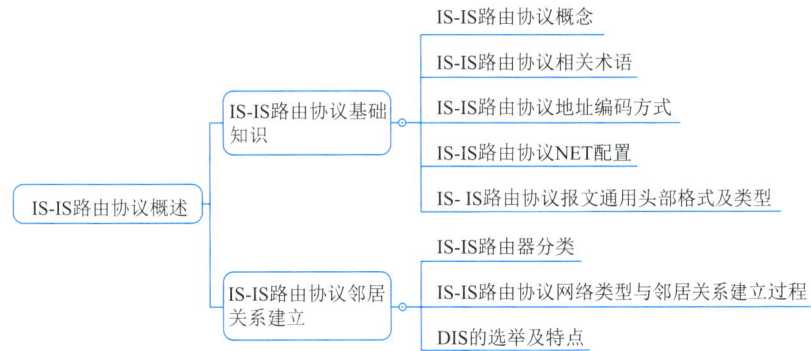

1.1 IS-IS 路由协议基础知识

1.1.1 IS-IS 路由协议概念

IS-IS 路由协议即 IS 到 IS 的域内路由交换协议，最初由 ISO（国际标准化组织）设计，用于表示 CLNP 网络的链路状态信息，但随着 TCP/IP 成为主流，IETF 对 IS-IS 路由协议进行了修改，使其能够同时应用于 OSI 参考模型和 TCP/IP，修改后的 IS-IS 路由协议又称集成 IS-IS（Integrated IS-IS）路由协议，如图 1-1 所示。

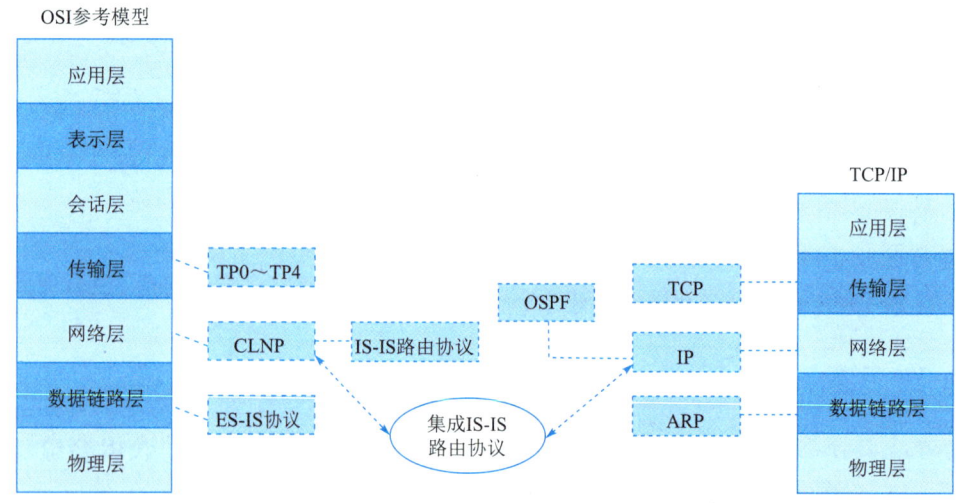

图 1-1 集成 IS-IS 路由协议

IS-IS 路由协议与 OSPF（开放最短通路优先协议）类似，通过发送 IIH 报文来发现、建立和维护邻居关系，每台路由器都会通过向邻居发送 LSP 来通告自身的链路状态。

通过跟相邻设备建立 IS-IS 路由协议邻居关系，互相更新本地设备的 LSDB（Link-State DataBase，链路状态数据库），可以使 LSDB 与整个 IS-IS 网络的其他设备的 LSDB 实现同步。每台路由器使用 SPF 算法计算路由，执行路径选择并实现快速收敛。

1.1.2 IS-IS 路由协议相关术语

IS-IS 路由协议最早基于 OSI 参考模型运行，为了能够兼容 IP，IETF 对 IS-IS 路由协议进行了修改，使其同时运行在 OSI 参考模型和 TCP/IP 中。因此，掌握 IS-IS 路由协议相关术语对理解 IS-IS 路由协议的工作原理非常有帮助。

（1）CLNS（Connectionless Network Service，无连接网络服务）：提供数据的无连接传送功能，在数据传输之前不需要建立连接。

（2）CLNP（Connectionless Network Protocol，无连接网络协议）：OSI 参考模型中网络层的一种无连接的网络协议，与 IP 具有相同的特质。

（3）RD（Routing Domain，路由域）：在一个 RD 中，多台路由器通过运行相同的路由协议来交换路由。

（4）IS（Intermediate System，中间系统）：路由设备，IS-IS 路由协议中发送与传递路由信息和生成路由信息的基本单元，和 OSPF 的路由器相同。

（5）ES（End System，终端系统）：相当于 TCP/IP 中的主机系统。ES 不参与 IS-IS 路由协议处理，ISO 使用专门的 ES-IS 协议定义 ES 与 IS 的通信。

（6）DIS（Designated Intermediate System，指定 IS）：向局域网中的其他路由器扩散 LSP，与 OSPF 的 DR（指定路由器）相似。

（7）System ID（系统 ID）：IS-IS 路由协议 RD 中的每台路由器的身份标识，与 OSPF 的 Router ID 相似。

（8）NET（Network Entity Title，网络实体标记）：OSI 参考模型地址的一部分，用来描述 Area ID 和 System ID。

（9）SNP（Sequence Number PDU，序列号协议数据单元）：确保 IS-IS 路由协议的 LSDB 同步及使用最新的 LSP 计算路径。其中，PSNP（Partial SNP，部分 SNP）用于确认和请求丢失的链路状态信息，是 LSDB 中完整 LSP 的一个子集，在功能上类似于 OSPF 的 LSR 或 LSAck；CSNP（Complete SNP，完整 SNP）用于描述 LSDB 中的完整 LSP 列表，类似于 OSPF 的 DD。

1.1.3　IS-IS 路由协议地址编码方式

OSI 参考模型采用体系化的编址，通过 NSAP 来寻址网络中处于传输层的各种服务，类似于 TCP/IP 中的 IP 地址与端口。

OSPF 对区域和路由器使用 Router ID 和 Area ID 标识。IS-IS 路由协议对区域和路由器使用 NET 标识，NET 标识如表 1-1 所示。

表 1-1　NET 标识

TCP/IP	IP	IP 地址	OSPF	Area ID+Router ID
OSI 参考模型	CLNP	NSAP 地址	IS-IS 路由协议	NET

基于 OSI 参考模型的地址编码方式可知，主要使用 Area ID、System ID、SEL 作为 NSAP 地址。IS-IS 路由协议地址编码如图 1-2 所示。

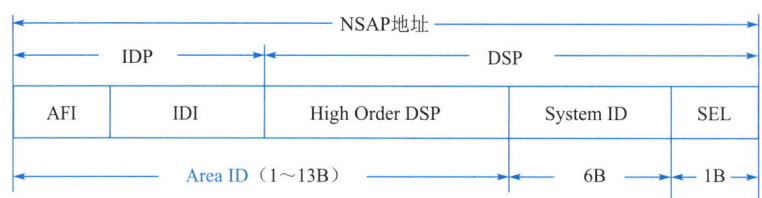

图 1-2　IS-IS 路由协议地址编码

下面针对 NET 的内容进行描述。

1. NSAP 地址

IDP 相当于 IP 地址中的主网号，由 ISO 规定，由 AFI 与 IDI 两部分组成。其中，AFI 表示地址分配机构和地址格式，如 47 表示国际代码指示符，49 表示本地管理；IDI 用来标识域。

DSP 相当于 IP 地址中的子网号和主机地址，由 High Order DSP、System ID 和 SEL 三部分组成。其中，High Order DSP 用来分割区域；System ID 用来区分主机；SEL 用来指示服务类型。

2. NET

NET 指的是设备本身的网络层信息，可以看作一类特殊的 NSAP 地址（SEL＝00），NET 的长度与 NSAP 地址的长度相同，最长为 20 字节，最短为 8 字节。在路由器上配置 IS-IS 路由协议时，只需要考虑 NET 即可，不必关注 NSAP 地址。

在配置 IS-IS 路由协议的过程中，最多只能配置 3 个 NET。在配置多个 NET 时，必须保证它们的 System ID 都相同。NET 格式如图 1-3 所示。

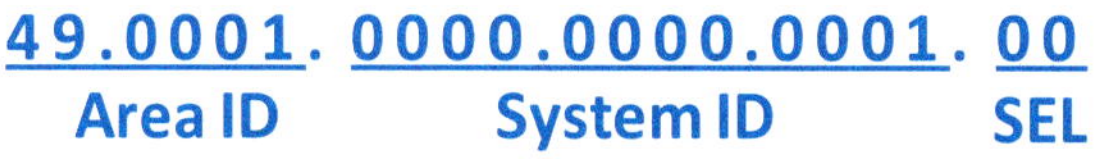

49.0001.0000.0000.0001.00
Area ID　　System ID　　SEL

图 1-3　NET 格式

（1）Area ID。

Area ID 由 IDP 和 DSP 中的 High Order DSP 组成，既能够标识路由域，又能够标识路由域中的区域，相当于 OSPF 中的区域编号。

（2）System ID。

System ID 用来唯一标识主机或路由器。在设备的实现中，System ID 的长度固定为 48 比特（6 字节）。在实际应用中，一般 Router ID 与 System ID 一一对应。

若一台路由器使用 Loopback 0 接口的 IP 地址 168.10.1.1 作为 Router ID，则它在 IS-IS 路由协议中使用的 System ID，可以通过如下方法转换得到。

首先，将 IP 地址 168.10.1.1 的每个十进制数都扩展为 3 位数字，不足 3 位数字的在前面补 0，得到 168.010.001.001。其次，将扩展后的 IP 地址分为三部分，每部分都由 4 位数字组成，得到 1680.1000.1001。重新组合的 1680.1000.1001 就是 System ID。实际 System ID 的指定可以有不同的方法，但要保证能够唯一标识主机或路由器。

（3）SEL。

SEL 的作用类似于 IP 中的协议标识符，不同的传输协议对应不同的 SEL。在 IP 中，SEL 均为 00。

1.1.4　IS-IS 路由协议 NET 配置

在全局配置模式下，创建一个 IS-IS 路由协议进程；在 router isis 后加上一个 Tag，该 Tag 的值用来表示 IS-IS 路由协议进程的一个名称，也可以不设定 IS-IS 路由协议进程的名称，由此可以完成 IS-IS 路由协议 NET 的配置。

通过添加不同的 Tag 来配置不同 IS-IS 路由协议的 NET。

```
R1(config)#router isis  1
R1(config-router)#net 49.0001.0000.0000.0001.00
R1(config-router)#exit
```

1.1.5　IS-IS 路由协议报文通用头部格式及类型

IS-IS 路由协议报文是被直接封装在数据链路层的帧结构中的。IS-IS 路由协议的 PDU 可以分为两部分，即报文头和变长字段。其中，报文头又可以分为通用头部和专用头部。IS-IS 路由协议报文封装格式如图 1-4 所示。

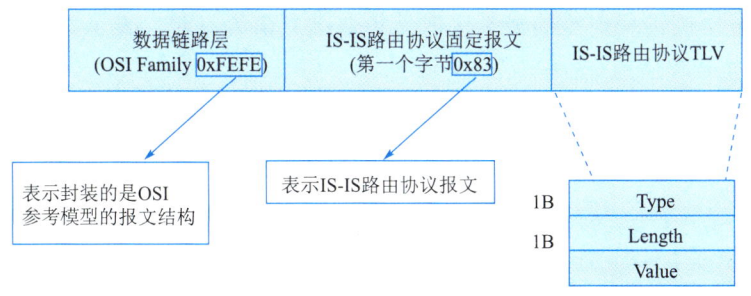

图 1-4　IS-IS 路由协议报文封装格式

1. IS-IS 路由协议报文通用头部格式

对于所有 PDU 来说，通用头部都是相同的，而专用头部根据 PDU 类型的不同而有所差别。IS-IS 路由协议报文采用 TLV（Type-Length-Value）格式封装，能更好地扩展并支持新特性。IS-IS 路由协议通用头部如图 1-5 所示。

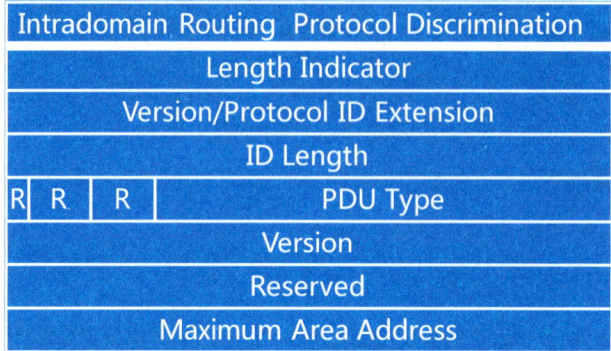

图 1-5　IS-IS 路由协议通用头部

以下为通用头部各字段的详细介绍。

（1）Intradomain Routing Protocol Discrimination：域内路由选择协议鉴别符，值为 0x83。

（2）Length Indicator：PDU 头部（包括通用头部和专用头部）的长度，以字节为单位。

（3）Version/Protocol ID Extension：版本 / 协议标识扩展，值为 1（0x01）。

（4）ID Length：NSAP 地址或 NET 中 System ID 的长度。当值为 0 时，表示 System ID 的长度为 6 字节；当值为 255 时，表示 System ID 的长度为 0。

（5）R：全称为 Reserved，意为预留，值为 0。

（6）PDU Type：PDU 的类型。IS-IS 路由协议的 PDU 共有 9 种类型，详细报文类型后续介绍。

（7）Version：值为 1（0x01）。

（8）Maximum Area Address：支持的最大区域地址数。当值为 1～254 的整数时，表示该 IS-IS 路由协议进程支持的最大区域地址数；当值为 0 时，表示该 IS-IS 路由协议进程最大只支持 3 个区域地址。

图 1-6 所示为使用 Wireshark 工具抓取的 IS-IS 路由协议报文通用头部的详细封装格式。其中，Max.AREAs 字段的最大值是 3。

```
v ISO 10589 ISIS InTRA Domain Routeing Information Exchange Protocol
    Intra Domain Routing Protocol Discriminator: ISIS (0x83)
    PDU Header Length: 27
    Version: 1
    System ID Length: 0
    ...1 0000 = PDU Type: L2 HELLO (16)
    000. .... = Reserved: 0x0
    Version2 (==1): 1
    Reserved (==0): 0
    Max.AREAs: (0==3): 3
```

图 1-6　IS-IS 路由协议报文通用头部的详细封装格式

2. IS-IS 路由协议报文类型

IS-IS 路由协议报文分为四大类，每大类均可以分为多种子类型，共计 9 种类型，下面列出每种报文的作用。

1）IIH 报文

IIH 报文（IS-IS Hello Packet）用于建立和维护邻居关系，也称 Hello 报文。其中，广播网络中的 Level-1 IS-IS 路由协议使用 Level-1 LAN IIH 报文；广播网络中的 Level-2 IS-IS 路由协议使用 Level-2 LAN IIH 报文。Level-1/Level-2 LAN IIH 报文如图 1-7 所示。

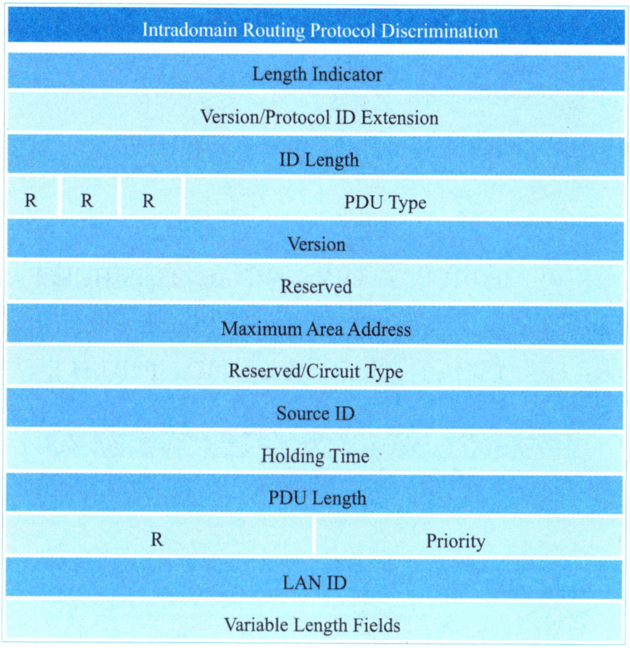

Intradomain Routing Protocol Discrimination
Length Indicator
Version/Protocol ID Extension
ID Length
R　R　R　　PDU Type
Version
Reserved
Maximum Area Address
Reserved/Circuit Type
Source ID
Holding Time
PDU Length
R　　　　Priority
LAN ID
Variable Length Fields

图 1-7　Level-1/Level-2 LAN IIH 报文

主要字段的解释如下。

（1）Reserved/Circuit Type：预置字段/电路类型，共 8 比特位，高位的 6 比特位保留，值为 0；低位的比特位，表示路由器的类型（01 表示 Level-1，10 表示 Level-2，11 表示 Level-1/Level-2）。

（2）Source ID：源 ID，发送 IIH 报文的路由器的 System ID。

（3）Holding Time：保持计时器。在此时间内如果没有收到邻居发送的 IIH 报文，那么停止已建立的邻居关系。

（4）PDU Length：PDU 的长度，单位是字节。

（5）Priority：优先级，取值范围为 0～127。数值越大，优先级越高。

（6）LAN ID：局域网 ID，包括 DIS 的 System ID 和 1 字节的伪节点 ID。

使用 Wireshark 工具抓取的 LAN IIH 报文的详细封装格式如图 1-8 所示。

```
· ISIS HELLO
    .... ..11 = Circuit type: Level 1 and 2 (0x3)
    0000 00.. = Reserved: 0x00
    SystemID {Sender of PDU}: 0000.0000.0002
    Holding timer: 10
    PDU length: 1497
    .100 0000 = Priority: 64
    0... .... = Reserved: 0
    SystemID {Designated IS}: 0000.0000.0002.01
  > Protocols Supported (t=129, l=1)
  > Area address(es) (t=1, l=4)
  > IP Interface address(es) (t=132, l=4)
  > Restart Signaling (t=211, l=3)
  > IS Neighbor(s) (t=6, l=6)
  > Padding (t=8, l=255)
  > Padding (t=8, l=255)
  > Padding (t=8, l=255)
  > Padding (t=8, l=255)
  > Padding (t=8, l=255)
  > Padding (t=8, l=155)
```

图 1-8　LAN IIH 报文的详细封装格式

2）P2P IIH 报文

在非广播网络中使用 P2P IIH 报文（Point-to-Point IS-IS Hello Packet），相对于 LAN IIH 报文来说，P2P IIH 报文多了表示本地链路 ID 的 Local Circuit ID 及 Adjacency State，少了在广播网络中表示 DIS 优先级的 Priority 及 LAN ID。P2P IIH 报文如图 1-9 所示。

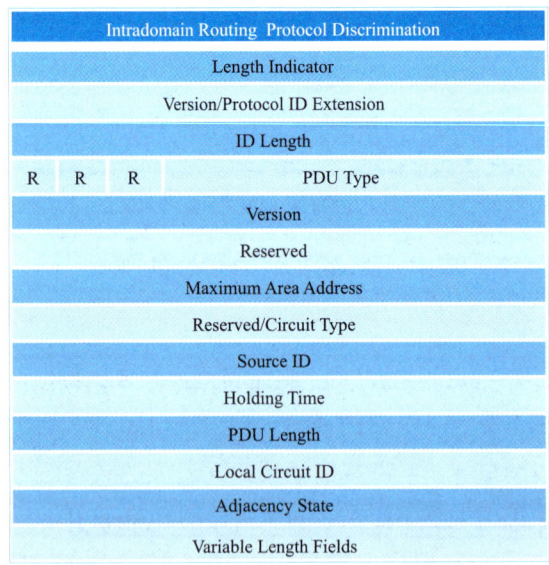

图 1-9　P2P IIH 报文

主要字段的解释如下。

（1）Local Circuit ID：本地链路 ID。

（2）Adjacency State：P2P 邻居关系的建立状态。

使用 Wireshark 工具抓取的 P2P IIH 报文的详细封装格式如图 1-10 所示。

```
ISIS HELLO
    .... ..11 = Circuit type: Level 1 and 2 (0x3)
    0000 00.. = Reserved: 0x00
    SystemID {Sender of PDU}: 0000.0000.0001
    Holding timer: 30
    PDU length: 1497
    Local circuit ID: 1
  > Protocols Supported (t=129, l=1)
  > Area address(es) (t=1, l=4)
  > IP Interface address(es) (t=132, l=4)
  > Restart Signaling (t=211, l=3)
  > Point-to-point Adjacency State (t=240, l=15)
  > Padding (t=8, l=255)
  > Padding (t=8, l=255)
  > Padding (t=8, l=255)
  > Padding (t=8, l=255)
  > Padding (t=8, l=255)
  > Padding (t=8, l=153)
```

图 1-10　P2P IIH 报文的详细封装格式

3）LSP

LSP（Link State Packet，链路状态报文）用于承载链路状态信息，包含拓扑结构和网络号。

LSP 分为两种，即 Level-1 LSP 和 Level-2 LSP。Level-1 LSP 由 Level-1 IS-IS 路由协议传送，Level-2 LSP 由 Level-2 IS-IS 路由协议传送，Level-1-2 IS-IS 路由协议则可传送以上两种 LSP。

LSP 中包含两个重要字段，即 ATT、IS-Type。其中，ATT 用来标识路由信息是由 Level-1/Level-2 路由器发送的，IS-Type 用来指明生成此 LSP 的 IS-IS 路由协议类型是 Level-1 还是 Level-2。LSP 如图 1-11 所示。

Intradomain Routing Protocol Discrimination
Length Indicator
Version/Protocol ID Extension
ID Length
R　R　R　　PDU Type
Version
Reserved
Maximum Area Address
PDU Length
Remaining Lifetime
LSP ID
Sequency Number
Checksum
P　ATT　OL　IS-Type
Variable Length Fields

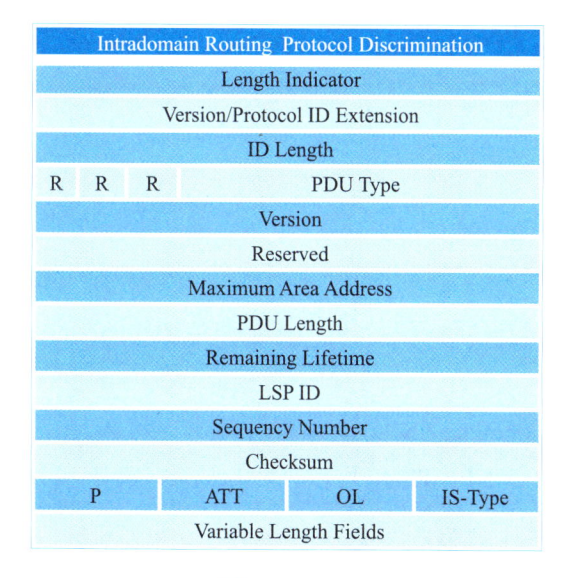

图 1-11　LSP

主要字段的解释如下。

（1）Remaining Lifetime：LSP 的生存时间，单位为秒。

（2）LSP ID：由三部分组成，即 System ID、伪节点 ID（1 字节）和 LSP 分片后的编号（1 字节）。

（3）Sequency Number：LSP 的序列号。

（4）P：全称为 Partition Repair，与 Level-2 路由器相关，表示 Level-2 路由器是否支持自动修复区域分割。

（5）ATT：全称为 Attachment，由 Level-1-2 路由器产生，用来指明始发路由器是否与其他区域相连。虽然此字段也存在于 Level-1 LSP 和 Level-2 LSP 中，但实际上此字段只和 Level-1-2 路由器始发的 Level-1 LSP 相关。

（6）OL：全称为 Overload LSDB，表示过载标志位。设置了 OL 的 LSP 虽然还会在网络中扩散，但是在计算通过超载路由器的路由信息时不会被采用。也就是说，对某台路由器设置 OL 后，其他路由器在使用 SPF 算法计算时不会考虑该台路由器。当该台路由器内存不足时，系统会自动在发送的 LSP 上设置 OL。

（7）IS-Type：生成 LSP 的路由器的类型，用来指明是 Level-1 路由器还是 Level-2 路由器（01 表示 Level-1，11 表示 Level-2）。

使用 Wireshark 工具抓取的 LSP 的详细封装格式如图 1-12 所示。

```
> ISO 10589 ISIS Link State Protocol Data Unit
    PDU length: 74
    Remaining lifetime: 1199
    LSP-ID: 0000.0000.0001.00-00
    Sequence number: 0x00000011
    Checksum: 0xa041 [correct]
    [Checksum Status: Good]
  > Type block(0x03): Partition Repair:0, Attached bits:0, Overload bit:0, IS type:3
  > Area address(es) (t=1, l=4)
  > Protocols supported (t=129, l=1)
  > Hostname (t=137, l=2)
  > IP Interface address(es) (t=132, l=4)
  > IS Reachability (t=2, l=12)
  > IP Internal reachability (t=128, l=12)
```

图 1-12　LSP 的详细封装格式

4）SNP

SNP 通过描述全部或部分数据库中的 LSP 来同步各 LSDB，从而使 LSDB 保持完整并实现同步。

SNP 包括 CSNP（Complete SNP，全序列号报文）和 PSNP。其中，CSNP 可以分为 Level-1 CSNP 和 Level-2 CSNP，PSNP 可以分为 Level-1 PSNP 和 Level-2 PSNP。

（1）CSNP。

CSNP 包括 LSDB 中所有 LSP 的摘要信息，从而可以在相邻路由器之间使 LSDB 实现同步。

在广播网络中，CSNP 由 DIS 定期发送（默认发送周期为 10 秒）同步链路状态信息。在 P2P 链路上，CSNP 只在第一次建立邻居关系时发送。CSNP 类似于 OSPF 的 DD 传递的所有链路摘要信息。CSNP 如图 1-13 所示。

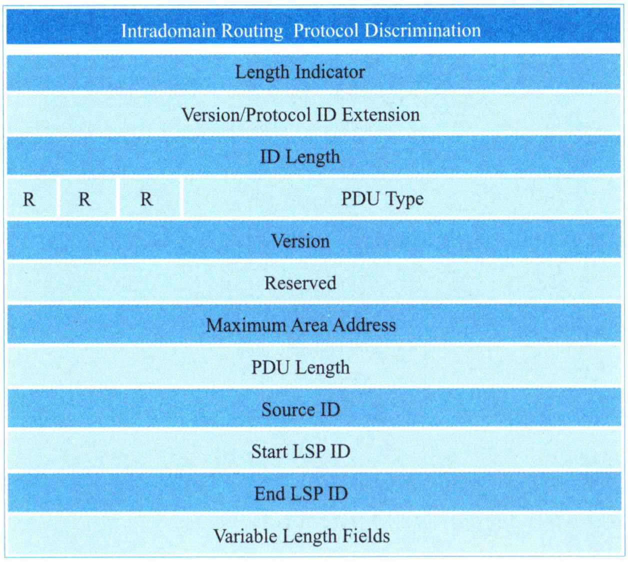

图 1-13　CSNP

主要字段的解释如下。

- Source ID：发送 SNP 的路由器的 System ID。
- Start LSP ID：CSNP 中第一个 LSP 的 ID。
- End LSP ID：CSNP 中最后一个 LSP 的 ID。

使用 Wireshark 工具抓取的 CSNP 的详细封装格式如图 1-14 所示。

```
ISO 10589 ISIS Complete Sequence Numbers Protocol Data Unit
    PDU length: 83
    Source-ID: 0000.0000.0002.00
    Start LSP-ID: 0000.0000.0000.00-00
    End LSP-ID: ffff.ffff.ffff.ff-ff
  LSP entries (t=9, l=48)
    Type: 9
    Length: 48
    LSP Entry
    LSP-ID: 0000.0000.0001.00-00
    LSP Entry
    LSP-ID: 0000.0000.0002.00-00
    LSP Entry
    LSP-ID: 0000.0000.0002.01-00
```

图 1-14　CSNP 的详细封装格式

（2）PSNP。

PSNP 只列举最近收到的一个或多个 LSP 的序列号，能够一次对多个 LSP 进行确认，当发现 LSDB 不同步时，使用 PSNP 请求邻居发送新 LSP，PSNP 类似于 OSPF 的 LSR 或 LSAck，用于请求和确认部分链路信息。PSNP 如图 1-15 所示。

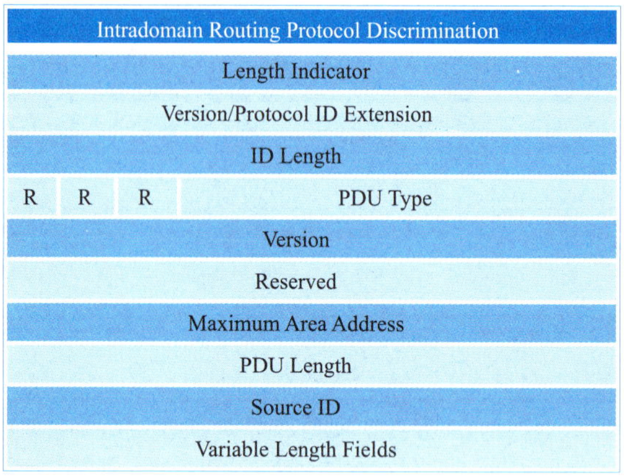

```
Intradomain Routing Protocol Discrimination
Length Indicator
Version/Protocol ID Extension
ID Length
R   R   R           PDU Type
Version
Reserved
Maximum Area Address
PDU Length
Source ID
Variable Length Fields
```

图 1-15　PSNP

主要字段的解释如下。

Source ID：发送 PSNP 的路由器的 System ID。

使用 Wireshark 工具抓取的 PSNP 的详细封装格式如图 1-16 所示。

```
ISO 10589 ISIS Partial Sequence Numbers Protocol Data Unit
  PDU length: 35
  Source-ID: 000000000002
  LSP entries (t=9, l=16)
    Type: 9
    Length: 16
    LSP Entry
    LSP-ID: 0000.0000.0001.00-00
```

图 1-16　PSNP 的详细封装格式

1.2　IS-IS 路由协议邻居关系建立

1.2.1　IS-IS 路由器分类

1. Level-1 路由器

Level-1 路由器负责相同区域的路由，只与相同区域的 Level-1 路由器和 Level-1-2 路由器建立邻居关系，不同区域的 Level-1 路由器不能建立邻居关系，如图 1-17 所示。

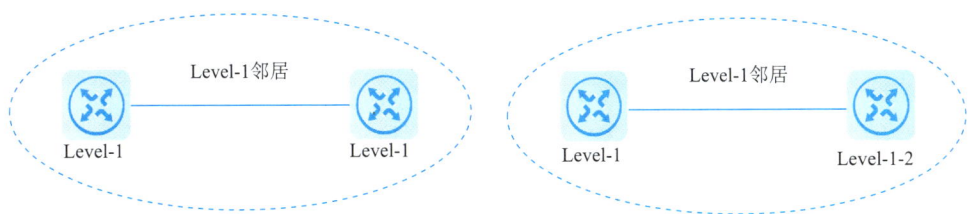

图 1-17　在相同区域内建立 Level-1 邻居关系

Level-1 路由器负责维护 Level-1 LSDB，该 LSDB 包含本区域的路由信息，非本区域的报文需被转发给最近的 Level-1-2 路由器。基于图 1-17，将两台路由器配置为 Level-1 路由器，在相同区域内建立 Level-1 邻居关系。

（1）为 R1 与 R2 配置 IS-IS 路由协议，同时将 R1 与 R2 配置在相同区域内，二者同为 Level-1 路由器，建立 Level-1 邻居关系。

```
R1(config)#interface gigabitEthernet 0/1
R1(config-if-GigabitEthernet 0/1)#ip address  10.1.12.1 24
R1(config-if-GigabitEthernet 0/1)#exit

R1(config)#router isis 1
R1(config-router)#net 49.0001.0000.0000.0001.00
R1(config-router)#is-type level-1
R1(config-router)#exit

R1(config)#interface gigabitEthernet 0/1
R1(config-if-GigabitEthernet 0/1)#ip router  isis  1
R1(config-if-GigabitEthernet 0/1)#exit

R2(config)#interface gigabitEthernet 0/1
R2(config-if-GigabitEthernet 0/1)#ip address  10.1.12.2 24
R2(config-if-GigabitEthernet 0/1)#exit

R2(config)#router isis 1
R2(config-router)#net 49.0001.0000.0000.0002.00
R2(config-router)#is-type level-1
R2(config-router)#exit

R2(config)#interface gigabitEthernet 0/1
R2(config-if-GigabitEthernet 0/1)#ip router isis 1
R2(config-if-GigabitEthernet 0/1)#exit
```

（2）在 R1 或 R2 上使用 show isis neighbors 命令，查看 IS-IS 路由协议邻居关系的建立情况。

```
R1#show isis neighbors
Area 1:
System Id      Type  IP Address    State    Holdtime  Circuit      Interface
R2             L1    10.1.12.2     Up       9         R2.01        GigabitEthernet 0/1
```

（3）查看 LSDB 可以发现，在 IS-IS 路由协议数据库中只有 Level-1 路由器的链路状态信息。

```
R1#show isis database
Area 1:
IS-IS Level-1 Link State Database:
LSPID                  LSP Seq Num    LSP Checksum    LSP Holdtime    ATT/P/OL
R1.00-00          *    0x0000004D     0x6A3C          1176            0/0/0
R2.00-00               0x00000003     0x11DB          1174            0/0/0
R2.01-00               0x00000002     0xF0EA          1174            0/0/0
```

（4）将 R2 的 Area ID 配置为 49.0002，将两台路由器均配置为 Level-1 路由器，两台路由器的 Area ID 不同，此时两台路由器无法建立 IS-IS 路由协议邻居关系。

```
R2(config)#route isis 1
R2(config-router)#net 49.0002.0000.0000.0002.00
```

（5）查看 IS-IS 路由协议邻居关系可以发现，R1 无法和 R2 建立 IS-IS 路由协议邻居关系。

```
R1#show isis neighbors
Area 1:
System Id      Type  IP Address    State    Holdtime  Circuit      Interface
```

2. Level-2 路由器

Level-2 路由器负责不同区域之间的路由，可以与处于相同区域或不同区域的 Level-2 路由器，或其他区域的 Level-1-2 路由器建立邻居关系。Level-2 路由器负责维护 Level-2 LSDB，该 LSDB 包含不同区域之间的路由信息，如图 1-18 和图 1-19 所示。

基于图 1-18 和图 1-19，将两台路由器均配置为 Level-2 路由器，Level-2 路由器可以在相同区域内建立 Level-2 邻居关系，也可以在不同区域之间建立 Level-2 邻居关系。

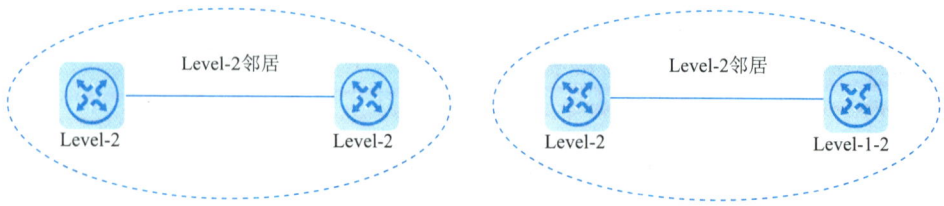

图 1-18 在相同区域内建立 Level-2 邻居关系

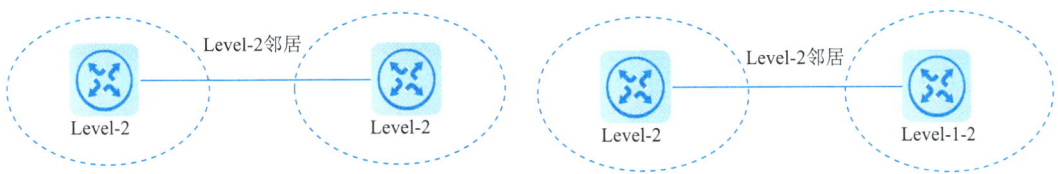

图 1-19 在不同区域之间建立 Level-2 邻居关系

（1）为 R1 与 R2 配置 IS-IS 路由协议，同时将 R1 与 R2 配置在相同区域内，二者同为 Level-2 路由器，建立 Level-2 邻居关系。

```
R1(config)#router  isis  1
R1(config-router)#net  49.0001.0000.0000.0001.00
R1(config-router)#is-type  level-2
R1(config-router)#exit

R1(config)#interface gigabitEthernet 0/1
R1(config-if-GigabitEthernet 0/1)#ip router isis  1
R1(config-if-GigabitEthernet 0/1)#exit

R2(config)#router  isis  1
R2(config-router)#net  49.0001.0000.0000.0002.00
R2(config-router)#is-type  level-2
R2(config-router)#exit

R2(config)#interface  gigabitEthernet 0/1
R2(config-if-GigabitEthernet 0/1)#ip router  isis  1
R2(config-if-GigabitEthernet 0/1)#exit
```

（2）在 R2 上使用 show isis neighbors 命令，查看 IS-IS 路由协议邻居关系的建立情况。

```
R2#show  isis  neighbors
Area  1:
System Id   Type   IP Address    State    Holdtime   Circuit      Interface
R1          L2     10.1.12.1     Up       23         R2.01        GigabitEthernet 0/1
```

（3）查看 LSDB 可以发现，在 IS-IS 路由协议数据库中只有 Level-2 路由器的链路状态信息。

```
R2#show  isis  database
Area  1:
IS-IS Level-2 Link State Database:
LSPID              LSP Seq Num     LSP Checksum   LSP Holdtime     ATT/P/OL
R1.00-00           0x00000006      0xF2F7         962              0/0/0
R2.00-00         * 0x00000006      0x0DDA         962              0/0/0
R2.01-00         * 0x00000002      0x0CCC         962              0/0/0
```

（4）将 R2 的 Area ID 配置为 49.0002，将两台路由器均配置为 Level-2 路由器，此时 Level-2 路由器也能在不同区域之间建立邻居关系。

```
R2(config)#router  isis  1
R2(config-router)#net  49.0002.0000.0000.0002.00
```

（5）查看 IS-IS 路由协议邻居关系可以发现，R1 和 R2 均能正常建立 IS-IS 路由协议邻居关系。

```
R2#show  isis  neighbors
Area  1:
System Id      Type    IP Address     State    Holdtime    Circuit        Interface
R1             L2      10.1.12.1      Up       20          R2.01          GigabitEthernet 0/1
```

3. Level-1-2 路由器

1）在相同区域内建立 Level-1 邻居关系和 Level-2 邻居关系

Level-1-2 路由器为默认路由器。同时属于 Level-1 区域和 Level-2 区域的路由器被称为 Level-1-2 路由器。Level-1-2 路由器可以与相同区域的 Level-1 路由器和 Level-1-2 路由器分别建立 Level-1 邻居关系和 Level-2 邻居关系，如图 1-20 所示。

图 1-20 在相同区域内建立 Level-1 邻居关系和 Level-2 邻居关系

基于图 1-20，将两台路由器均配置为 Level-1-2 路由器，Level-1-2 路由器可以在相同区域内分别建立 Level-1 邻居关系和 Level-2 邻居关系。

（1）为 R1 与 R2 配置 IS-IS 路由协议，同时将 R1 与 R2 配置在相同区域内，二者同为 Level-1-2 路由器，同时建立 Level-1 邻居关系和 Level-2 邻居关系。

```
R1(config)#router  isis  1
R1(config-router)#net  49.0001.0000.0000.0001.00
R1(config-router)#exit

R1(config)#interface  gigabitEthernet 0/1
R1(config-if-GigabitEthernet 0/1)#ip router  isis  1
R1(config-if-GigabitEthernet 0/1)#exit

R2(config)#router  isis  1
```

```
R2(config-router)#net   49.0001.0000.0000.0002.00
R2(config-router)#exit

R2(config)#interface   gigabitEthernet 0/1
R2(config-if-GigabitEthernet 0/1)#ip router   isis   1
R2(config-if-GigabitEthernet 0/1)#exit
```

（2）在 R1 上使用 show isis neighbors 命令，查看 IS-IS 路由协议邻居关系的建立情况。

```
R1#show   isis   neighbors
Area 1:
System Id      Type   IP Address     State    Holdtime   Circuit      Interface
R2             L1     10.1.12.2      Up       23         R1.01        GigabitEthernet 0/1
               L2     10.1.12.2      Up       24         R1.01        GigabitEthernet 0/1
```

（3）查看 LSDB 可以发现，在 IS-IS 路由协议数据库中有 Level-1 路由器和 Level-2 路由器的链路状态信息。

```
R1#show   isis   database
Area 1:
IS-IS Level-1 Link State Database:
LSPID                 LSP Seq Num     LSP Checksum    LSP Holdtime     ATT/P/OL
R1.00-00           *  0x00000005      0xD319          1028             0/0/0
R1.01-00           *  0x00000002      0x1FBA          1028             0/0/0
R2.00-00              0x00000005      0xEDFB          1028             0/0/0

IS-IS Level-2 Link State Database:
LSPID                 LSP Seq Num     LSP Checksum    LSP Holdtime     ATT/P/OL
R1.00-00           *  0x00000006      0xD11A          1029             0/0/0
R1.01-00           *  0x00000002      0x1FBA          1028             0/0/0
R2.00-00              0x00000005      0xEDFB          1028             0/0/0
```

2）在不同区域之间建立 Level-2 邻居关系

Level-1-2 路由器负责同时维护两个 LSDB，Level-1 LSDB 负责相同区域内的路由，Level-2 LSDB 负责不同区域之间的路由。

两台 Level-1-2 路由器在不同区域之间只能建立 Level-2 邻居关系，如图 1-21 所示。

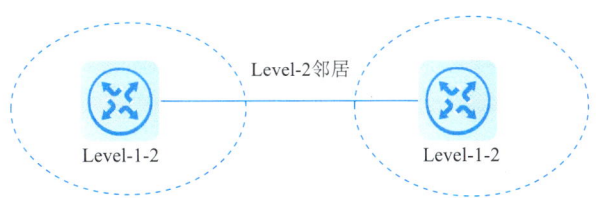

图 1-21　在不同区域之间建立 Level-2 邻居关系

（1）为 R1 与 R2 配置 IS-IS 路由协议，同时将 R1 与 R2 配置在不同区域，二者同为 Level-1-2 路由器，建立 Level-2 邻居关系。

```
R1(config)#router   isis   1
R1(config-router)#net   49.0001.0000.0000.0001.00
R1(config-router)#exit

R1(config)#interface   gigabitEthernet 0/1
R1(config-if-GigabitEthernet 0/1)#ip router   isis   1
R1(config-if-GigabitEthernet 0/1)#exit

R2(config)#router   isis   1
R2(config-router)#net   49.0002.0000.0000.0002.00
R2(config-router)#exit

R2(config)#interface   gigabitEthernet 0/1
R2(config-if-GigabitEthernet 0/1)#ip router   isis   1
R2(config-if-GigabitEthernet 0/1)#exit
```

（2）在 R1 上使用 show isis neighbors 命令，查看 IS-IS 路由协议邻居关系的建立情况。可以发现，在不同区域之间只能建立 Level-2 邻居关系。

```
R1#show   isis   neighbors
Area 1:
System Id    Type   IP Address    State    Holdtime   Circuit    Interface
R2           L2     10.1.12.2     Up       25         R1.01      GigabitEthernet 0/1
```

（3）查看 LSDB 可以发现，在 IS-IS 路由协议数据库中有 Level-1 数据库，但只存在本设备的数据库信息，未与 R2 进行数据库交互。因此，只有 Level-2 数据库正常交互，R1 收到 R2 传递的 LSP。

```
R1#show   isis   database
Area 1:
IS-IS Level-1 Link State Database:
LSPID              LSP Seq Num    LSP Checksum    LSP Holdtime    ATT/P/OL
R1.00-00         * 0x00000005     0x1067          1183            1/0/0

IS-IS Level-2 Link State Database:
LSPID              LSP Seq Num    LSP Checksum    LSP Holdtime    ATT/P/OL
R1.00-00         * 0x00000006     0xF2F7          1182            0/0/0
R2.00-00           0x00000006     0x14D2          1180            0/0/0
R2.01-00           0x00000002     0x0CCC          1180            0/0/0
```

1.2.2 IS-IS 路由协议网络类型与邻居关系建立过程

1. 网络类型

IS-IS 路由协议根据物理链路的不同将网络类型分为 P2P 网络类型（见图 1-22）和广播（Broadcast）网络类型（见图 1-23）两种。P2P 网络类型主要的物理链路为 PPP、HDLC；广播网络类型主要的物理链路为以太网、Token Ring 等。

图 1-22　P2P 网络类型　　　　　　　图 1-23　广播网络类型

IS-IS 路由协议不能真正支持 NBMA，但可以将 NBMA 链路配置为子接口来支持，需要将自己接口的网络类型改为 P2P 或广播。

两台运行 IS-IS 路由协议的路由器在交互协议报文实现路由功能之前，必须先建立邻居关系。在不同类型的网络中，IS-IS 路由协议建立邻居关系的方式并不相同。

2. 邻居关系建立过程

建立 IS-IS 路由协议邻居关系需要遵循的基本原则为，只有相同层次相邻的路由器才有可能成为邻居，而对于 Level-1 路由器，区域号必须一致，在 TCP/IP 运行时需要检查 IP 地址网段。

1）广播网络邻居关系建立过程

在广播网络中，IS-IS 协议使用 LAN IIH 报文通过三次握手机制来建立邻居关系。

在默认情况下，IS-IS 路由器的初始状态为 Down，等待接收邻居发送 IIH 报文后状态迁移。以图 1-24 为例，R1 与 R2 都为 Level-2 路由器，建立邻居关系。

（1）R1 广播向外发送 Level-2 LAN IIH 报文，此时 IIH 报文中无邻居标识。

（2）当 R2 收到 R1 发送的 IIH 报文发现不存在自己的 System ID 时，会先将自己与 R1 的邻居状态标识为 Initialized，再向 R1 发送 IIH 报文，该 IIH 报文标识 R1 为 R2 的邻居。

（3）当 R1 收到 R2 发送的 IIH 报文发现存在自己的 System ID 时，会先将自己与 R2 的邻居状态标识为 Up，再向 R2 发送 IIH 报文，该 IIH 报文标识 R2 为 R1 的邻居。

（4）当 R2 收到 R1 发送的 IIH 报文时，会将自己与 R1 的邻居状态标识为 Up。此时两台路由器成功建立邻居关系。

路由器只有收到邻居发送的 IIH 报文有自己的 System ID 才会处于 Up 状态，排除了链路单通的风险。广播网络中邻居转为 Up 状态后会选举 DIS，DIS 的功能类似于 OSPF

的 DR 的功能。例如，在广播网络中要想加快 IS-IS 路由协议邻居的收敛速度，可以在接口上通过 isis circuit-type{level-1|level-1-2|Level-2-only[external]} 命令将 IS-IS 路由协议的网络类型修改为 P2P。

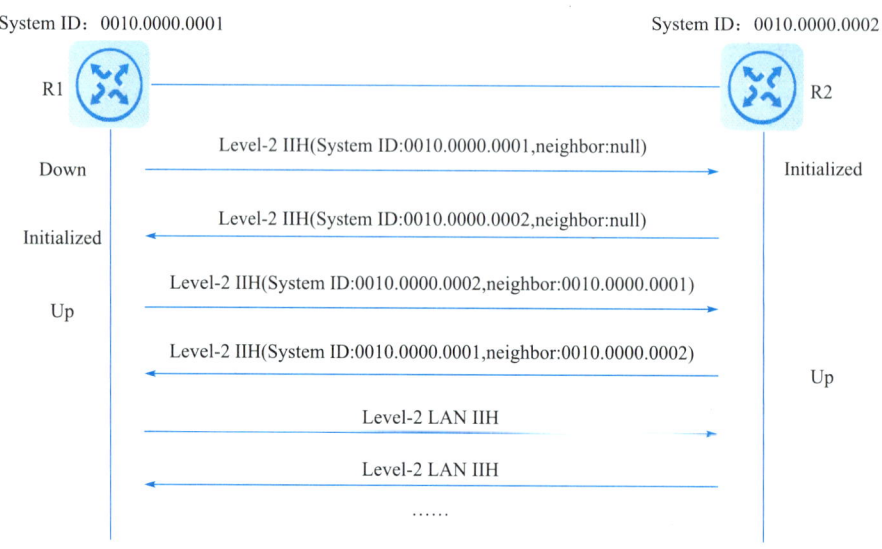

图 1-24　广播网络邻居关系建立过程

2）P2P 网络邻居关系建立过程

在 P2P 网络中，有两次握手和三次握手两种建立机制。

对于两次握手建立机制，只要路由器收到对端发送的 IIH 报文，就单方面宣布邻居状态为 Up，建立邻居关系，不过容易出现单通风险。

P2P 网络邻居关系建立过程如图 1-25 所示。

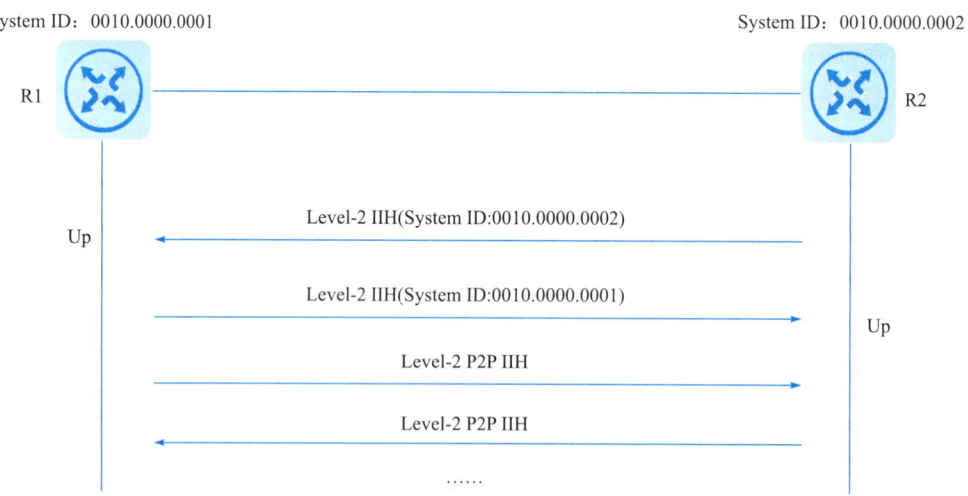

图 1-25　P2P 网络邻居关系建立过程

IS-IS 路由协议通过两次握手建立机制建立邻居关系存在明显的缺陷。当不同路由器之间存在两条及两条以上链路，某条链路上到达对端的单向状态为 Down，而另一条链路同方向的状态为 Up 时，路由器之间仍能建立邻居关系。在使用 SPF 算法计算时会使用状态为 Up 的链路上的参数，这就导致检测不出故障的路由器，在转发报文时仍然试图通过 Down 状态的链路。

三次握手建立机制解决了上述不可靠 P2P 网络中存在的问题。在这种方式下，路由器只有在知道邻居路由器也收到的它的报文时，才宣布邻居路由器处于 Up 状态，从而建立邻居关系。通过三次发送 P2P 的 IIH 报文最终建立邻居关系，与建立广播网络邻居关系的情况相同。只有收到对端发送的 IIH 报文内存在包含自身的 System ID 才会建立 IS-IS 路由协议邻居关系。

1.2.3　DIS 的选举及特点

在 IS-IS 路由协议中，所有路由器都需要与相邻路由器进行 LSP 交换以了解整个网络拓扑结构。在大型网络中，会产生相当多的交互信息，导致 IS-IS 路由协议交互效率较低，为了减少交互次数，IS-IS 路由协议引入了 DIS（伪节点）的概念。

伪节点指的是在广播网络中由 DIS 创建的虚拟路由器。

DIS 作为虚拟路由器存在，所有相邻路由器都会将它当作自己的相邻路由器。而 DIS 会维护整个区域的 LSDB，并向其他路由器发送 LSP。因此，每台路由器只需要与 DIS 进行交互即可获取整个区域的网络拓扑结构。DIS 如图 1-26 所示。

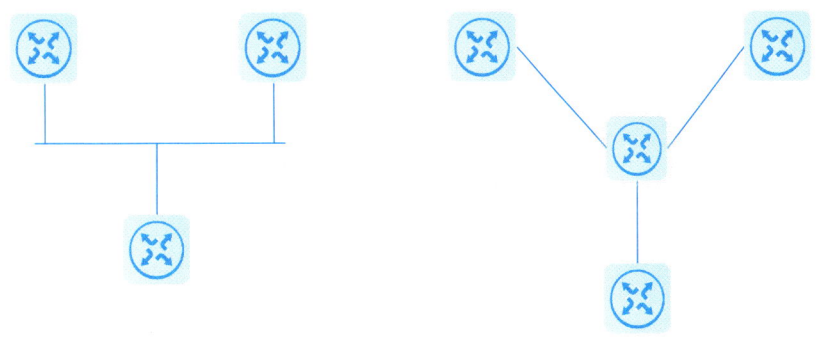

图 1-26　DIS

1. DIS 的选举

因为在广播网络中需要选举 DIS，所以建立邻居关系后，路由器会先等待两个 IIH 报文的时间间隔（20s），再进行 DIS 的选举。

（1）IS-IS 路由协议的 DIS 的选举由 IIH 报文中包含的 Priority 的大小决定，Priority 最大的将被选举为该广播网络的 DIS，Priority 默认为 64。取值越大，优先级越高。

（2）若优先级相同，则接口 MAC 地址较大的被选举为 DIS。

（3）通过配置命令修改 DIS，在接口下修改 IS-IS 路由协议接口的优先级。

```
R1(config)#interface  gigabitEthernet 0/1
R1(config-if-GigabitEthernet 0/1)#isis  priority  100
R1(config-if-GigabitEthernet 0/1)#exit
```

（4）修改 IS-IS 路由协议接口的优先级后，通过命令查询 DIS，查看 IS-IS 路由协议详细信息中的 Circuit ID 可以了解 DIS 的信息。

```
R1#show  isis  interface
Area 1:
GigabitEthernet 0/1 is up, line protocol is up
   Routing Protocol: IS-IS (1)
     Network Type: Broadcast
     Circuit Type: level-1-2
     Local circuit ID: 0x01
     Extended Local circuit ID: 0x00000002
     Local SNPA: 5000.0001.0002
     IP interface address:
       10.1.12.1/24
     IPv6 interface address:
     Level-2 MTID: Standard
     Level-2 Metric: 1/1, Priority: 100, Circuit ID: R1.01
     Level-2 Timer intervals configured, Hello: 10s, Lsp: 33ms, Psnp: 2s, Csnp: 10s, Retransmit: 5s
     Level-2 LSPs in queue: 0
     Level-2 LSPs flood: 5
     Number of active level-2 adjacencies: 1
     Next IS-IS LAN Level-2 Hello in (inactive)
```

2. DIS 的特点

DIS 只有在广播多路访问网络环境下才会产生，DIS 和普通的 IS 之间交互会有所不同。以下是 DIS 的特点。

（1）IS-IS 路由协议中的 DIS 发送 IIH 报文的时间间隔默认为 10/3 秒，而其他非 DIS 发送 IIH 报文的时间间隔默认为 10 秒。

（2）Level-1 和 Level-2 的 DIS 分别进行选举，选举的结果可能不是同一个 IS。

（3）在 IS-IS 路由协议广播网络中，当有新路由器加入并符合成为 DIS 的条件时，这台路由器会被选中为新 DIS，原有的伪节点将被删除，此更改会引起一组新 LSP 泛洪。而在 OSPF 中，加入一台新路由器后，它的 DR 即使 Priority 最大，也不会立即成为该网段中的 DR。

（4）在 IS-IS 路由协议广播网络中，同一网段中的同一级别的不同路由器之间会形成邻居关系，包括所有非 DIS 之间。

（5）IS-IS 路由协议中不存在备份 DIS，当一个 DIS 无法工作时，会直接选举另一个 DIS。

（6）在 IS-IS 路由协议广播网络中，Priority 为 0 的路由器也参与 DIS 的选举；而在 OSPF 中，Priority 为 0 的路由器不参与 DR 的选举。

问题与思考

1. 已知 IS-IS 路由协议在广播网络中选举 DIS，以下关于 DIS 的说法错误的是（　　）。

  A. IS-IS 路由协议通过比较 Priority 的大小来选举 DIS，如果 Priority 的大小相等则比较 MAC 地址

  B. 广播网络中的 DIS 以 3 倍的频率发送 IIH 报文

  C. DIS 通过周期性地发送 CSNP 来保证数据库同步

  D. DIS 支持抢占功能，新 DIS 抢占成功后，不需要泛洪任何 LSP

2. IS-IS 路由器会产生新 LSP 的情况是（　　）（多选）。

  A. 邻居关系建立起来或处于 Down 状态

  B. IS-IS 路由协议相关接口处于 Up/Down 状态

  C. 导入的 IP 路由信息发生变化

  D. 不同区域之间的 IP 路由信息发生变化

3. IS-IS 路由器在发送 LSP 时通过 IS-Type 来识别是 Level-1 路由器还是 Level-2 路由器。以下属于 Level-2 路由器表达格式的是（　　）。

  A. 01   B. 10   C. 11   D. 00

4. IS-IS 路由协议的 System ID 固定为 6 字节，路由器接口的 IP 地址为 101.123.24.11，将该 IP 地址转换为 System ID 是（　　）。

  A. 0101.1232.4110   B. 1011.2324.0011

  C. 0101.0123.2411   D. 1011.2324.1100

5. IS-IS 路由器的 DIS 的 Priority 默认为（　　）。

  A. 128   B. 255   C. 64   D. 100

6. 以下能够建立 Level-1 邻居关系的两台路由器是（　　）。

  A. R1：Level-1　Area 49.0001   B. R2：Level-1　Area 49.0002

  C. R1：Level-1-2　Area 49.0002   D. R2：Level-1-2　Area 49.0001

7. 在广播网络中，IS-IS 路由协议通过（　　）建立机制来保证邻居关系建立的可靠性。

  A. 状态同步   B. 校验和   C. 老化计时器   D. 三次握手

第 2 章　IS-IS 路由协议区域设计

> 【学习目标】

设计 IS-IS 路由协议区域在学习和运用 IS-IS 路由协议中较为重要。
学习完本章内容应能够：
- 了解 IS-IS 路由协议分层概念
- 掌握 IS-IS 路由协议区域划分
- 掌握 IS-IS 路由协议骨干区域
- 掌握 IS-IS 路由协议数据库交互

> 【知识结构】

本章主要介绍 IS-IS 路由协议区域设计，内容包括 IS-IS 路由协议区域划分、IS-IS 路由协议骨干区域、IS-IS 路由协议数据库交互等。

2.1　IS-IS 路由协议分层设计

2.1.1　IS-IS 路由协议分层概念

在 IS-IS 路由协议中，分层设计是为了支持大规模的路由网络。IS-IS 路由协议在 AS 内仅划分了骨干区域与非骨干区域两级分层结构，根据前文介绍的路由器类型，可以区分不同 IS-IS 路由协议构建的区域。

IS-IS 路由协议分层有 Level-1 区域和 Level-2 区域，Level-1 区域默认只维护本区域的数据库信息及计算本区域的路由信息，而 Level-2 区域则维护 Level-2 区域的数据库信息及计算不同区域之间的路由信息。区域划分如图 2-1 所示。

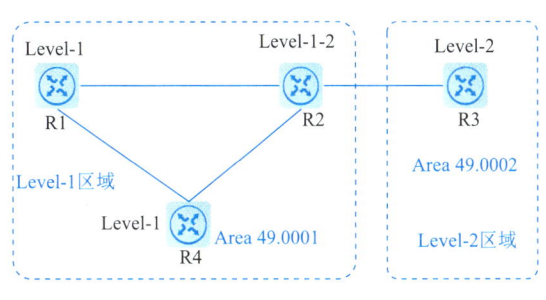

图 2-1　区域划分

1. Level-1 路由器

R1 与 R2、R4 之间分别建立 Level-1 邻居关系，Level-1 区域只传递本区域内的路由信息，通过 show ip route isis 命令查看路由信息，如下所示。

```
R4#show ip route  isis
I*L1   0.0.0.0/0 [115/1] via 10.0.24.2, 00:03:43, GigabitEthernet 0/2
I L1   10.0.12.0/24 [115/2] via 10.0.24.2, 00:03:43, GigabitEthernet 0/2
                    [115/2] via 10.0.14.1, 00:03:43, GigabitEthernet 0/1
I L1   10.0.23.0/24 [115/2] via 10.0.24.2, 00:03:43, GigabitEthernet 0/2
I L1   10.1.1.1/32 [115/1] via 10.0.14.1, 00:03:48, GigabitEthernet 0/1
```

2. Level-2 路由器

Level-2 路由器可以与相同区域或不同区域的 Level-2 路由器或其他区域的 Level-1-2 路由器建立邻居关系，维护 Level-2 LSDB，该 LSDB 包含不同区域之间的路由信息。

所有 Level-2 路由器和 Level-1-2 路由器组成路由域的骨干网，负责在不同区域之间通信，骨干网必须是物理连续的。只有 Level-2 路由器能直接与路由域外的路由器交换数据报文或路由信息。R2 与 R3 之间建立不同区域的 Level-2 邻居关系，R3 接收其他区域的路由信息，如下所示。

```
R3#show ip route isis
I L2   10.0.12.0/24 [115/2] via 10.0.23.2, 00:06:37, GigabitEthernet 0/1
I L2   10.0.14.0/24 [115/3] via 10.0.23.2, 00:06:37, GigabitEthernet 0/1
I L2   10.0.24.0/24 [115/2] via 10.0.23.2, 00:06:37, GigabitEthernet 0/1
I L2   10.1.1.1/32 [115/2] via 10.0.23.2, 00:06:37, GigabitEthernet 0/1
```

3. Level-1-2 路由器

Level-1-2 路由器同时属于 Level-1 区域和 Level-2 区域，可以与相同区域的 Level-1 路由器、Level-1-2 路由器建立 Level-1 邻居关系和 Level-2 邻居关系；也可以在不同区域之间建立 Level-2 邻居关系。

Level-1 路由器只有通过 Level-1-2 路由器才能连接至其他区域。

Level-1-2 路由器维护两个 LSDB，Level-1 LSDB 负责相同区域内的路由，Level-2 LSDB 负责不同区域之间的路由。Level-1-2 路由器在默认情况下，将 Level-1 区域的路由信息重分布给 Level-2 路由器。

如果 Level-1 区域有很多路由信息，那么需将其汇聚后重分布给 Level-2 路由器（重分布路由器在后续章节中讲解）。如图 2-1 所示，R2 既能接收 Level-1 区域的路由信息又能接收 Level-2 区域的路由信息，如下所示。

```
R2#show ip route isis
I L1    10.0.14.0/24 [115/2] via 10.0.24.4, 00:10:30, GigabitEthernet 0/2
                    [115/2] via 10.0.12.1, 00:10:30, GigabitEthernet 0/0
I L1    10.1.1.1/32 [115/1] via 10.0.12.1, 00:11:15, GigabitEthernet 0/0
I L2    30.1.1.1/32 [115/1] via 10.0.23.3, 00:00:05, GigabitEthernet 0/1
```

简单来说，相同区域内的所有路由器都知道整个区域的网络拓扑结构，负责相同区域内的数据交换。Level-1-2 路由器是不同区域的边界路由器，提供不同区域之间的连接。不同区域之间通过 Level-2 路由器连接，各个区域的边缘路由器（Level-2 路由器）组成骨干网。Level-2 路由器负责不同区域之间的数据交换。

Level-1 路由器只关心本区域的网络拓扑结构，包括本区域所有节点和到达这些节点的下一跳设备。Level-1 路由器通过 Level-1-2 路由器访问其他区域，且转发在区域外的目标网络的数据包到最近的 Level-1-2 路由器上。如图 2-2 所示，Level-1 路由器通过 Level-1-2 路由器访问 Level-2 区域。

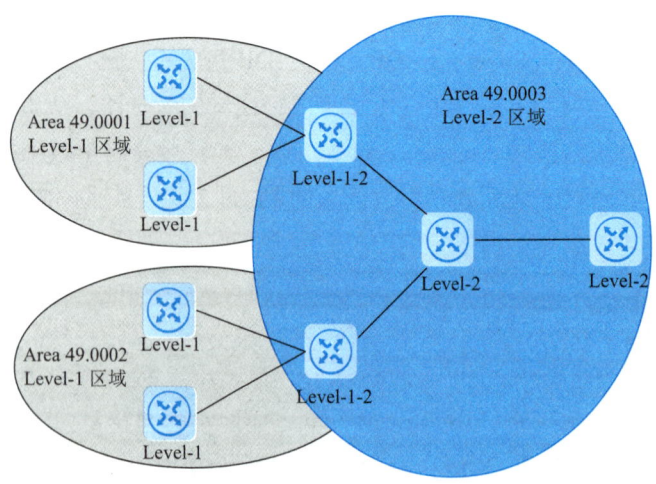

图 2-2　通过 Level-1-2 路由器

2.1.2 IS-IS 路由协议区域划分

一般来说，将 Level-1 路由器部署在非骨干区域，将 Level-2 路由器和 Level-1-2 路由器部署在骨干区域。每个非骨干区域都通过 Level-1-2 路由器与骨干区域相连。在 IS-IS 路由协议中，单个区域没有骨干区域与非骨干区域的概念；而在 OSPF 中，Area 0 被定义为骨干区域。

图 2-3 所示为一个运行 IS-IS 路由协议的网络拓扑结构，该网络拓扑结构与 OSPF 的多区域网络拓扑结构非常相似。整个骨干区域不仅包括 Area 49.0001 中的所有路由器，还包括其他区域内的 Level-1-2 路由器。

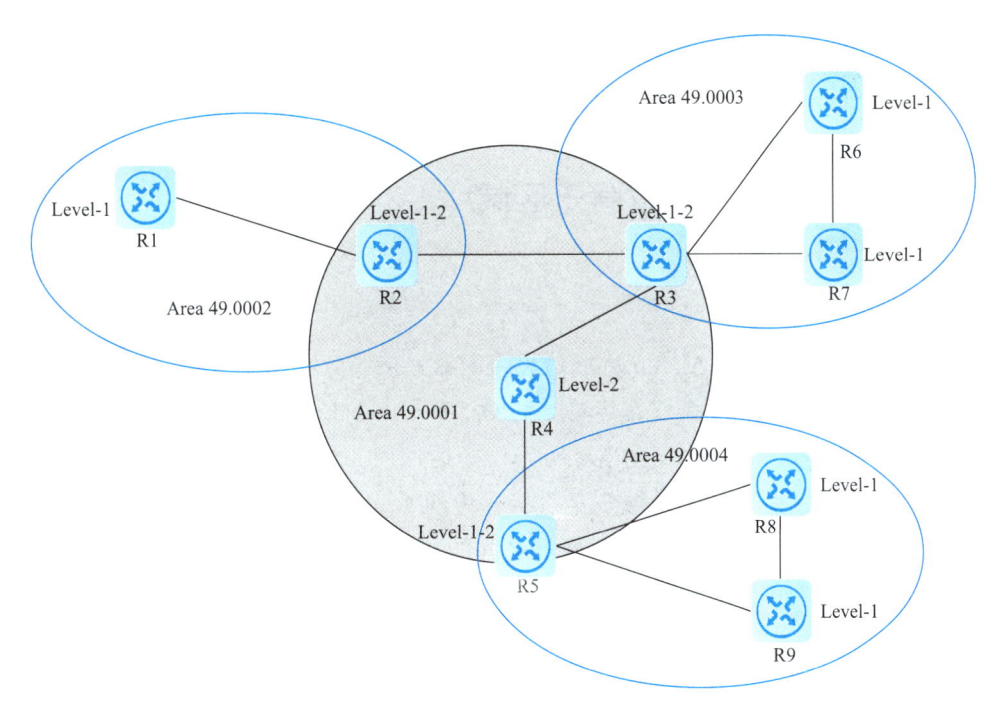

图 2-3 运行 IS-IS 路由协议的网络拓扑结构

整台 IS-IS 路由器必须属于某个区域，而 OSPF 路由器则是不同接口属于不同的区域。对于 Level-1 路由器来说，只有属于相同区域才可以建立邻居关系；而 Level-2 路由器则没有属于相同区域的限制，不同区域之间也可以建立邻居关系。

在默认情况下，大多数厂商的路由器参与 IS-IS 路由协议进程的接口，能同时接收 Level-1 路由器和 Level-2 路由器发送的 IIH 报文。只要对相邻的两台 IS-IS 路由器设置相同的 Area ID，且不配置 Level-1 类型或 Level-2 类型运行，二者就会同时建立 Level-1 邻居关系和 Level-2 邻居关系。建立邻居关系的路由器类型如表 2-1 所示。

表 2-1 建立邻居关系的路由器类型

R1 类型	R2 类型	Area ID 是否相同	邻居关系类型
Level-1	Level-1	相同	Level-1
Level-1	Level-1	不同	
Level-2	Level-2	相同	Level-2
Level-2	Level-2	不同	Level-2
Level-1	Level-2	相同	
Level-1	Level-2	不同	
Level-1	Level-1-2	相同	Level-1
Level-1	Level-1-2	不同	
Level-2	Level-1-2	相同	Level-2
Level-2	Level-1-2	不同	Level-2
Level-1-2	Level-1-2	相同	Level-1、Level-2
Level-1-2	Level-1-2	不同	Level-2

2.1.3 IS-IS 路由协议骨干区域

1. 什么是骨干区域

如图 2-4 所示，要围绕 ABR（区域边界路由器）接线分明地圈定 IS-IS 路由协议骨干区域和非骨干区域，可能没有这么容易。与 OSPF 不同的是，IS-IS 路由协议在区分骨干区域和非骨干区域时，将整台路由器划分至一个区域内，骨干区域是直接相连的 Level-2 邻居关系的路由器，而非骨干区域则是直接相连的 Level-1 邻居关系的路由器。与 OSPF 相同的是，IS-IS 路由协议网络中不同区域之间的流量必须穿过骨干区域。因此，所有非骨干区域都要通过骨干区域来互联。

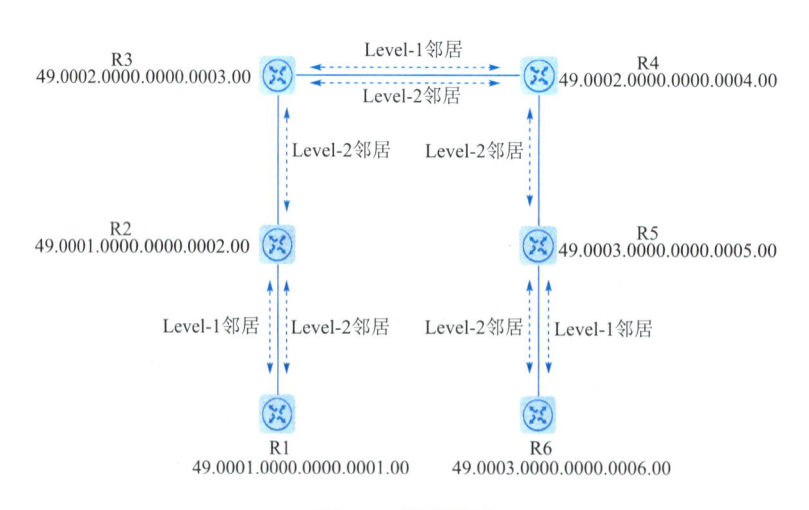

图 2-4 骨干区域

2. 骨干区域连续

骨干区域必须保证是物理连续的，否则会导致无法计算路由信息。骨干区域非连续如图 2-5 所示。Area 49.0001 的 R4 为 Level-1 路由器，R2、R3、R5 为 Level-1-2 路由器，Level-1 路由器无法与不同区域的 Level-1 路由器或 Level-1-2 路由器建立邻居关系。骨干区域不连续，导致无法计算及传递路由信息。

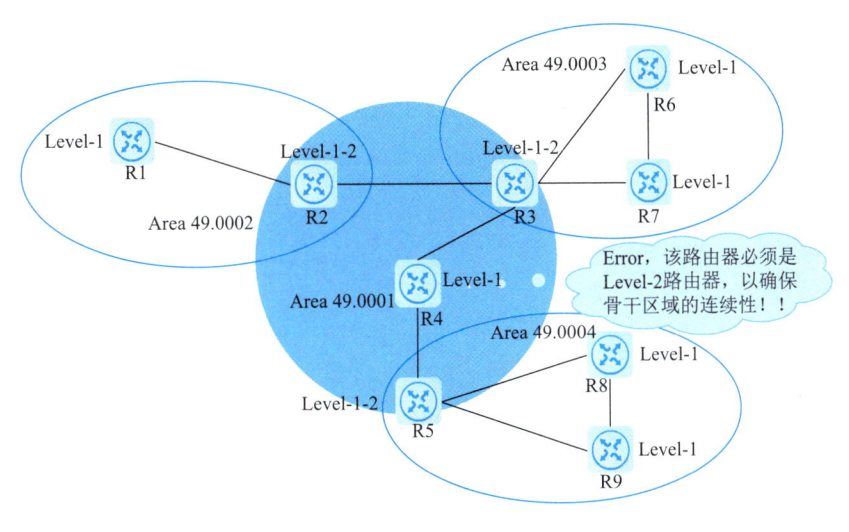

图 2-5 骨干区域非连续

IS-IS 路由协议骨干区域的物理连续是指 IS-IS 路由协议骨干区域的所有路由器必须是物理连接的。骨干区域连续如图 2-6 所示。Level-2 路由器与其他区域的 Level-1-2 路由器直接物理相连，建立邻居关系。Level-1-2 路由器中的 Level-1 LSDB 由 Level-2 路由器计算并传递到 Level-2 区域，Area 49.0001 的 R4 为 Level-2 路由器，可以与其他区域的 Level-1-2 路由器建立邻居关系，且能够计算及传递路由信息。

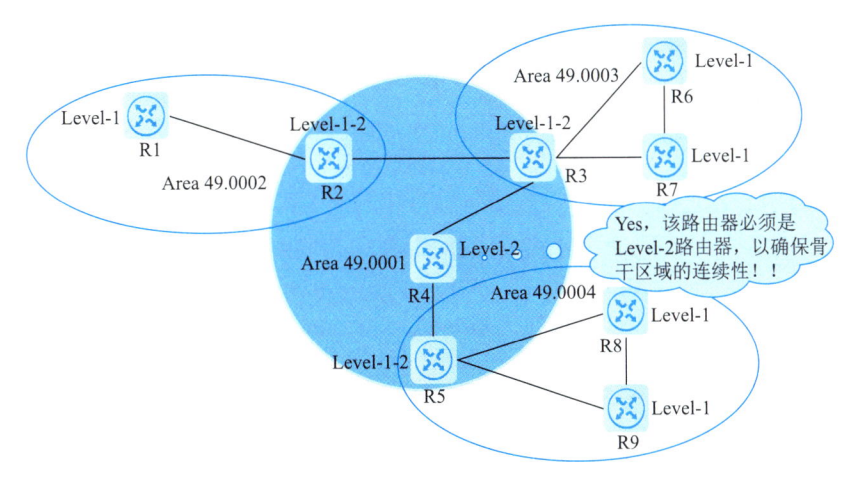

图 2-6 骨干区域连续

2.2 IS-IS 路由协议数据库交互

IS-IS 路由协议进行数据库交互的原因与 OSPF 类似，需要将 LSPDU（链路状态路由协议数据单元）信息泛洪到与其相邻的路由器上，同时接收相邻路由器发送的 LSPDU 信息，以此来了解网络拓扑结构，以及计算最优路径。IS-IS 路由协议数据库交互如图 2-7 所示。两台路由器相互向对端发送自身的 LSPDU 信息。

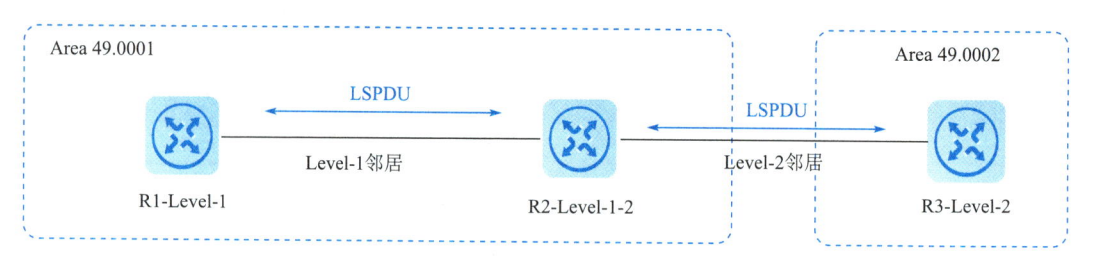

图 2-7　IS-IS 路由协议数据库交互

所有路由器都会产生一个 LSP（可能会分片），放在自己的数据库中，同时将所有 LSP 复制，并发送到网络中的所有其他路由器上。如果数据库不同步，那么路由信息可能会计算错误，最终产生环路。

可靠的泛洪是 IS-IS 路由协议的 SPF 算法的重要基础，而这也是 IS-IS 路由协议作为链路状态路由协议十分重要的两个组成部分。

LSP 的"泛洪"，是指当一台路由器向相邻路由器通告自己的 LSP 后，相邻路由器将同样的 LSP 传递给除发送该 LSP 的路由器外的其他邻居，并逐级将 LSP 传递给整个层次内的所有路由器。

通过泛洪，整个层次内的每台路由器都可以拥有相同的 LSP，并保持 LSDB 同步。如下所示，R2 同时存在 Level-1 区域的 LSDB 和 Level-2 区域的 LSDB。

```
R2#show isis database
Area 1:
IS-IS Level-1 Link State Database:
LSPID                 LSP Seq Num     LSP Checksum    LSP Holdtime      ATT/P/OL
R1.00-00              0x00000007      0xEA68          975               0/0/0
R2.00-00         *    0x00000006      0x8AAF          983               0/0/0
R2.01-00         *    0x00000002      0x0CCC          976               0/0/0

IS-IS Level-2 Link State Database:
LSPID                 LSP Seq Num     LSP Checksum    LSP Holdtime      ATT/P/OL
R2.00-00         *    0x00000007      0xBEDD          1002              0/0/0
```

R3.00-00	0x00000005	0xBA16	1003	0/0/0
R3.01-00	0x00000002	0x2BAA	1002	0/0/0

每个 LSP 都拥有一个标识自己的 4 字节的序列号。在启动路由器时，发送的第一个 LSP 中的序列号为 1，之后当需要生成新 LSP 时，新 LSP 的序列号在前一个 LSP 的序列号的基础上加 1，更高的序列号意味着更新的 LSP。

如下所示，LSPID 为 R1.00-00 的序列号为 0x00000007，当 R1 生成新路由信息时，R2 的 LSDB 中的 LSP Seq Num 会在原序列号的基础上加 1。因此，LSP Seq Num 越大，表示 LSP 越新。

```
R2#show isis database
Area 1:
IS-IS Level-1 Link State Database:
LSPID                LSP Seq Num   LSP Checksum   LSP Holdtime   ATT/P/OL
R1.00-00             0x00000007    0xEA68         975            0/0/0

R2#show isis database
Area 1:
IS-IS Level-1 Link State Database:
LSPID                LSP Seq Num   LSP Checksum   LSP Holdtime   ATT/P/OL
R1.00-00             0x00000008    0x14A2         1197           0/0/0
```

2.2.1 广播网络类型数据库同步

1. 广播网络类型数据库同步过程

如图 2-8 所示，RA 和 RB 已经完成 IS-IS 路由协议邻居关系的建立，同时 RB 为 DIS，即该网络拓扑结构只由 RB 发送 CSNP（在广播网络中，由 DIS 周期性地发送 CSNP）同步数据库，RC 为新加入设备，同时不具备成为 DIS 的条件。根据 RC 了解广播网络类型数据库同步过程。

若 RB 被指定为 DIS，则周期性地发送 CSNP 同步数据库，通过 Wireshark 工具抓包，截取部分报文显示：每间隔 10 秒发送一次 CSNP 同步数据库。发送 CSNP，如图 2-9 所示。

（1）新加入 RC，发送 IIH 报文，与该广播域中的路由器建立邻居关系。

（2）建立邻居关系后，RC 等待 LSP 刷新定时器，超时后，将自己的 LSP 发往组播地址（Level-1:01-80-C2-00-00-14；Level-2:01-80-C2-00-00-15）。这样网络中的所有邻居都将收到该 LSP。RC 通告 LSP，如图 2-10 所示。

（3）该网段中的 DIS 会把 RC 的 LSP 加入 LSDB 中，并等待 CSNP 刷新定时器，超时后，发送 CSNP，进行该网段中的 LSDB 同步。DIS 发送 CSNP，如图 2-11 所示。

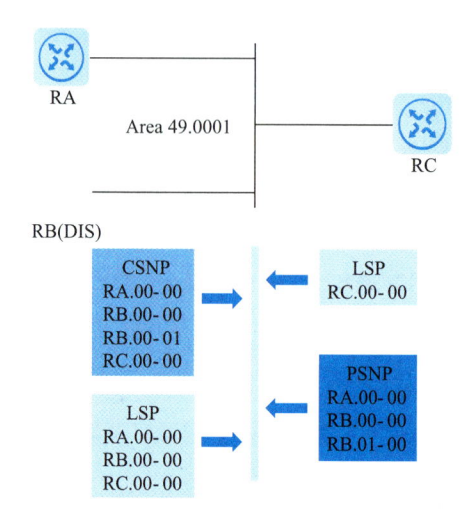

图 2-8　广播网络类型数据库同步过程

图 2-9　发送 CSNP

图 2-10　RC 通告 LSP

图 2-11　DIS 发送 CSNP

（4）RC 收到 DIS 发送的 CSNP，对比自己的 LSDB 会发现，缺少了 RA 与 RB 的 LSP。RC 向 DIS 发送 PSNP，请求自己不存在的 LSP。

（5）DIS 收到 DIS 发送的 PSNP 后，向 RC 发送对应的 LSP 进行 LSDB 同步。DIS 发送 LSP，如图 2-12 所示。

图 2-12　DIS 发送 LSP

2. 广播网络类型 LSP 同步过程

广播网络类型 LSP 同步过程如图 2-13 所示。以 DIS 接收 LSP 为例，在数据库中搜索对应的记录。若没有该 LSP，则将其加入数据库，并组播发送新数据库内容。

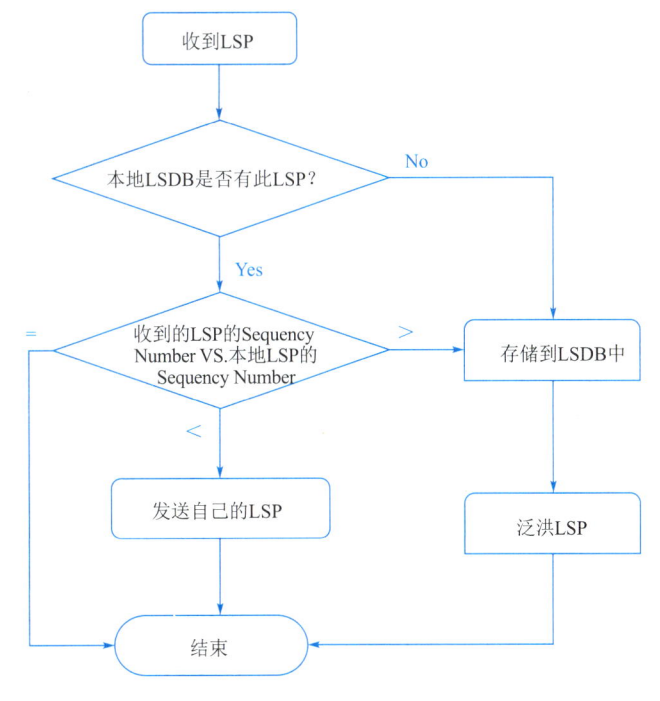

图 2-13　广播网络类型 LSP 同步过程

在上述过程中，DIS 的 LSDB 的更新过程如下。

（1）若收到的 LSP 的 Sequency Number 大于本地 LSP 的 Sequency Number，则替换为新报文，并组播新数据库内容。

（2）若收到的 LSP 的 Sequency Number 小于本地 LSP 的 Sequency Number，则向接收端接口发送本地 LSP。

（3）若两个 Sequency Number 相等，则比较 Remaining Lifetime。

（4）若收到的 LSP 的 Remaining Lifetime 小于本地 LSP 的 Remaining Lifetime，则替换为新报文，并广播发送新数据库内容。

（5）若收到的 LSP 的 Remaining Lifetime 大于本地 LSP 的 Remaining Lifetime，则向发送端接口发送本地 LSP。

（6）若两个 Sequency Number 和两个 Remaining Lifetime 都相等，则比较 Checksum。若收到的 LSP 的 Checksum 大于本地 LSP 的 Checksum，则替换为新报文，并广播新数据库内容。

（7）若收到的 LSP 的 Checksum 小于本地 LSP 的 Checksum，则向发送端接口发送本地 LSP。

（8）若两个 Sequency Number、两个 Remaining Lifetime 和两个 Checksum 都相等，则不转发该 LSP。

IS-IS 路由器收到报文后，在数据库中搜索对应的记录。若记录不存在，则将其加入数据库并广播新数据内容；若记录存在，则有以下 3 种情况。

（1）若数据库中的 Sequency Number 小于收到的报文中的 Sequency Number，则 IS-IS 路由器使用新报文替换本地条目，并广播新数据库内容。

（2）若数据库中的 Sequency Number 大于收到的报文中的 Sequency Number，则 IS-IS 路由器向新报文的发送端接口发送一个包含本地数据库内容的新报文。

（3）若两个 Sequency Number 相等，则不进行任何更新。

2.2.2　P2P 网络类型数据库同步

1. P2P 网络类型数据库同步过程

如图 2-14 所示，RA 和 RB 通过三次握手建立机制建立 IS-IS 路由协议邻居关系，建立邻居关系后，RA 和 RB 相互发送 LSP 同步数据库。

（1）建立邻居关系后，RA 和 RB 会先发送 CSNP 给对端。如果对端的 LSDB 与 CSNP 没有同步，那么发送 PSNP 请求相应的 LSP。发送 PSNP，如图 2-15 所示。

（2）假设 RB 向 RA 请求相应的 LSP，RA 在发送 RB 请求的 LSP 的同时启动重传定时器，并等待 RB 发送 PSNP 作为收到 LSP 的确认。

（3）如果连接重传定时器超时后，RA 还没有收到 RB 发送的 PSNP 作为应答，那么重新发送该 LSP 直至收到 PSNP。

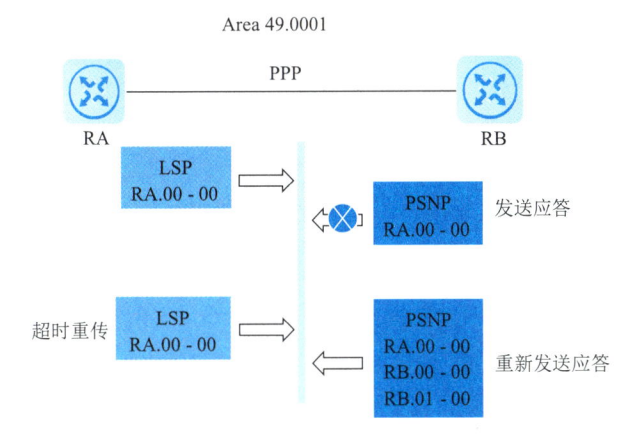

图 2-14　P2P 网络类型数据库同步过程

图 2-15　发送 PSNP

PSNP 在 P2P 网络中有两种作用：一是作为 ACK 应答以确认收到的 LSP；二是用来请求所需的 LSP。

若收到的 LSP 的 Sequency Number 比已有的 Sequency Number 大，则先将这个新 LSP 存入自己的 LSDB 中，再通过 PSNP 来确认收到的 LSP，最后将这个新 LSP 发送给其他所有邻居。

若收到的 LSP 的 Sequency Number 和已有的 Sequency Number 相等，则直接通过 PSNP 确认收到的 LSP。

若收到的 LSP 的 Sequency Number 比已有的 Sequency Number 小，则先通过 PSNP 确认收到的 LSP，再将其发送给对端，最后等待对端发送 PSNP 作为应答。

2. P2P 网络类型 LSP 同步过程

P2P 网络类型 LSP 同步过程如图 2-16 所示。IS-IS 路由器收到 LSP 后，与本地数据库进行比较，选择较优的 LSP 同步到数据库中，并将 LSP 向外传递。

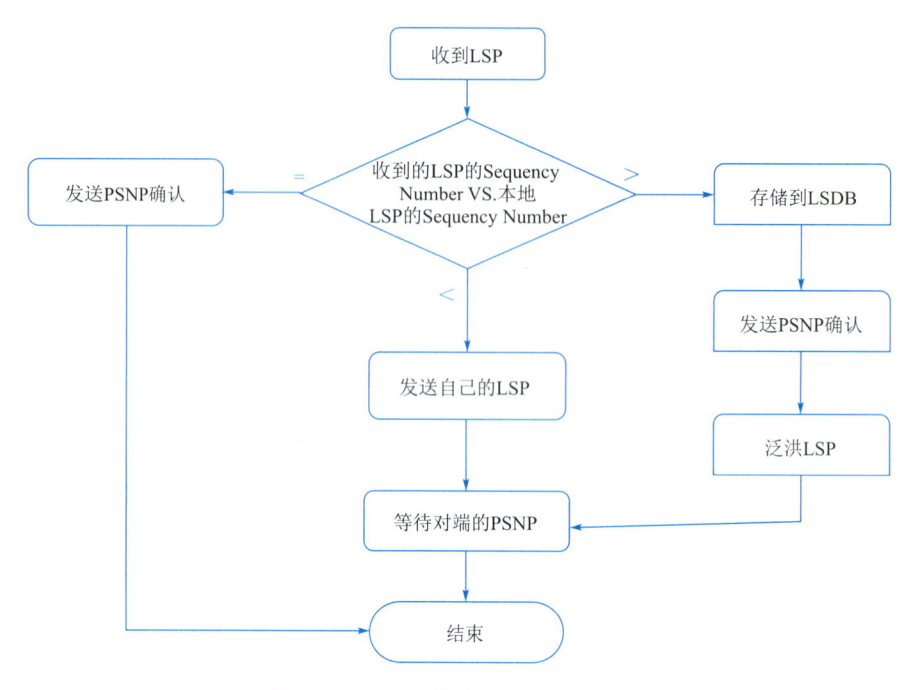

图 2-16　P2P 网络类型 LSP 同步过程

在上述过程中，设备的 LSDB 的更新过程如下。

若收到的 LSP 的 Sequency Number 比本地 LSP 的 Sequency Number 小，则直接给对端发送本地 LSP，等待对端给自己发送 PSNP 作为确认；若收到的 LSP 的 Sequency Number 比本地 LSP 的 Sequency Number 大，则先将这个新 LSP 存入自己的 LSDB，再通过一个 PSNP 来确认收到该 LSP，最后将这个新 LSP 发送给除发送该 LSP 的邻居外的所有其他邻居。

若收到的 LSP 的 Sequency Number 和本地 LSP 的 Sequency Number 相等，则比较 Remaining Lifetime。若收到的 LSP 的 Remaining Lifetime 为 0，则先将收到的 LSP 存入 LSDB 并发送 PSNP 以确认收到该 LSP，再将该 LSP 发送给除发送该 LSP 的邻居外的所有其他邻居；若收到的 LSP 的 Remaining Lifetime 不为 0 而本地 LSP 的 Remaining Lifetime 为 0，则直接给对端发送本地 LSP，等待对端给自己发送 PSNP 作为确认。

若收到的 LSP 的 Sequency Number 和本地 LSP 的 Sequency Number 相等且 Remaining Lifetime 不为 0，则比较 Checksum。若收到的 LSP 的 Checksum 大于本地 LSP 的 Checksum，则先将收到的 LSP 存入 LSDB 并发送 PSNP 以确认收到该 LSP，再将该 LSP 发送给除发送该 LSP 的邻居外的所有其他邻居；若收到的 LSP 的 Checksum 小于本地 LSP 的 Checksum，则直接给对端发送本地 LSP，等待对端给自己发送 PSNP 作为确认。

若收到的 LSP 的 Sequency Number 和本地 LSP 的 Sequency Number、Remaining Lifetime 和 Checksum 都相等，则不转发该报文。

问题与思考

1. IS-IS 路由协议的 CSNP 与 OSPF 的 DD 都有在网络中描述 LSDB 的作用。对比这两种报文，以下说法正确的是（   ）。

    A. 两种报文发送后都需要对端进行确认，否则需要重传

    B. 一旦邻居关系建立成功，CSNP 和 DD 就会停止发送

    C. 两种报文发送后都不需要对端进行确认

    D. OSPF 的 DD 交互中的主从关系与 DR/BDR 无身份绑定，而 CSNP 只由 DIS 产生

2. 从如下命令行的信息中可以得知（   ）。

```
R2#show isis neighbors detail
Area 1:
System Id    Type    IP Address    State    Holdtime    Circuit    Interface
R1           L2      10.0.12.1     Up       28          1          GigabitEthernet 0/0
  Adjacency ID: 1
  Uptime: 01:11:17
  Area Address(es): 49.0001
  SNPA: 5000.0001.0001
  Level-2 MTID: Standard
  Level-2 Protocols Supported: IPv4
```

    A. R2 与 R1 建立 Level-1 邻居关系

    B. R2 与 R1 在 Area 49.0001 上建立 Level-2 邻居关系

    C. R2 与 R1 之间邻居关系的 Holdtime 从小到大更新

    D. R2 的接口 IPv4 地址是 10.0.21.2

3. 基于以下路由器数据，以下说法错误的是（   ）。

```
R2#show isis database
Area 1:
IS-IS Level-1 Link State Database:
LSPID               LSP Seq Num    LSP Checksum   LSP Holdtime   ATT/P/OL
R1.00-00            0x00000007     0xB15B         420            0/0/0
R2.00-00         *  0x00000006     0xCD3D         424            0/0/0
R2.01-00         *  0x00000002     0x4504         348            0/0/0
R3.00-00            0x00000007     0xE521         427            0/0/0

IS-IS Level-2 Link State Database:
LSPID               LSP Seq Num    LSP Checksum   LSP Holdtime   ATT/P/OL
```

· 37 ·

R1.00-00		0x0000000A	0xAB5E	427	0/0/0
R2.00-00	*	0x00000009	0xC740	428	0/0/0
R2.01-00	*	0x00000002	0x4504	348	0/0/0
R3.00-00		0x0000000A	0xDF24	427	0/0/0

  A．R2 只是 Level-1 链路的 DIS

  B．R2 是 Level-2 路由器

  C．R2 产生了分片路由

  D．R2 是 Level-1-2 路由器

4．广播网络类型数据库同步过程中周期性发送的报文是（　　）。

  A．CSNP   B．PSNP   C．LSP   D．SNP

5．P2P 网络类型数据库同步过程中只发送一次的报文是（　　）。

  A．IIH   B．LSP   C．PSNP   D．CSNP

6．IS-IS 路由协议骨干区域物理连续的划分必须包含（　　）路由器。

  A．Level-2   B．Level-1-2 C．Level-1

第 3 章　IS-IS 路由协议安全性和可靠性

> 【学习目标】

在互联网部署中各个协议都需要考虑安全性和可靠性，IS-IS 路由协议通过实施协议认证来保证数据传输的安全性。同时，IS-IS 路由协议主要通过和其他可靠的协议进行联动来保证网络的可靠性。

学习完本章内容应能够：

- 了解 IS-IS 路由协议认证分类
- 掌握 IS-IS 路由协议认证实施
- 掌握 BFD
- 了解 GR

> 【知识结构】

本章主要介绍 IS-S 路由协议安全性和可靠性，内容包括 IS-IS 路由协议认证分类、IS-IS 路由协议认证实施、BFD、GR 等。

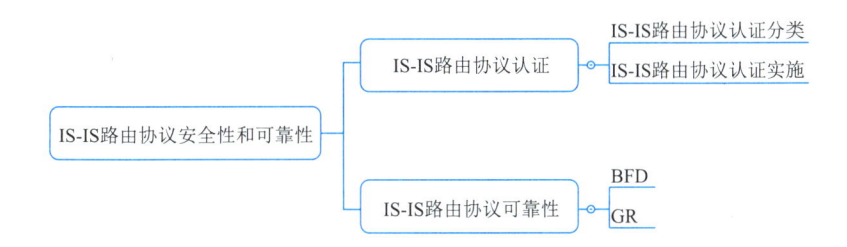

```
                                          ┌─ IS-IS路由协议认证分类
                      ┌─ IS-IS路由协议认证 ─┤
IS-IS路由协议安全性和可靠性 ┤                  └─ IS-IS路由协议认证实施
                      │                  ┌─ BFD
                      └─ IS-IS路由协议可靠性─┤
                                          └─ GR
```

3.1　IS-IS 路由协议认证

随着社会的发展，互联网对信息安全的要求越来越高，运营商为防止数据被攻击者窃取和恶意修改，在特定区域或接口上应用 IS-IS 路由协议认证功能，以确保数据的安全性。

IS-IS 路由协议认证是基于网络安全性要求而实现的一种认证手段，通过在 IS-IS 路由协议报文中增加认证字段来对报文进行认证。

3.1.1　IS-IS 路由协议认证分类

1. 根据报文的种类划分

根据报文的种类划分，IS-IS 路由协议认证可分为以下 3 种。

1）接口认证

接口认证是指运行 IS-IS 路由协议的接口以指定方式和密码对 Level-1 IIH 报文和 Level-2 IIH 报文进行认证，如图 3-1 所示。

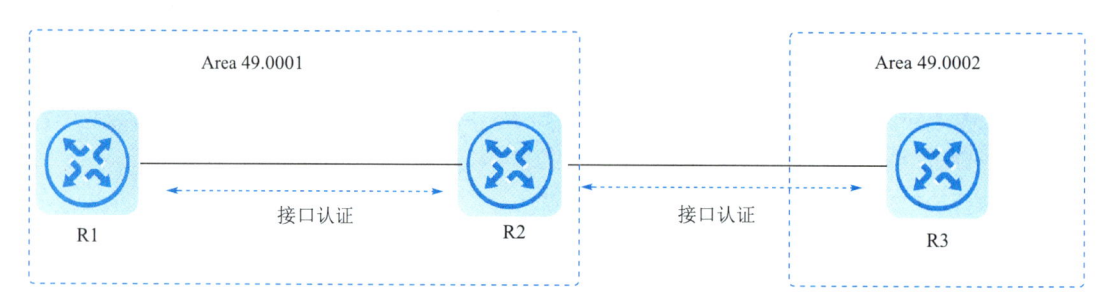

图 3-1　接口认证

2）区域认证

区域认证是指运行 IS-IS 路由协议的区域以指定方式和密码对 Level-1 SNP 和 Level-1 LSP 进行认证，如图 3-2 所示。

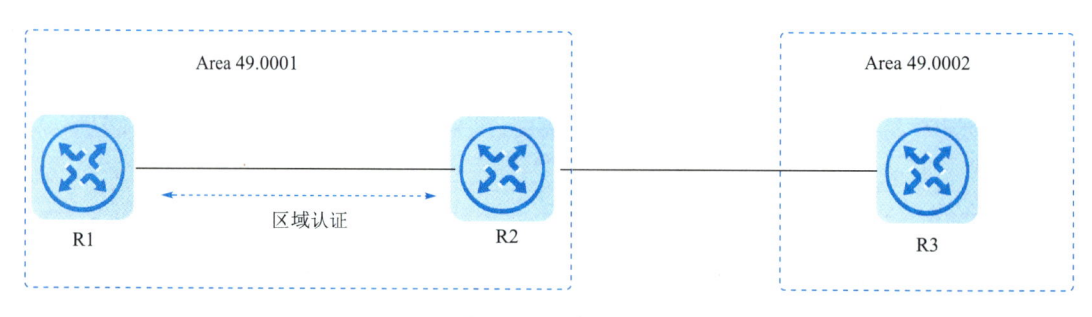

图 3-2　区域认证

3）路由域认证

路由域认证是指运行 IS-IS 路由协议的路由域以指定方式和密码对 Level-2 SNP 和 Level-2 LSP 进行认证，如图 3-3 所示。

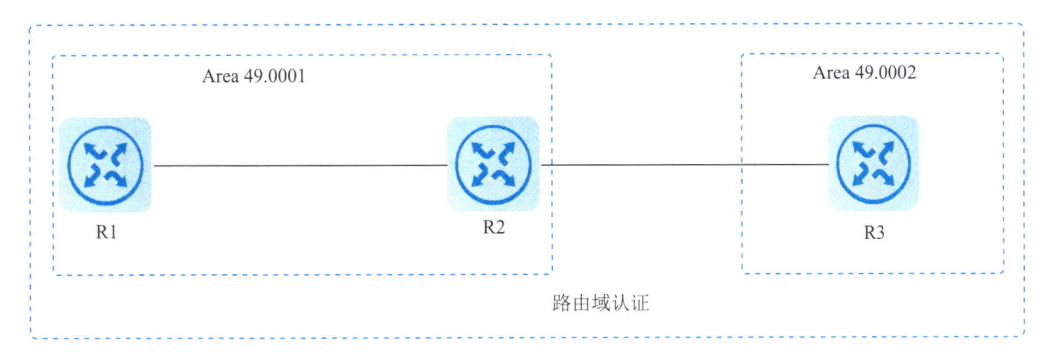

图 3-3　路由域认证

2. 根据报文的认证方式划分

根据报文的认证方式划分，IS-IS 路由协议认证可以分为以下 3 种。

1）简单认证

简单认证是一种简单的认证方式，将配置的密码直接加入报文，这种认证方式的安全性较低。

```
Ruijie(config-if)# isis password[0|7] password [send-only][level-1| level-2]
```

2）MD5 认证

MD5 认证将配置的密码进行 MD5 算法加密后加入报文，这种认证方式的安全性比简单认证的安全性高。

```
Ruijie(config-if)# isis authentication mode {text|md5} [level-1 |level-2]
```

3）Keychain 认证

Keychain 认证配置的密码链随时间变化，这种认证方式的安全性比 MD5 认证的安全性高。

```
Ruijie(config-if)# isis authentication key-chain name-of-chain[level-1|level-2]
```

3.1.2　IS-IS 路由协议认证实施

当本地路由器收到其他路由器发送的 IS-IS 路由协议报文时，检查认证密码是否匹配，若不匹配，则丢弃收到的报文。IS-IS 路由协议报文采用 TLV 格式携带认证信息。TLV 格式如下。

Type：认证报文类型，TCP/IP 类型的值为 133。

Length：TLV 的长度。

Value：认证类型和密码。

Value 根据需求设置，通常采用 MD5 算法加密。

如图 3-4 所示，进行相关认证设置，针对 IS-IS 路由协议的认证类型实施认证。

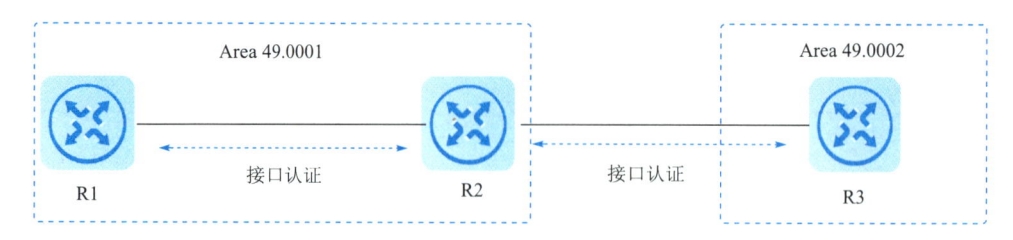

图 3-4 IS-IS 路由协议认证实施

1. 接口认证

接口认证在接口上配置，互相连接的路由器的接口配置密码必须相同。

1）简单认证配置命令

```
Ruijie(config-if)# isis password[0|7] password [send-only][level-1| level-2]
```

当未指定级别时，默认设置的认证类型和密码对每个级别都有效。

```
R1(config)#interface  gigabitEthernet 0/0
R1(config-if-GigabitEthernet 0/0)#isis  password 0 ruijie     // 接口配置，简单认证
R1(config-if-GigabitEthernet 0/0)#exit
R1(config)#
```

若只在 R1 接口上开启了 IS-IS 路由协议认证，未在 R2 接口上配置，则会出现邻居失效的情况。如下所示，信息提示认证 IIH 报文失败。

```
R1(config)#*Aug  8 06:47:33: %ISIS-4-HELLO_AUTH_FAIL: Level-1 HELLO from [R2] authentication failed.
```

在路由器上通过 show isis neighbors 命令查看邻居信息为空。

```
R1#show  isis  neighbors
Area  1:
System Id   Type   IP Address        State    Holdtime  Circuit       Interface
R1#
```

在 R2 接口上配置简单认证命令。

```
R2(config)#interface   gigabitEthernet 0/0
R2(config-if-GigabitEthernet 0/0)#isis   password 0 ruijie
R2(config-if-GigabitEthernet 0/0)#exit
R2(config)#
```

此时，通过 show isis neighbors 命令可以看到邻居关系正常建立。

```
R1#show  isis  neighbors

Area 1:
System Id    Type   IP Address     State    Holdtime    Circuit        Interface
R2           L1     10.0.12.2      Up       7           R2.01          GigabitEthernet 0/0
```

2）MD5 认证配置命令

```
Ruijie(config-if)# isis authentication mode {text|md5} [level-1 |level-2]
```

指定接口认证方式为明文或加密。当未指定级别时，默认未设置的认证模式对每个级别都有效。

3）Keychain 认证配置命令

在指定接口上开启 Keychain 认证的配置命令如下。

```
Ruijie(config-if)# isis authentication key-chain name-of-chain[level-1|level-2]
```

在 R1 和 R2 上配置密码链，同时，开启 MD5 认证，调用密码链提供安全认证。注意，在两端配置的密码链参数需一致，否则无法建立 IS-IS 路由协议邻居关系。

```
R1(config)#key chain ruijie1
R1(config-keychain)#key 1
R1(config-keychain-key)#key-string admin
R1(config-keychain-key)#exit
R1(config-keychain)#ext

R2(config)#key chain  ruijie1
R2(config-keychain)#key 1
R2(config-keychain-key)#key-string   admin
R2(config-keychain-key)#exit
R2(config-keychain)#exit
```

在全局模式下配置完密码链后，在接口上先配置认证方式为 MD5 再调用密码链。

```
R1(config)#interface  gigabitEthernet 0/0
R1(config-if-GigabitEthernet 0/0)#isis authentication  mode  md5
R1(config-if-GigabitEthernet 0/0)#isis authentication  key-chain  ruijie1

R2(config)#interface  gigabitEthernet 0/0
R2(config-if-GigabitEthernet 0/0)#isis  authentication  mode  md5
R2(config-if-GigabitEthernet 0/0)#isis  authentication  key-chain  ruijie1
```

查看 IS-IS 路由协议邻居关系的建立情况。

```
R1#show   isis   neighbors
Area  1:
System Id     Type    IP Address      State    Holdtime   Circuit          Interface
R2            L1      10.0.12.2       Up       8          R2.01            GigabitEthernet 0/0
```

注意，配置命令未修改级别，默认对每个级别的 IIH 报文都执行认证。

2. 区域认证

区域认证是一种在 IS-IS 路由协议进程中配置区域内路由器的认证方式，密码或密码链必须相同。

1）明文认证配置命令

```
Ruijie(config-router)#  area-password  [0|7]  password[send-only]
```

在设置区域明文认证密码包含 send-only 时，指定认证密码只应用于发送的报文，不对收到的报文进行认证。

区域认证针对 Level-1 SNP 和 Level-1 LSP 进行，需要在 R1 与 R2 上配置区域认证。下面设置明文认证方式。

```
R1(config)#router  isis  1
R1(config-router)#area-password   admin
R1(config-router)#exit
```

只在 R1 上配置区域认证，会出现 Level-1 LSP 和 Level-1 CSNP 认证失败的告警信息。

```
R1(config)#*Aug   8  07:55:09: %ISIS-4-LSP_AUTH_FAIL: Level-1 LSP [R2.00-00]: authentication failed.
R1(config#*Aug    8  07:55:18: %ISIS-4-CSNP_AUTH_FAIL: Level-1  CSNP  from  [R2]  authentication failed.
```

只有在 R2 的 IS-IS 路由协议进程中开启区域认证，IS-IS 路由协议邻居关系才能正常建立。

```
R2(config)#router  isis  1
R2(config-router)#area-password   admin
R2(config-router)#exit
```

检查 IS-IS 路由协议邻居关系的建立情况。

```
R1#show   isis   neighbors
Area  1:
System Id     Type    IP Address      State    Holdtime   Circuit          Interface
R2            L1      10.0.12.2       Up       9          R2.01            GigabitEthernet 0/0
```

2）密文认证配置命令

```
Ruijie(config-router)#  authentication  mode  {text|md5}  level-1
```

使用上述命令可以指定 IS-IS 路由协议区域认证的密文认证方式，使用 MD5 认证可以让报文安全地传输。

其中，指定配置 IS-IS 路由协议区域认证使用的密码链如下。

```
Ruijie(config-router)# authentication key-chain name-of-chain level-1
```

上述命令需要与 authentication mode 命令同时配置，以进行 IS-IS 路由协议区域的认证，两个命令缺一不可。

```
R1(config)#key chain ruijie1
R1(config-keychain)#key 1
R1(config-keychain-key)#key-string admin
R1(config-keychain-key)#exit
R1(config-keychain)#ext

R1(config)#router isis 1
R1(config-router)#authentication mode md5
R1(config-router)#authentication key-chain ruijie1 level-1

R2(config)#key chain ruijie1
R2(config-keychain)#key 1
R2(config-keychain-key)#key-string admin
R2(config-keychain-key)#exit
R2(config-keychain)#exit

R2(config)#router isis 1
R2(config-router)#authentication mode md5
R2(config-router)#authentication key-chain ruijie1 level-1
```

注意，在 IS-IS 路由协议进程中配置了该密文认证，对区域认证和路由域认证无效，authentication key-chain ruijie1 level-1 命令同时对 IS-IS 路由协议 Level-1 LSP、Level-1 CSNP 进行认证。

查看 LSDB。

```
R1#show isis database
Area 1:
IS-IS Level-1 Link State Database:
LSPID              LSP Seq Num   LSP Checksum  LSP Holdtime  ATT/P/OL
R1.00-00        *  0x00000029    0x4E37        1179          0/0/0
R2.00-00           0x00000039    0xC890        1187          1/0/0
R2.01-00           0x00000027    0x3044        1187          0/0/0
```

通过 Wireshark 工具检查报文的认证信息可以发现，认证方式为 MD5 认证，如图 3-5 所示。可以发现，Authentication 的 Value 为 "hmac-md5(54),password(length 16)=d65f039f7

6d419508ef0977d104e69a2"。

```
No.      Time              Source              Destination            Protocol    Length    Info
      1 0.000000           50:00:00:02:00:01   ISIS-all-level-1-...   ISIS CSNP      119 L1 CSNP, Source-ID: 0000.0000.0002, St
      2 1.769647           50:00:00:02:00:01   ISIS-all-level-1-...   ISIS HELLO    1514 L1 HELLO, System-ID: 0000.0000.0002
      3 2.753050           50:00:00:02:00:01   ISIS-all-level-2-...   ISIS HELLO    1514 L2 HELLO, System-ID: 0000.0000.0002

> Frame 1: 119 bytes on wire (952 bits), 119 bytes captured (952 bits) on interface 0
> IEEE 802.3 Ethernet
> Logical-Link Control
> ISO 10589 ISIS InTRA Domain Routeing Information Exchange Protocol
v ISO 10589 ISIS Complete Sequence Numbers Protocol Data Unit
    PDU length: 102
    Source-ID: 0000.0000.0002.00
    Start LSP-ID: 0000.0000.0000.00-00
    End LSP-ID: ffff.ffff.ffff.ff-ff
  v Authentication (t=10, l=17)
      Type: 10
      Length: 17
      hmac-md5 (54), password (length 16) = d65f039f76d419508ef0977d104e69a2
> LSP entries (t=9, l=48)
```

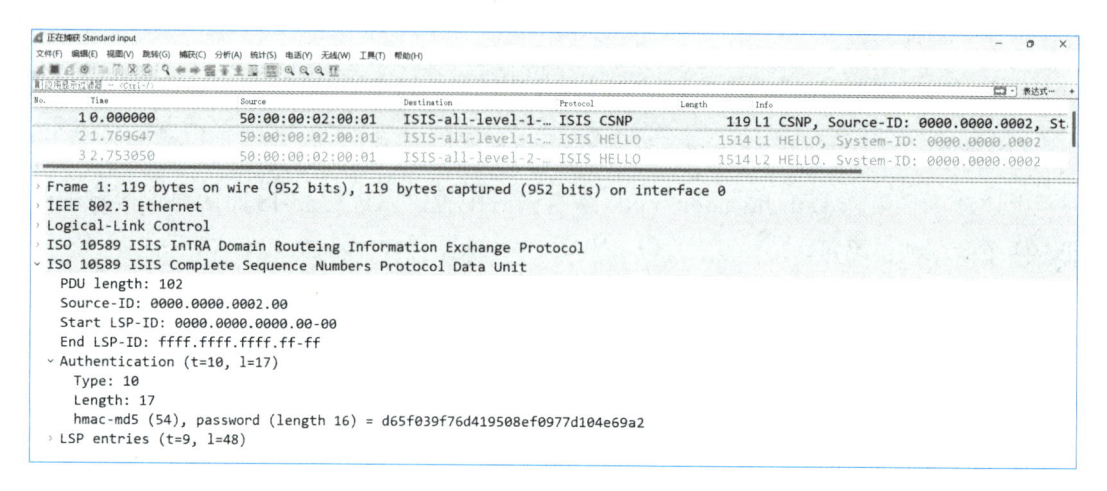

图 3-5　MD5 认证

3. 路由域认证

路由域认证是一种在 IS-IS 路由协议进程配置路由域的认证方式，密码或密码链必须相同。路由域认证配置命令如下。

Ruijie(config-router)# domain-password [0 | 7] password [send-only]

在设置路由域明文认证密码包含 send-only 时，指定认证密码只应用于发送的报文，不对收到的报文进行认证。其中，SNP 和 LSP 可以分开认证，且可以配置是否对收到的 LSP 或 SNP 进行认证。

路由域认证针对 IS-IS 路由协议的 Level-2 SNP 和 Level-2 LSP 进行，需要在 R2 与 R3 上配置路由域认证。

R2(config)#router isis 1
R2(config-router)#domain-password ruijie
R2(config-router)#exit

仅为 R2 配置路由域认证，会出现 Level-2 LSP 和 Level-2 CSNP 认证失败的告警信息。因此，还应为 R3 配置路由域认证，否则无法建立邻居关系。

R2(config)#*Aug 8 08:42:11: %ISIS-4-LSP_AUTH_FAIL: Level-2 LSP [R3.01-00]: authentication failed.
R2(config)#*Aug 8 08:42:14: %ISIS-4-CSNP_AUTH_FAIL: Level-2 CSNP from [R3] authentication failed.

下面为 R3 配置路由域认证。

R3(config)#router isis 1
R3(config-router)#domain-password ruijie
R3(config-router)#exit

查看 LSDB。若 R3 能正常接收 R2 产生的 Level-2 LSP 则表示认证成功。

```
R3#show isis database
Area 1:
IS-IS Level-2 Link State Database:
LSPID                LSP Seq Num    LSP Checksum   LSP Holdtime   ATT/P/OL
R2.00-00             0x0000002C     0xA01A         1009           0/0/0
R3.00-00           * 0x00000023     0xD807         1026           0/0/0
R3.01-00           * 0x00000020     0xE72C         1026           0/0/0
```

通过 Wireshark 工具检查报文的认证信息可以发现，仅针对 Level-2 的报文进行认证，认证方式为明文认证，即密码可视化，如图 3-6 所示。可以发现，Authentication 的 Value 为 "clear text (1), password(length 6)=ruijie"。

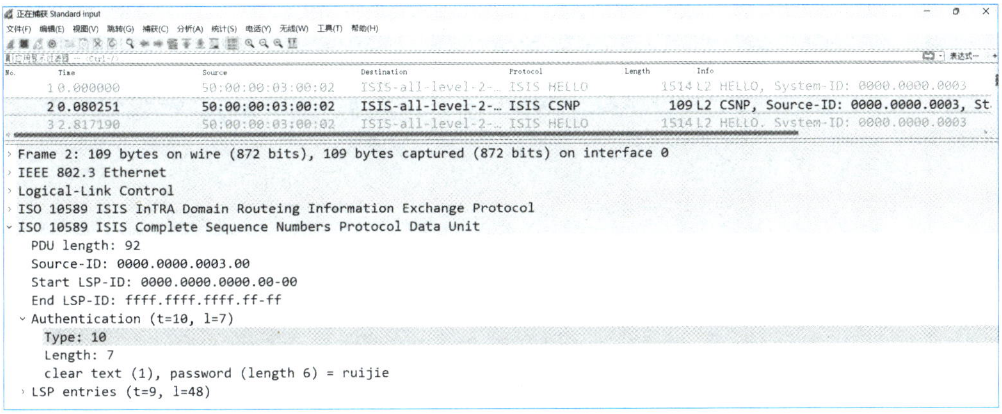

图 3-6 明文认证

在 R2 和 R3 之间配置 Keychain 认证，提高 R2 与 R3 的安全性。

```
R2(config)#key chain ruijie2
R2(config-keychain)#key 2
R2(config-keychain-key)#key-string ruijie2
R2(config-keychain-key)#exit
R2(config-keychain)#exit


R3(config)#key chain ruijie2
R3(config-keychain)#key 2
R3(config-keychain-key)#key-string ruijie2
R3(config-keychain-key)#exit
R3(config-keychain)#exit
```

在 IS-IS 路由协议进程中调用密码或密码链时，需要修改 IS-IS 路由协议认证，针对 Level-2 LSP 和 Level-2 SNP 进行认证。

```
R2(config)#router isis 1
R2(config-router)#authentication mode md5
R2(config-router)#authentication key-chain ruijie2 level-2
R2(config-router)#exit

R3(config)#router isis 1
R3(config-router)#authentication mode md5
R3(config-router)#authentication key-chain ruijie2 level-2
R3(config-router)#exit
```

查看 LSDB 可以发现,R3 正常接收 Level-2 LSP 并产生 Level-2 LSP。

```
R3#show isis database
Area 1:
IS-IS Level-2 Link State Database:
LSPID                LSP Seq Num    LSP Checksum   LSP Holdtime    ATT/P/OL
R2.00-00             0x0000002C     0xA01A         1009            0/0/0
R3.00-00          *  0x00000023     0xD807         1026            0/0/0
R3.01-00          *  0x00000020     0xE72C         1026            0/0/0
```

3.2 IS-IS 路由协议可靠性

3.2.1 BFD

IS-IS 路由协议通过 IIH 报文动态发现邻居,IS-IS 路由协议启动 BFD(双向转发检测)后,将会与达到 Up 状态的邻居建立会话,通过 BFD 检测邻居状态,一旦 BFD 邻居失效,IS-IS 路由协议会立刻进行网络收敛。收敛的时间可以从 30 秒(在默认情况下,P2P IIH 报文的发送间隔为 10 秒,而邻居失效的时间是其 3 倍,也就是需要 30 秒)降到 1 秒。

如图 3-7 所示,在 R1—R2—R3 链路上开启 BFD,把 R1—R2—R3 作为主链路,把 R1—R4—R3 作为备份链路。

在正常情况下,BFD 以毫秒级别的间隔时间发送探测报文,检测链路状态,当链路出现故障(链路断开等)时,BFD 能快速检测到链路异常,并通知 IS-IS 路由协议删除邻居,以及 LSP 中的邻居可达信息。之后,IS-IS 路由协议重新计算路由信息,避开异常链路,实现快速收敛。如图 3-8 所示,R1 与 R2 之间的链路出现故障,BFD 快速检测到链路异常,于是切换链路,以加快收敛速度。

随着一些新技术,如 MSTP(Multi-Service Transport Platform,多业务传送平台)等引入,链路在数据通信高峰时段非常容易出现拥塞。链路在出现拥塞时,BFD 能快速检测到链路异常，并通知 IS-IS 路由协议删除邻居，以及 LSP 中的邻居可达信息，切换链路，进而避开拥塞的链路。

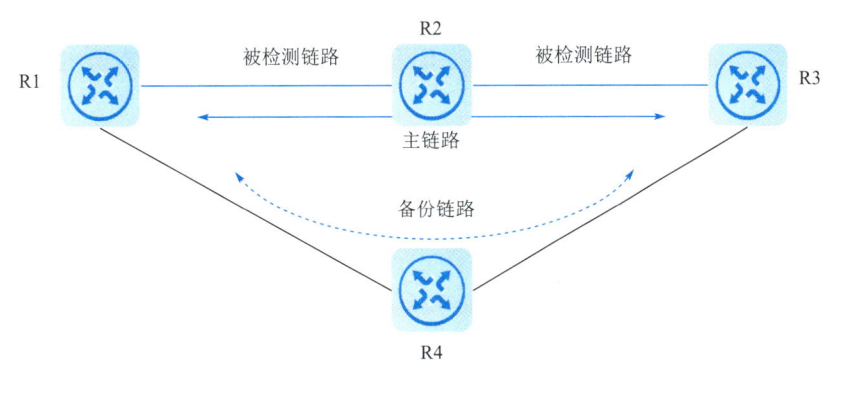

图 3-7 BFD

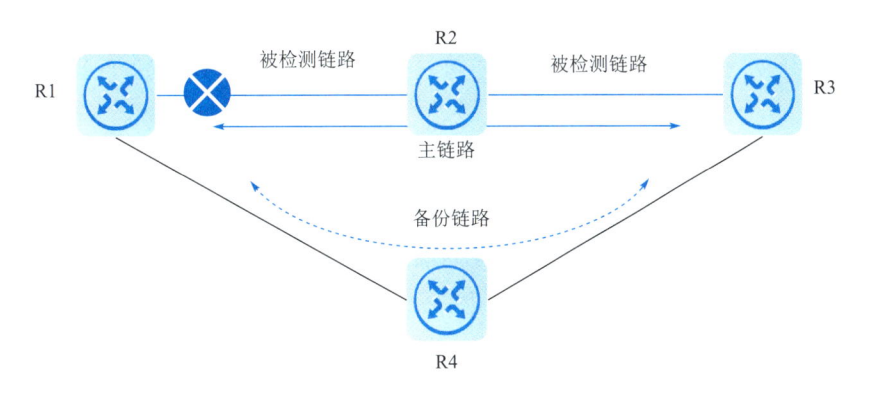

图 3-8 链路出现故障

然而，由于 IS-IS 路由协议邻居检测 IIH 报文的发送间隔为 10 秒，超时时间为 30 秒，因此 BFD 在检测到链路异常时，能正常收到 IIH 报文，IS-IS 路由协议邻居关系可以很快重新建立，进而路由很快恢复到拥塞的链路。之后，BFD 会重新进行检测，此时 BFD 再次检测到链路异常，再次切换链路，如此反复，路由信息在拥塞链路和其他链路之间进行切换，不断振荡。

为了避免出现链路拥塞情况下的路由振荡，可以开启防振荡选项。开启防振荡选项后，在链路发生拥塞时，IS-IS 路由协议邻居继续保留，但 LSP 中的邻居可达信息会被删除，此时路由信息切换到非拥塞链路，链路恢复正常（不拥塞）后，LSP 中的邻居可达信息恢复，路由信息重新切换回来，避免了不断振荡。

```
R1(config-router)#bfd  all-interfaces  anti-congestion
// 对所有接口开启防振荡选项
R1(config-if-GigabitEthernet 0/0)#isis  bfd  anti-congestion
// 对当前接口开启防振荡选项
```

当 IS-IS 路由协议开启防振荡选项时，接口必须配置 BFD 防振荡命令，即 bfd up-dampening。上述命令必须同时配置，如果单一配置某个命令，那么可能造成防振荡选项失效或其他异常情况。

如图 3-9 所示，配置 IS-IS 路由协议与 BFD 联动，实现 IS-IS 路由协议链路异常的快速收敛。

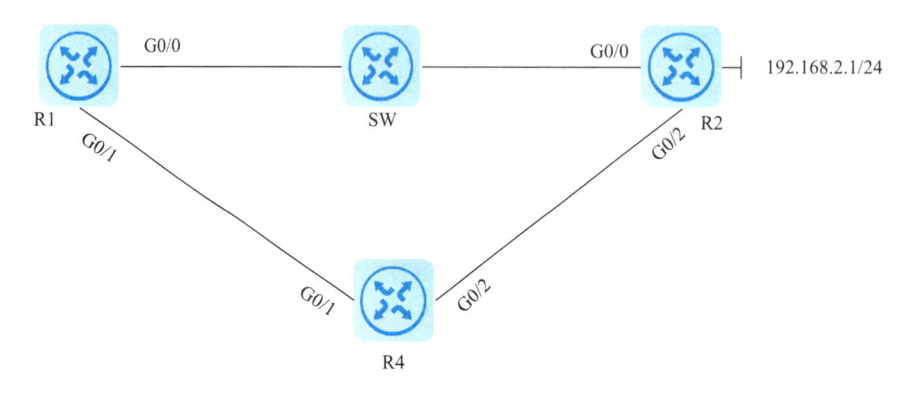

图 3-9　配置 IS-IS 路由协议与 BFD 联动

图 3-9 已完成 IS-IS 路由协议的基础配置，在 R2 上配置 Loopback 0 接口的地址为 192.168.2.1/24，将该网段通告到网络中，用于测试，各路由器需要在 IS-IS 路由协议进程中，配置 BFD 防振荡命令，使其能快速检测到链路异常。

以下配置针对的是在 R1 和 R2 的 IS-IS 路由协议进程中，开启 BFD 功能。在默认情况下，还需要在接口下开启 BFD 功能，并配置 BFD 检测的时间间隔，只有这样才能建立 BFD 会话。

```
R1(config)#router isis 1
R1(config-router)#bfd all-interfaces                    // 开启 BFD 功能
R1(config-router)#exit

R2(config)#router isis 1
R2(config-router)#bfd all-interfaces
R2(config-router)#exit
```

下面在 R1 和 R2 相关接口下配置 BFD 检测的时间间隔及次数。

```
R1(config)#interface gigabitEthernet 0/0
R1(config-if-GigabitEthernet 0/0)#bfd interval 300 min_rx 300 multiplier 3
R1(config-if-GigabitEthernet 0/0)#exit
R2(config)#interface gigabitEthernet 0/0
R2(config-if-GigabitEthernet 0/0)#bfd interval 300 min_rx 300 multiplier 3
R2(config-if-GigabitEthernet 0/0)#exit
```

完成以上配置，通过 show bfd neighbors 命令，查看 BFD 会话的建立情况。若 BFD

邻居状态为 Up，则表示已完成建立。如下所示，R1 与 R2 的 BFD 会话已完成建立。

```
R1#show bfd neighbors
IPV4 sessions: 1, UP: 1
IPV6 sessions: 0, UP: 0
OurAddr     NeighAddr    LD/RD          RH/RS    Holdown(mult)    State    Int
10.0.12.1   10.0.12.2    100000/100000  Up       0(3)             Up       GigabitEthernet 0/0
```

如下所示，在链路正常情况下，R1 通过 R2 接收 192.168.2.0/24 的路由信息。

```
R1#show ip route isis
I L2  10.0.23.0/24 [115/2] via 10.0.13.3, 00:15:32, GigabitEthernet 0/1
                   [115/2] via 10.0.12.2, 00:15:32, GigabitEthernet 0/0
I L2  192.168.2.0/24 [115/1] via 10.0.12.2, 00:15:32, GigabitEthernet 0/0
```

IS-IS 路由协议和 BFD 检测故障的发现流程如下。

（1）IS-IS 路由协议通过 IIH 报文发现邻居，并建立邻居关系。

（2）IS-IS 路由协议建立邻居关系后，将邻居信息（目的地址和源地址等）通告给 BFD。

（3）BFD 根据收到的 IS-IS 路由协议邻居信息，建立 BFD 会话。

IS-IS 路由协议完成了邻居关系的建立（发送了 LSP）之后，建立 BFD 会话，如图 3-10 所示。后续根据配置的时间间隔，周期性地发送 BFD 报文检测链路。

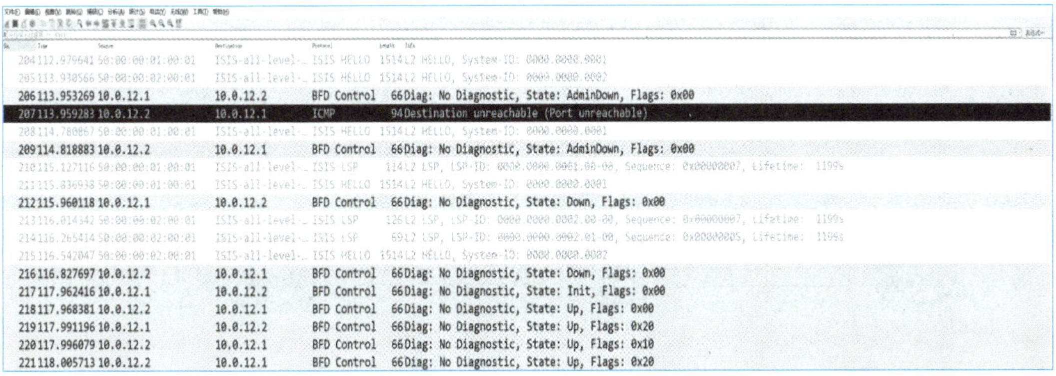

图 3-10　建立 BFD 会话

如下所示，IS-IS 路由协议邻居关系和 BFD 会话已完成建立。

R1#*Jan 9 01:47:14: %ISIS-5-NBR_CHANGE: Level-2 Neighbor R2 (GigabitEthernet 0/0) change state to Up.

R1#*Jan 9 01:47:18: %BFD-6-SESSION_STATE_UP: BFD session to neighbor 10.0.12.2 on interface GigabitEthernet 0/0 is up.

（4）当被检测的链路出现故障时，BFD 会快速发送 BFD 探测报文检测到链路故障。如果报文在规定时间内无响应，那么 BFD 会话的状态变为 Down。

（5）由 BFD 通知本地 IS-IS 路由协议进程 BFD 会话不可达。

如图 3-11 所示，BFD 检测到链路故障后，BFD 会话的状态变为 Down，即断开 BFD 会话。根据设备告警信息可知，BFD 已向 IS-IS 路由协议发送告警信息，通知 IS-IS 路由协议关闭邻居关系。

图 3-11　BFD 会话断开

如下所示，BFD 首先向 IS-IS 路由协议发送告警信息，指出 BFD 会话已经断开，原因是控制检测时间超时，IS-IS 路由协议根据 BFD 的通知，关闭 IS-IS 路由协议邻居关系。

R1#*Jan 9 02:07:56: %BFD-6-SESSION_STATE_DOWN: BFD session to neighbor 10.0.12.2 on interface GigabitEthernet 0/0 has gone down. Reason: Control Detection Time Expired.
R1#*Jan 9 02:07:56: %ISIS-5-NBR_CHANGE: Level-2 Neighbor R2 (GigabitEthernet 0/0) change state to Down.
R1#*Jan 9 02:07:56: %BFD-6-SESSION_REMOVED: BFD session to neighbor 10.0.12.2 on interface GigabitEthernet 0/0 has been removed.

因此，在 IS-IS 路由协议与 BFD 检测过程中，当 R1 和 R2 之间的链路出现故障时，BFD 会快速检测到链路异常，由 BFD 向 IS-IS 路由协议发送告警信息，IS-IS 路由协议关闭邻居关系。由于检测到主链路异常，因此根据网络拓扑结构，链路会快速切换链路，访问目的地址。

主链路转发报文的路径如图 3-12 所示。

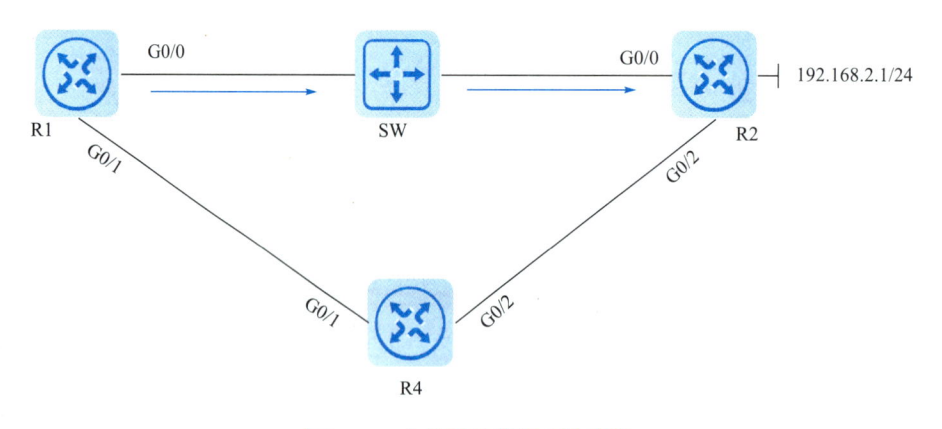

图 3-12　主链路转发报文的路径

R1#traceroute 192.168.2.1
  < press Ctrl+C to break >
Tracing the route to 192.168.2.1

```
1    192.168.2.1         5 msec      5 msec      5 msec
```

备份链路转发报文的路径如图 3-13 所示。

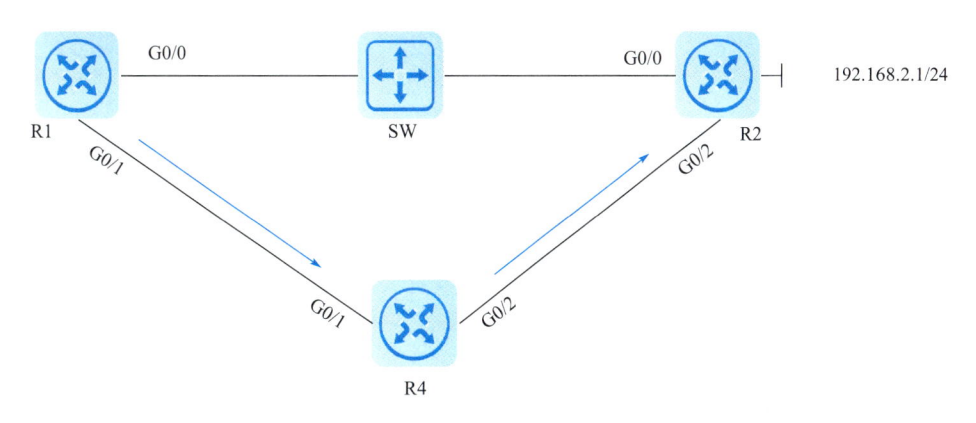

图 3-13 备份链路转发报文的路径

```
R1#traceroute  192.168.2.1
 < press Ctrl+C to break >
Tracing the route to 192.168.2.1
 1        10.0.13.3        3 msec      <1 msec     <1 msec
 2        192.168.2.1      4 msec      3 msec      4 msec
```

IS-IS 路由协议引入了 BFD，使用 BFD 进行检测是毫秒级别的，可以在 50 毫秒内感知 IS-IS 路由协议邻居之间的链路异常，进而提高 IS-IS 路由协议路由信息的收敛速度，保障链路快速切换，降低流量损失。

3.2.2 GR

使用 GR（Graceful Restart，优雅重启）有助于提高系统的可靠性。在支持控制层面和转发层面分离的设备上，使用 GR 可以保障路由协议在重启过程中，数据转发不间断。

GR 的成功有两个重要原则，即网络拓扑结构保持稳定，以及重启 IS-IS 路由协议的节点，可以在重启过程中保持数据转发不中断。

1. GR 工作机制

GR 工作过程中的两个角色为 Restarter 和 Helper。对应地，GR 从功能上分为 Restart 模式和 Help 模式。处于 Restart 模式的设备，能够发送 GR 请求，自主执行 GR。而处于 Help 模式的设备，可以接收 GR 请求，并协助邻居执行 GR。GR 的工作是从 Restarter 发送 GR 请求开始的。

邻居收到 GR 请求后进入 Help 模式，辅助 Restarter 重建 LSDB，同时保持与 Restarter 之间的邻居关系，如图 3-14 所示。

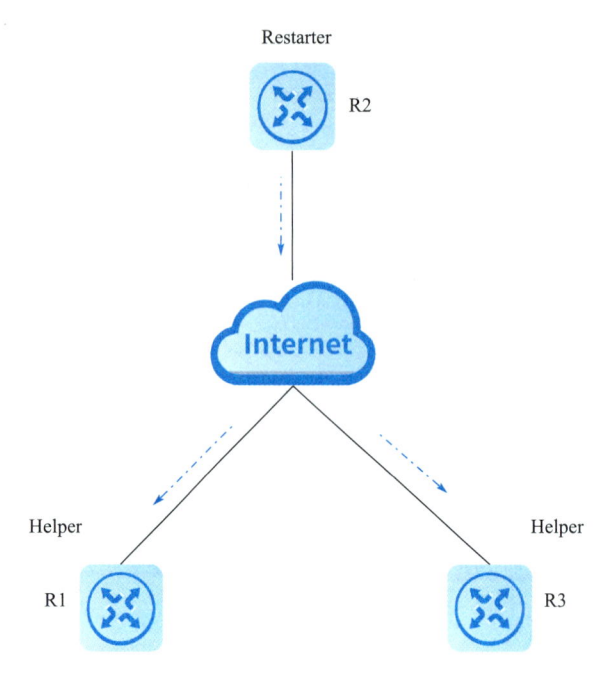

图 3-14　GR 工作机制

IS-IS 路由协议设备在进行 GR 时，一方面，通过通告邻居，保持它们之间的邻居关系，这样网络中的其他设备无法感知到网络的变化，网络拓扑结构没有发生变化，邻居不会重新计算路由信息并更新转发表；另一方面，在邻居的协助下同步、恢复 GR 前的 LSDB，从而保证 GR 前后路由信息及转发表没有发生变化，实现 GR 前后数据的不间断转发。

2. GR 工作过程

1）Restarter 通告重启

R2 为 Restarter，R1 和 R3 均为 R2 的 Helper。R1 发送 GR 请求给所有邻居，通告本设备要执行 GR，在 GR 工作过程中，应避免删除与本设备的邻居关系。各邻居收到 GR 请求后，在通告的 GR 时间间隔内，保持与 Restarter 之间的邻居关系，并向 Restarter 发送 GR 应答。

2）Restarter 协议重启

当进行 Restarter 协议重启时，其 IS-IS 路由协议接口的状态经历从 Down 到 Up 的转变。Helper 知道 Restarter 处于协议重启状态，在通告的 GR 时间间隔内，继续保持与 Restarter 之间的邻居关系，且仍保留来自 Restarter 的路由信息，如图 3-15 所示。

3）数据库同步

Restarter 的 IS-IS 路由协议重启后，Helper 同步获得路由信息，并以此重新计算本地的路由表。在整个过程中路由表不会更新至转发表。

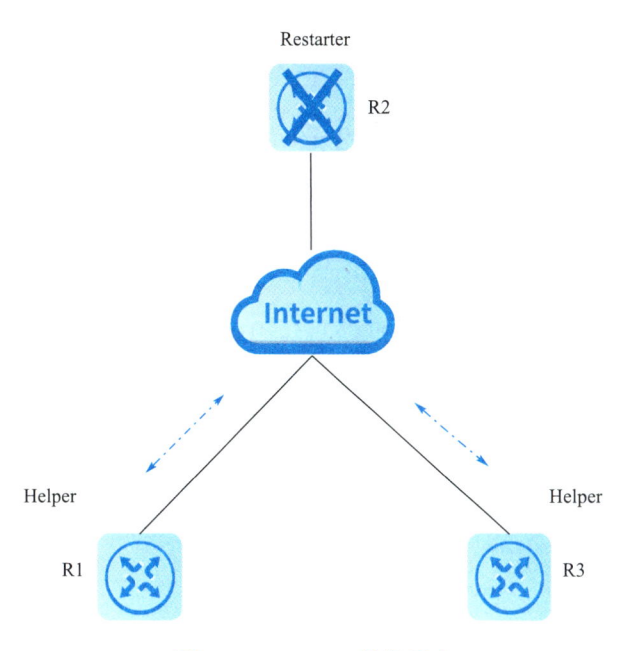

图 3-15　Restarter 协议重启

4）GR 工作完成

Restarter 完成数据同步，所有设备进入 IS-IS 路由协议交互状态。此时，Restarter 的路由表更新至转发表并清除无效表项。在网络稳定的状态下，因为 Restarter 完美地恢复到了重启前的状态，所以它的路由表及转发前后的路由信息没有发生改变，如图 3-16 所示。

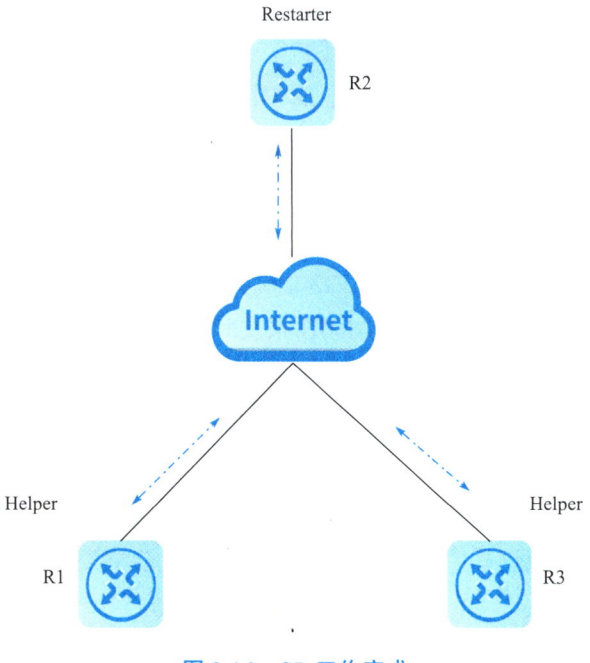

图 3-16　GR 工作完成

问题与思考

1. 在配置 IS-IS 路由协议区域认证时,以下 IS-IS 路由协议报文中将携带认证信息的是（   ）。

   A. Level-1 SNP 和 Level-1 LSP   B. Level-2 SNP 和 Level-2 LSP

   C. Level-1 IIH 报文   D. Level-2 IIH 报文

2. 根据如图 3-17 所示的 IIH 报文可知（   ）。

   ```
   ▼ ISIS HELLO
       .... ..10 = Circuit type: Level 2 only (0x2)
       0000 00.. = Reserved: 0x00
       SystemID {Sender of PDU}: 0000.0000.0001
       Holding timer: 30
       PDU length: 1497
       .100 0000 = Priority: 64
       0... .... = Reserved: 0
       SystemID {Designated IS}: 0000.0000.0001.02
     ▼ Authentication (t=10, l=7)
         Type: 10
         Length: 7
         clear text (1), password (length 6) = ruijie
     ▶ Protocols Supported (t=129, l=1)
     ▶ Area address(es) (t=1, l=4)
     ▶ IP Interface address(es) (t=132, l=4)
     ▶ Restart Signaling (t=211, l=3)
     ▶ IS Neighbor(s) (t=6, l=0)
   ```

   图 3-17 IIH 报文

   A. IS-IS 路由协议配置了区域认证

   B. IS-IS 路由协议配置了接口认证

   C. IS-IS 路由协议配置了接口认证的 MD5 认证

   D. IS-IS 路由协议只配置了 Level-2 路由器的接口认证

3. BFD 能够和（   ）协议联动。

   A. IS-IS   B. OSPF   C. OSPFv3   D. BGP

4. 以下关于 IS-IS 路由协议认证的说法正确的是（   ）。

   A. 接口认证可以实现对 Level-1 IIH 报文和 Level-2 IIH 报文进行认证

   B. 配置接口认证后,路由器发送的 IIH 报文一定携带认证 TLV

   C. 配置区域认证后,路由器发送的 IIH 报文、SNP、LSP 一定携带认证 TLV

   D. 如果将某两台路由器分别配置为区域认证和接口认证,且设置密码一致,那么这两台路由器可以建立邻居关系

5. 在 IS-IS 路由协议进程中配置 GR,Restarter 的重启周期默认为（   ）秒。

   A. 10   B. 300   C. 150   D. 115

第 4 章　IS-IS 路由协议计算方法

> 【学习目标】

IS-IS 路由协议使用 SPF 算法计算路由信息，SPF 算法能够根据链路状态信息计算出无环的拓扑结构，IS-IS 路由协议根据 SPF 算法的结构构建路由表，同时采用 PRC 算法和 I-SPF 算法加快计算路由信息的速度。

学习完本章内容应能够：
- 了解 SPF 算法计算
- 掌握 I-SPF 算法计算和 PRC 算法计算
- 掌握路由信息计算
- 掌握路由信息渗透产生
- 掌握路由信息渗透过程

> 【知识结构】

本章主要介绍 IS-IS 路由协议计算方法，内容包括 SPF 算法计算、I-SPF 算法计算、路由信息计算、路由信息渗透产生等。

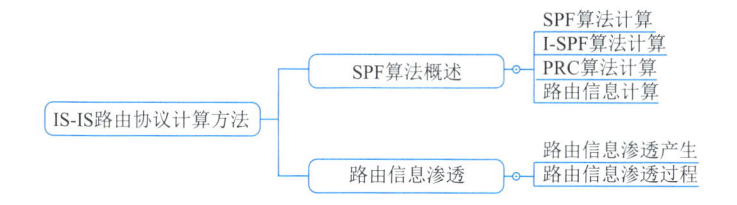

4.1　SPF 算法概述

SPF（Shortest Path First，最短路径优先）算法，也称 Dijkstra（戴克斯特拉）算法，用于在链路状态路由协议中计算到达目标网络的最短路径。

通过可靠的扩散算法，每台路由器将其他路由器扩散的拓扑结构收集起来，组成一张一致且完整的网络拓扑图，以自己为根执行 SPF 算法产生 SPT，计算到达网络中所有目的地的最短路径。

如图 4-1 所示，由 4 台路由器组成网络拓扑图，每台路由器以自己为根计算到达目的地的最短路径。

如图 4-2 所示，以 R4 为根计算到达 R2 的最短路径。从 R4 到达 R2，应选择开销最小的路径。

图 4-1　计算最短路径 1

图 4-2　计算最短路径 2

4.1.1　SPF 算法计算

在 IS-IS 路由协议中，SPF 算法分别独立地在 Level-1 数据库和 Level-2 数据库中运行。通过 SPF 算法计算得到的 SPT，可以建立路由表。

SPF 算法计算列表如表 4-1 所示。

表 4-1　SPF 算法计算列表

Unknown List	Tentative List（Candidate List）	Paths List（Known List）
所有节点都属于这个列表	当前考虑的所有节点属于这个列表	已经计算出最短路径的节点属于这个列表

如图 4-3 所示，根据 Metric 的值，执行 SPF 算法计算 SPT，建立路由表。

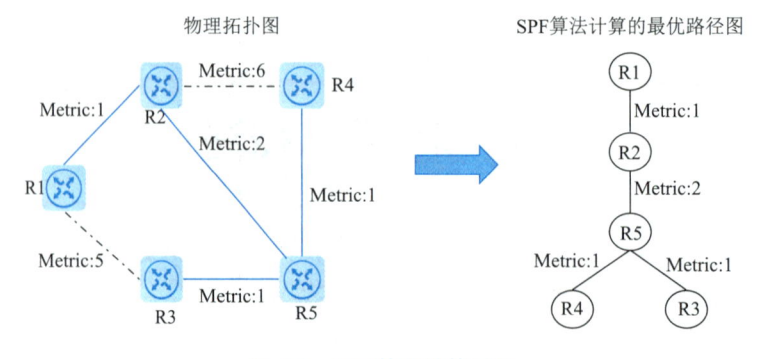

图 4-3　SPF 算法计算过程

从 Tentative List（Candidate List）中找出距根最近的节点，并把该节点从 Tentative List（Candidate List）中移动到 Paths List（Known List）中，会发现该节点通告的所有前缀，将其安装到 RIB（Routing Information Base，路由信息库）中，会发现该节点的所有邻居，将其移动到 Tentative List（Candidate List）中，这个过程需要重复多次，直到计算出最短路径为止。

1. R1 节点为根

所有节点都属于 Unknown List，R1 节点为根 SPT，将 R1 节点移动到 Tentative List（Candidate List）中，此时 Paths List（Known List）为空，如表 4-2 所示。

表 4-2　R1 节点为根计算列表

Unknown List	Tentative List（Candidate List）	Paths List（Known List）
R2,R3,R4,R5	R1	

R1 节点为根的计算过程如图 4-4 所示。

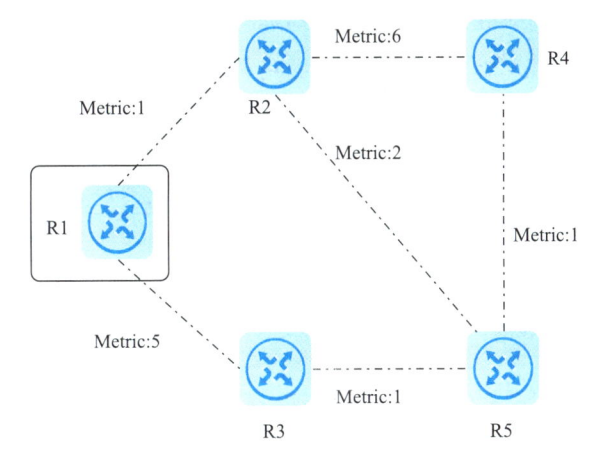

图 4-4　R1 节点为根的计算过程

2. R1 节点的邻居节点

由于以 R1 节点为根，因此将 R1 节点放到 Paths List（Known List）中，将 R1 节点的所有邻居节点移动到 Tentative List（Candidate List）中，如表 4-3 所示。

表 4-3　R1 节点的邻居节点计算列表

Unknown List	Tentative List（Candidate List）	Paths List（Known List）
R4,R5	R2:1,R3:5	R1

R1 节点的邻居节点的计算过程如图 4-5 所示。

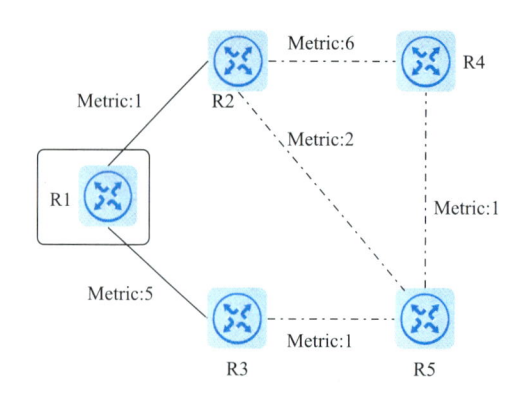

图 4-5　R1 节点的邻居节点的计算过程

3. R2 节点计算

R1 节点的邻居节点包含 R2 节点和 R3 节点，R1 节点和 R2 节点相互连接的 Metric 的值是 1，而 R1 节点和 R3 节点相互连接的 Metric 的值是 5，明显 R1 节点和 R2 节点相互连接的 Metric 的值更小。此时，将与 R1 节点相互连接的 R2 节点优先从 Tentative List（Candidate List）中移动到 Paths List（Known List）中，如表 4-4 所示。由于与 R3 节点相互连接的 Metric 的值不优，既不能计算出最优路径，又不能计算出负载路径，因此 R3 节点继续保留在 Tentative List（Candidate List）中。

表 4-4　R2 节点计算列表

Unknown List	Tentative List（Candidate List）	Paths List（Known List）
R4,R5	R3:5	R1,R2:1

R2 节点的计算过程如图 4-6 所示。

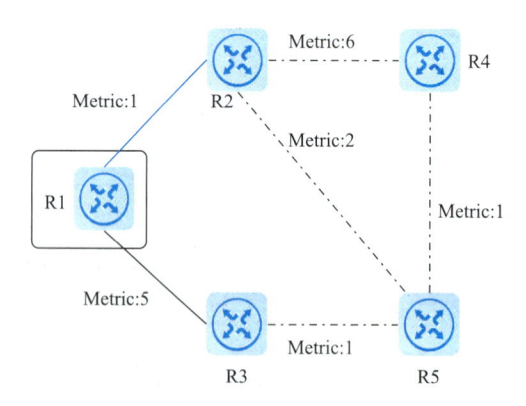

图 4-6　R2 节点的计算过程

4. R2 节点的邻居节点

此时，Unknown List 中还有 R4 节点和 R5 节点，由于 R4 节点和 R5 节点都与 R2 节点建立邻居关系，因此将 R4 节点和 R5 节点移动到 Tentative List（Candidate List）中，此时 Paths List（Known List）中有 R1 节点和 R2 节点，如表 4-5 所示。

表 4-5 R2 节点的邻居节点计算列表

Unknown List	Tentative List（Candidate List）	Paths List（Known List）
	R3:5,R4:6,R5:2	R1,R2:1

R2 节点的邻居节点的计算过程如图 4-7 所示。

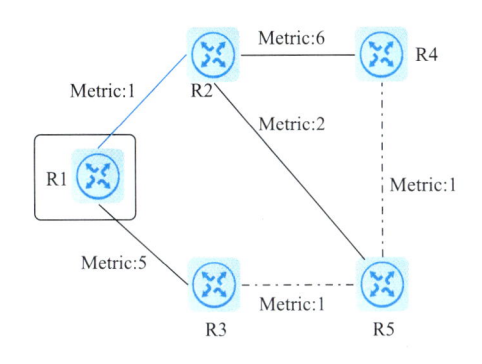

图 4-7 R2 节点的邻居节点的计算过程

5. R5 节点计算

R2 节点的邻居节点除包含 R1 节点外，还包含 R4 节点和 R5 节点，R2 节点和 R4 节点相互连接的 Metric 的值是 6，R2 节点和 R5 节点相互连接的 Metric 的值是 2。

由于 R2 节点和 R5 节点相互连接的 Metric 的值小于 R2 节点和 R4 节点相互连接的 Metric 的值，因此优先将 R5 节点移动到 Paths List（Known List）中，如表 4-6 所示。

表 4-6 R5 节点计算列表

Unknown List	Tentative List（Candidate List）	Paths List（Known List）
	R3:5,R4:6	R1,R2:1,R5:2

R5 节点的计算过程如图 4-8 所示。

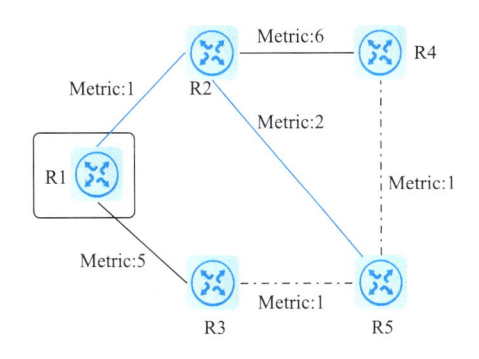

图 4-8 R5 节点的计算过程

6. R5 节点的邻居节点

根据以上计算过程，R3 节点和 R4 节点在使用 SPF 算法计算时未计算出最优路径，一直保留在 Tentative List（Candidate List）中。

将 R5 节点移动到 Paths List（Known List）中后，R5 节点分别与 R3 节点和 R4 节点建立邻居关系，Metric 的值都是 1，相比前面计算的 Metric 的值，R5 节点和 R3 节点相互连接的 Metric 的值小于 R1 节点和 R3 节点相互连接的 Metric 的值，R5 节点和 R4 节点相互连接的 Metric 的值小于 R2 节点和 R4 节点相互连接的 Metric 的值。此时，在 Tentative List（Candidate List）中修改 Metric 的值，如表 4-7 所示。

表 4-7　R5 节点的邻居节点计算列表

Unknown List	Tentative List（Candidate List）	Paths List（Known List）
	R3:1,R4:1	R1,R2:1,R5:2

R5 节点的邻居节点的计算过程如图 4-9 所示。

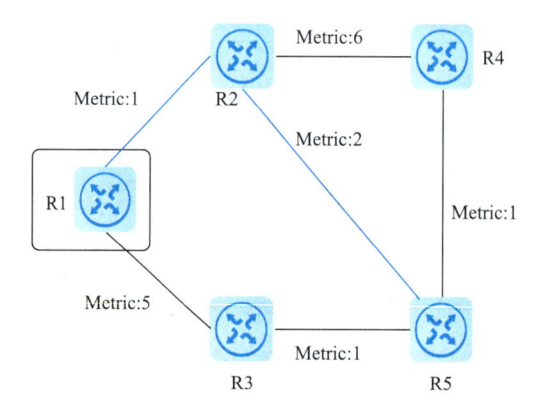

图 4-9　R5 节点的邻居节点的计算过程

7. 结束 SPF 算法计算

将 R3 节点和 R4 节点移动到 Paths List（Known List）中，至此 Tentative List（Candidate List）为空，结束 SPF 算法的计算，如表 4-8 所示。

表 4-8　结束 SPF 算法的计算列表

Unknown List	Tentative List（Candidate List）	Paths List（Known List）
		R1,R2:1,R5:2,R3:1,R4:1

SPT 如图 4-10 所示。

SPF 算法的计算以 Tentative List（Candidate List）为空结束，Tentative List（Candidate List）为空表示所有节点都已参与计算。后续，根据计算时将各节点的相关前缀加载到 RIB 中完成路由表的构建。

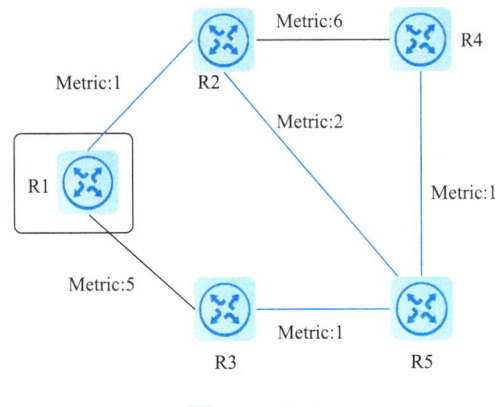

图 4-10 SPT

4.1.2 I-SPF 算法计算

I-SPF（增量最短路径优先）算法，是指在改变网络拓扑结构时，只对受影响的节点进行路由信息计算，而不对全部节点重新进行路由信息计算，从而加快了路由信息计算速度。

ISO/IEC 10589 中定义了使用 SPF 算法进行路由信息计算。当网络拓扑结构中一个节点发生变化时，使用 SPF 算法需要重新计算网络中的所有节点，计算时间长，且会占用过多的 CPU 资源，进而影响整个网络的收敛速度。如图 4-11 所示，R3 节点和 R5 节点相互连接的链路发生故障，使用 SPF 算法需要重新计算网络中的所有节点。

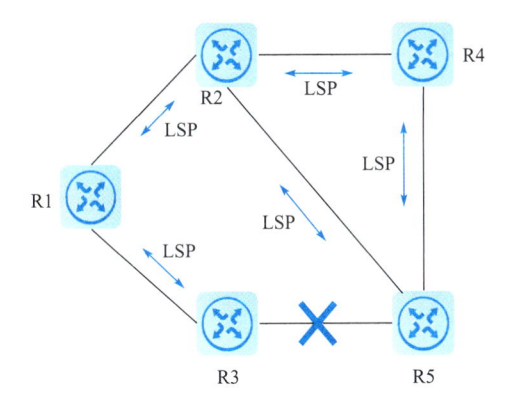

图 4-11 完全使用 SPF 算法计算

I-SPF 算法是对 SPF 算法的改进，使用 I-SPF 算法除第一次计算时需要计算全部节点外，之后每次计算时只计算受到影响的节点，而最后生成的 SPT 与使用原来的算法计算的 SPT 的结果相同，大大降低了 CPU 资源的占用率，提高了网络的收敛速度。

由于上述网络拓扑结构中虽然出现故障，但是故障点不在 SPT 上，因此即使该链路出现故障也不影响使用 SPF 算法进行的计算。如图 4-12 所示，虽然 R2 节点和 R4 节点相互连接的链路发生故障，但是不影响使用 SPF 算法进行的计算。

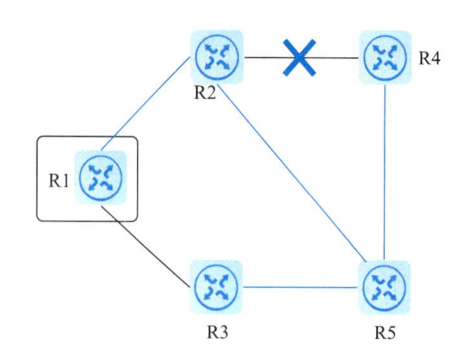

图 4-12 非 SPT 路径的链路故障

使用 I-SPF 算法本质上是为了提高链路状态路由协议的收敛速度，从技术上就是以空间换时间的改进，使用 I-SPF 算法后，当某些节点发生故障时，系统会判断其对 SPT 的影响，对于不涉及的 SPT 部分，不再次进行计算。而对于叶子节点的变动也可以实现增量计算，要实现增量计算的前提是链路状态路由协议保存更多信息，也可以说是以空间换时间的改进，目前绝大多数高端设备均支持此特性。

在 SPT 的计算过程中，发生变化的地方距根越远，使用 I-SPF 算法更新 SPF 算法所需的时间越短，如果发生变化的地方距使用 SPF 算法计算的节点很近，那么使用 I-SPF 算法不会有太大的优势。如图 4-13 所示，R5 节点新增邻居节点，即 R6 节点，已经完成使用 SPF 算法进行的计算，新增节点后，R1 节点只需要从 R5 节点开始计算 SPT 即可。

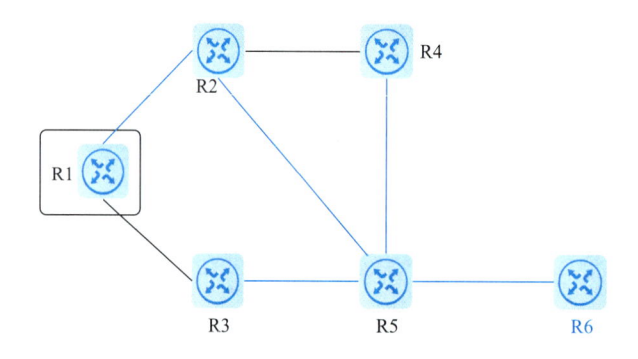

图 4-13 新增节点后计算

4.1.3 PRC 算法计算

PRC（Partial Route Calculate，部分路由计算）算法，主要用于只是路由信息发生变化的情况，不需要重新计算网络拓扑结构，只根据原有的网络拓扑结构生成信道路由信息即可，从而节约计算路由信息的时间。

如果只是 IP 地址前缀发生变化，那么不需要重新建立 SPT，只需要重新把 IP 地址前缀安装到路由表中即可。如图 4-14 所示，R4 节点新增 Loopback 0 接口，并使该接口运行

IS-IS 路由协议，此操作不会重新进行 SPF 算法的计算，只会将 Loopback 0 接口安装到路由表中。

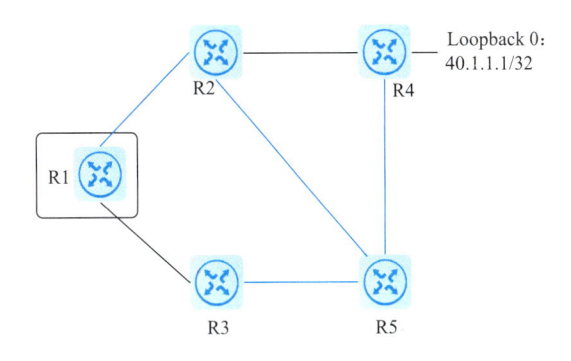

图 4-14 PRC 算法计算

PRC 算法计算的原理与 I-SPF 算法计算的原理相同，都是只对发生变化的路由信息进行重新计算。不同的是，使用 PRC 算法不需要计算节点路径，只需根据使用 I-SPF 算法计算出来的 SPT 来更新路由信息即可。在路由信息的计算过程中，叶子代表路由信息，节点则代表路由器。如果使用 I-SPF 算法计算后的 SPT 发生变化，那么使用 PRC 算法只处理发生变化的节点上的所有叶子；如果使用 I-SPF 算法计算后的 SPT 并没有变化，那么使用 PRC 只处理发生变化的叶子。例如，若一个节点上只有一个接口运行 IS-IS 路由协议，则整个网络拓扑结构的 SPT 是不变的，这时使用 PRC 算法只更新这个节点的接口路由信息，从而降低 CPU 资源的占用率。

配合使用 PRC 算法和 I-SPF 算法可以进一步提高网络的收敛速度，这是原有 SPF 算法的改进，已经代替了原有的 SPF 算法。

4.1.4 路由信息计算

默认 IS-IS 路由协议的 Metric 的类型为 Narrow（窄）模式，在 Narrow 模式下接口最大的 Metric 的值为 63。由于在大型网络中，Narrow 模式下的 Metric 的值的范围不能提供足够的灵活性，因此有了 Wide（宽）模式，Wide 模式下的 Metric 的值最大可以达到 16 777 215。

在 IS-IS 路由协议中，可以根据网络需求选择是使用 Narrow 模式还是使用 Wide 模式。使用 Narrow 模式适用于简单的网络环境，而使用 Wide 模式适用于复杂的网络环境，可以更好地适应链路质量的变化。

在默认情况下，使用 Narrow 模式度量，可以在 IS-IS 路由协议进程中修改度量模式。

```
R2(config)#router  isis  1
R2(config-router)#metric-style  ?
  narrow       Use old style of TLVs with narrow metric   //Narrow 模式
```

```
transition    Send and accept both styles of TLVs during transition //Transaction 模式
wide          Use new style of TLVs to carry wider metric          //Wide 模式
```

1. Wide 模式

Wide 模式是 IS-IS 路由协议中的一种度量模式，允许度量值根据链路质量的变化而变化。Wide 模式使用链路的带宽、延迟和可靠性等因素计算链路的度量值。通过考虑多种因素，使用 Wide 模式可以准确地反映出链路的实际质量，从而更好地优化路由信息。Wide 模式配置命令如下。

```
R1(config)#router  isis  1
R1(config-router)#metric-style  wide    // 在 IS-IS 路由协议进程中修改度量模式为 Wide 模式

R1(config)#interface  gigabitEthernet 0/0
R1(config-if-GigabitEthernet 0/0)#isis  wide-metric  70      // 配置接口的度量值
```

如图 4-15 所示，在 IS-IS 路由协议中使用 Wide 模式计算路由信息。

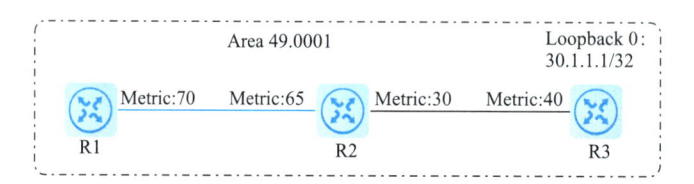

```
┌─────────────────────────────────────────────────────────┐
│           Area 49.0001                    Loopback 0:   │
│                                           30.1.1.1/32   │
│      Metric:70   Metric:65    Metric:30   Metric:40     │
│   R1                       R2                      R3   │
└─────────────────────────────────────────────────────────┘
```

图 4-15   使用 Wide 模式

在各设备的 IS-IS 路由协议进程中修改度量模式为 Wide 模式，且配置各接口的度量值。

```
R1(config)#router  isis  1
R1(config-router)#metric-style  wide
R1(config-router)#exit
R1(config)#interface  gigabitEthernet 0/0
R1(config-if-GigabitEthernet 0/0)#isis  wide-metric  70
R1(config-if-GigabitEthernet 0/0)#exit
R1(config)#

R2(config)#router  isis  1
R2(config-router)#metric-style wide
R2(config-router)#exit
R2(config)#interface  gigabitEthernet 0/0
R2(config-if-GigabitEthernet 0/0)#isis  wide-metric  65
R2(config-if-GigabitEthernet 0/0)#exit
R2(config)#interface  gigabitEthernet 0/1
R2(config-if-GigabitEthernet 0/1)#isis  wide-metric 30
R2(config-if-GigabitEthernet 0/1)#exit
```

```
R2(config)#

R3(config)#router   isis   1
R3(config-router)#metric-style  wide
R3(config-router)#exit
R3(config)#interface   gigabitEthernet 0/1
R3(config-if-GigabitEthernet 0/1)#isis   wide-metric   40
R3(config-if-GigabitEthernet 0/1)#exit
R3(config)#
```

在 R1 上查看路由表，IS-IS 路由协议计算度量值是以累加计算的从源端到目的端接口的 Metric 的值。根据如图 4-15 所示的 Metric 的值可知，R1 收到 30.1.1.1/32 的 Metric 的值为 100。

```
R1#show   ip route   isis
I  L2    10.0.23.0/24 [115/100] via 10.0.12.2, 00:08:24, GigabitEthernet 0/0
I  L2    30.1.1.1/32 [115/100] via 10.0.12.2, 00:07:44, GigabitEthernet 0/0
R1#
```

2. Narrow 模式

Narrow 模式是 IS-IS 路由协议中的默认度量模式，使用固定的度量值表示链路质量。在 Narrow 模式下，所有链路的度量值都被设置为相同的固定值，通常是一个较小的整数。这种度量模式简单且高效，适用于网络中链路质量相对稳定的情况。

如图 4-16 所示，在 IS-IS 路由协议中使用 Narrow 模式计算路由信息。

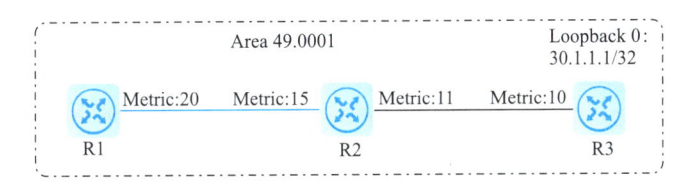

图 4-16 使用 Narrow 模式

在各设备的 IS-IS 路由协议进程中修改度量模式为 Narrow 模式，且配置各接口的度量值。

```
R1(config)#interface   gigabitEthernet 0/0
R1(config-if-GigabitEthernet 0/0)#isis   metric   20
R1(config-if-GigabitEthernet 0/0)#exit
R1(config)#

R2(config)#interface   gigabitEthernet 0/0
R2(config-if-GigabitEthernet 0/0)#isis   metric   15
R2(config-if-GigabitEthernet 0/0)#exit
R2(config)#interface   gigabitEthernet 0/1
```

```
R2(config-if-GigabitEthernet 0/1)#isis   metric    11
R2(config-if-GigabitEthernet 0/1)#exit
R2(config)#


R3(config)#interface   gigabitEthernet 0/1
R3(config-if-GigabitEthernet 0/1)#isis   metric   10
R3(config-if-GigabitEthernet 0/1)#exit
R3(config)#
```

在 R1 上查看路由表，根据如图 4-16 所示的 Metric 的值可知，R1 收到 30.1.1.1/32 的 Metric 的值为 31。

```
R1#show   ip route isis
I L2   10.0.23.0/24 [115/31] via 10.0.12.2, 02:32:05, GigabitEthernet 0/0
I L2   30.1.1.1/32 [115/31] via 10.0.12.2, 02:32:05, GigabitEthernet 0/0
R1#
```

3. Transition 模式

Transition 模式兼容 Narrow 模式和 Wide 模式，可以同时接收和发送两种度量值。

如图 4-17 所示，将 R1 配置为 Transition 模式，将 R2 配置为 Wide 模式，将 R3 配置为 Narrow 模式。

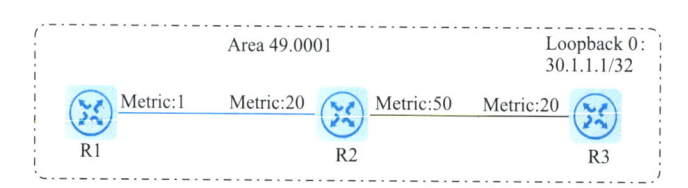

图 4-17　使用 Transition 模式

在各设备的 IS-IS 路由协议进程中修改度量模式，且配置各接口的度量值。

```
R1(config)#router   isis   1
R1(config-router)#metric-style   transition
R1(config-router)#exit
R1(config)#


R2(config)#router   isis   1
R2(config-router)#metric-style   wide
R2(config-router)#exit
R2(config)#interface   gigabitEthernet 0/1
R2(config-if-GigabitEthernet 0/1)#isis   wide-metric   50
R2(config-if-GigabitEthernet 0/1)#exit
R2(config)#interface   gigabitEthernet 0/0
R2(config-if-GigabitEthernet 0/0)#isis   wide-metric   20
R2(config-if-GigabitEthernet 0/0)#exit
```

```
R2(config)#

R3(config)#interface   gigabitEthernet 0/1
R3(config-if-GigabitEthernet 0/1)#isis   metric   20
R3(config-if-GigabitEthernet 0/1)#exit
R3(config)#
```

在 R1 上查看路由表，R1 为 Transition 模式，正常接收 R2 传递的路由信息。使用 Transition 模式能够计算 Wide 模式或 Narrow 模式传递的路由信息。

```
R1#show   ip route   isis
I L2   10.0.23.0/24 [115/51] via 10.0.12.2, 00:09:38, GigabitEthernet 0/0
I L2   30.1.1.1/32 [115/51] via 10.0.12.2, 00:09:38, GigabitEthernet 0/0
R1#
```

4.2　路由信息渗透

4.2.1　路由信息渗透产生

在通常情况下，Level-1 区域的路由信息通过 Level-1 路由器进行管理。所有 Level-2 路由器和 Level-1-2 路由器构成一个连续的骨干区域。Level-1 区域必须且只能与骨干区域相连，不同 Level-1 区域之间并不相连。如图 4-18 所示，Area 49.0001 有 Level-1 路由器和 Level-1-2 路由器，只建立 Level-1 邻居关系，Level-1 路由器只包含本区域的数据库信息，不包含其他区域的数据库信息。

R4 和 R5 分别处于两个不同区域，R5 处于 Area 49.0003，为 Level-1 路由器，R4 处于 Area 49.0002，为 Level-1-2 路由器，二者均无法计算和传递路由信息。

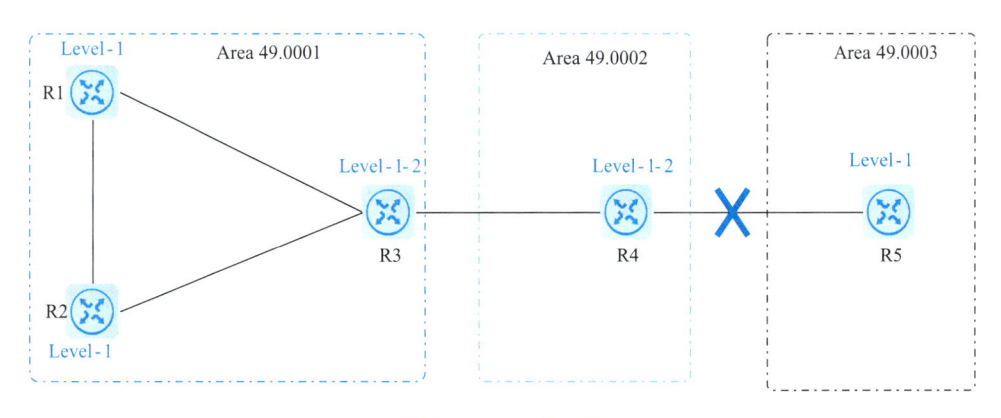

图 4-18　区域互联

Level-1-2 路由器先将传递的 Level-1 路由信息装入 Level-2 LSP，再泛洪 Level-2 LSP 给其他 Level-2 路由器和 Level-1-2 路由器。因此，Level-2 路由器和 Level-1-2 路由器知道整个路由域的路由信息。由图 4-18 可知，R3 和 R4 能接收整个路由域的路由信息。

为了有效减小路由表的规模，在默认情况下，Level-1-2 路由器并不会将自己知道的其他 Level-1 区域及骨干区域的路由信息通告给自己所在的 Level-1 区域。这样，Level-1 路由器将不了解本区域以外的路由信息，可能导致在与本区域外的目的地址通信时无法选择最优路径。

如图 4-18 所示，R3 作为 Level-1-2 路由器，不会将骨干区域的路由信息通告给 Area 49.0001 内 R3 所在的 Level-1 区域，由于 Area 49.0001 的路由器不了解其他区域的详细信息，因此 Area 49.0001 的 Level-1 路由器在通信过程中会出现次优路径，如图 4-19 所示。

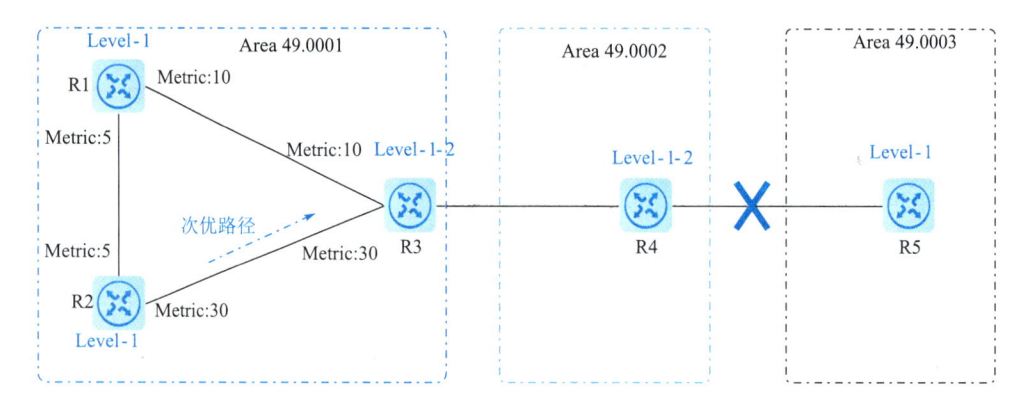

图 4-19　出现次优路径

IS-IS 路由协议为解决上述问题，提出了路由信息渗透的概念。Level-1-2 路由器可以将 Level-2 区域的明细路由信息渗透到 Level-1 区域。

4.2.2　路由信息渗透过程

路由信息渗透是指通过在 Level-1-2 路由器上定义 ACL（访问控制列表）、选路原则和 Tag 等方式，将符合条件的路由信息筛选出来，实现将其他 Level-2 区域和骨干区域的部分路由信息通告给自己所在的 Level-1 区域。如图 4-20 所示，将 Level-2 区域的部分路由信息通告到 Level-1 区域。

Level-1 区域的路由器可以获得通向本区域外的路由信息。在普通的 IS-IS 路由协议路由信息渗透过程中，如果在 Level-1-2 路由器上启用路由信息渗透功能，那么 Level-1 区域的路由器可以获得经过这些 Level-1-2 路由器通向本区域外的路由信息。通过计算路由信息，选择的转发路径将是最优路径。

在成环状的 IS-IS 路由协议路由信息渗透中，Level-1 路由器并不知道本区域外的路由信息，因此发往本区域外的报文会选择将最近的 Level-1-2 路由器产生的默认路由信息发送出去，这可能导致 Level-1 路由器选择次优路径转发报文，如图 4-21 所示。

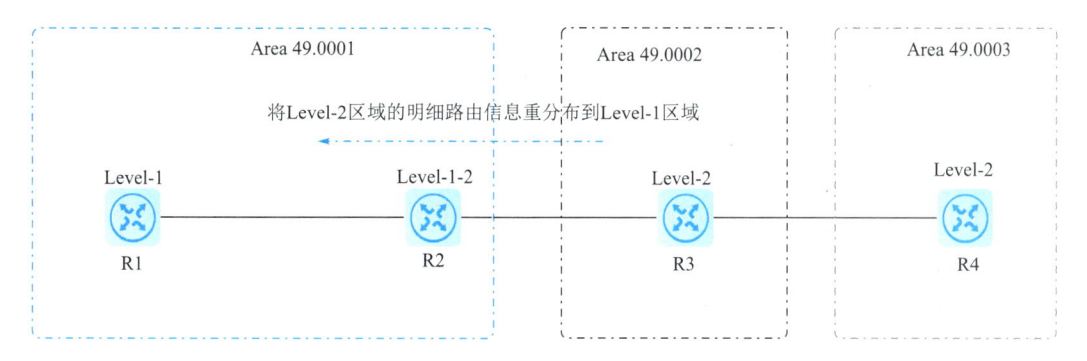

图 4-20 IS-IS 路由协议路由信息渗透过程

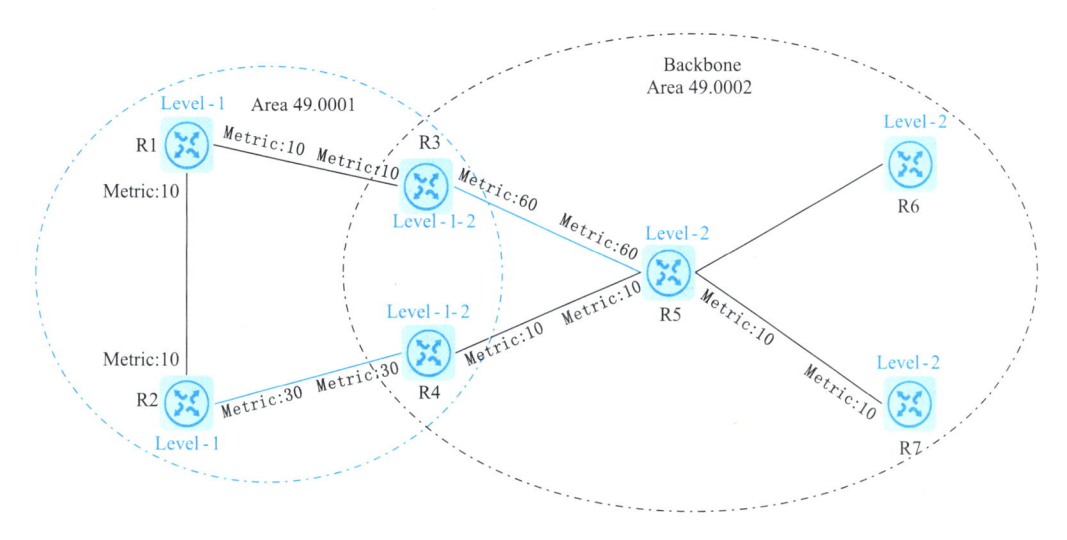

图 4-21 选择次优路径 1

RFC 1195 中规定的集成 IS-IS 路由协议只能将 Level-1 区域当作类似于 OSPF 的特殊区域处理，不能将 Level-2 区域的路由信息通告到 Level-1 区域，Level-1 区域只能选择最近的一个 Level-1-2 路由器作为本区域的所有流量的出口（根据设置的 ATT 比特位产生默认路由信息），显然这样很容易产生次优路径。

1. 路由信息渗透的具体过程

如图 4-22 所示，在 R7 上创建 Loopback 0 接口，并将该接口通告到 Level-2 区域，默认无法直接传递路由信息到 Level-1 区域，Level-1 区域的 R1、R2 要访问 R7 的 Loopback 0 接口只能通过距自己最近的 Level-1-2 区域的 R3、R4 实现。如下所示，R1 访问 R7 的 Loopback 0 接口根据配置的 Metric 的值实现，显然通过 R3 访问产生的是次优路径。

```
R1#traceroute   20.0.2.1
  < press Ctrl+C to break >
```

```
Tracing the route to 20.0.2.1

 1        10.0.13.3      3 msec     <1 msec    1 msec
 2        10.0.35.5      11 msec    3 msec     <1 msec
 3        20.0.2.1       7 msec     7 msec     5 msec
R1#


R2#traceroute  20.0.2.1
 < press Ctrl+C to break >
Tracing the route to 20.0.2.1

 1        10.0.24.4      <1 msec    <1 msec    <1 msec
 2        10.0.45.5      5 msec     <1 msec    5 msec
 3        20.0.2.1       6 msec     7 msec     15 msec
R2#
```

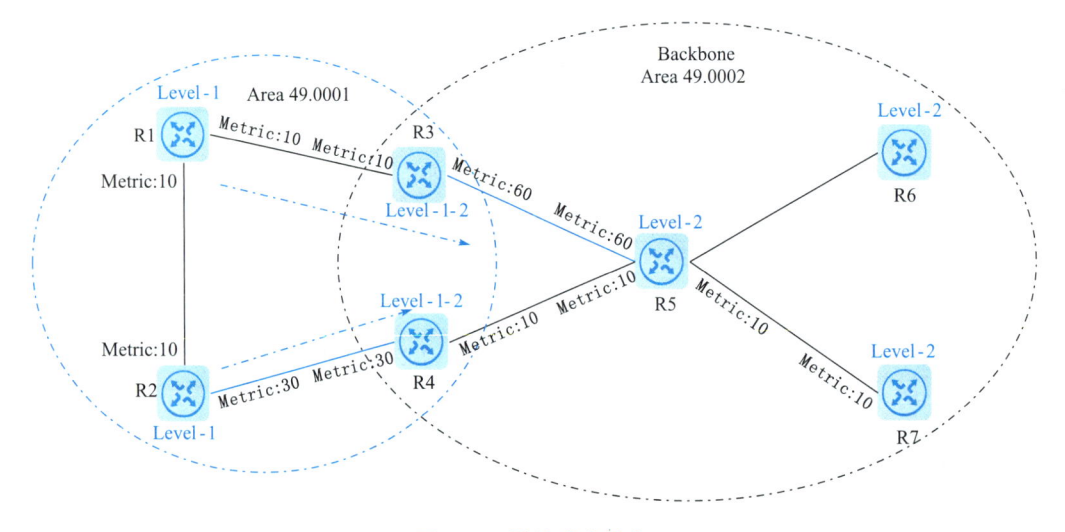

图 4-22　默认路由信息

如下所示，Level-1-2 区域的 R3 产生置 ATT 比特位为 1 的 LSP，Level-1 区域的路由器根据置 ATT 比特位为 1 的 LSP 生成默认路由信息，同时 Level-1 区域会选择距自己最近的 Level-1-2 路由器访问外部目标网段。

```
R1#show  isis  database

Area 1:
IS-IS Level-1 Link State Database:
LSPID              LSP Seq Num      LSP Checksum    LSP Holdtime     ATT/P/OL
...
R3.00-00           0x00000011       0x0ABD          677              1/0/0
R3.01-00           0x0000000A       0x02CC          488              0/0/0
```

```
    R4.00-00              0x00000011    0x4766    689                 1/0/0
    ...
    R1#show  ip route  isis
    I*L1   0.0.0.0/0 [115/10] via 10.0.13.3, 00:54:31, GigabitEthernet 0/0
```

2. 置 ATT 比特位为 1 的条件

只有 Level-1-2 路由器和 Level-1 路由器处于同一区域，才会置 ATT 比特位为 1，从而向 Level-1 区域下发默认路由信息。

Level-1-2 路由器和其他区域的 Level-2/Level-1-2 路由器建立 Level-2 邻居关系（Level-2 LSDB 中存在其他区域的 LSP）。

当 Level-1-2 路由器和 Level-2 路由器处于相同区域时，不会置 ATT 比特位为 1，也不会下发默认路由信息。

如下所示，Level-2 邻居关系是由 Area 49.0001 的 R3（Level-1-2）和 Area 49.0002 的 R5（Level-2）建立的，处于不同区域；Level-1 邻居关系是由 Area 49.0001 的 R3 和 Area 49.0001 的 R1 建立的，处于相同区域。因此，可以判断出，R3 具备向 Level-1 区域的路由器产生置 ATT 比特位为 1 的 LSP，从而产生默认路由信息。

```
    R3#show  isis  neighbors  detail
    Area 1:
    System Id   Type   IP Address    State   Holdtime   Circuit       Interface
    R5          L2     10.0.35.5     Up      9          R5.01         GigabitEthernet 0/0
      Adjacency ID: 1
      Uptime: 04:53:33
      Area Address(es): 49.0002
      SNPA: 5000.0005.0001
      Level-2 MTID: Standard
      Level-2 Protocols Supported: IPv4
    R1          L1     10.0.13.1     Up      22         R3.02         GigabitEthernet 0/1
      Adjacency ID: 1
      Uptime: 04:53:33
      Area Address(es): 49.0001
      SNPA: 5000.0001.0002
      Level-1 MTID: Standard
      Level-1 Protocols Supported: IPv4

    R3#

    R1#show  isis  database

    Area 1:
    IS-IS Level-1 Link State Database:
```

```
LSPID                   LSP Seq Num      LSP Checksum    LSP Holdtime        ATT/P/OL
...
    R3.00-00            0x00000053       0x85FF          970                 1/0/0
    R3.01-00            0x0000004C       0x7D0F          780                 0/0/0
    R4.00-00            0x00000053       0xC2A8          981                 1/0/0
...

R1#
R1#show   ip   route   isis
    I*L1   0.0.0.0/0 [115/10] via 10.0.13.3, 17:19:38, GigabitEthernet 0/0
R1#
```

如上所示，Level-1 区域根据 Level-1-2 路由器通告的置 ATT 比特位为 1 的 LSP 产生默认路由信息，访问目标网段可能出现的次优路径。

如图 4-23 所示，Level-1 区域访问其他区域的 R7 的 Loopback 0 接口，选择的最优路径应该是 R1—R2—R4—R5—R7，该路径上的 Metric 的值累加计算是 60。但是在 R1 上查看访问 R7 的 Loopback 0 接口选择的最优路径是 R1—R3—R5—R7，该路径上的 Metric 的值累加计算是 80，不是 R1~R7 的 Loopback 0 接口的最优路径。R1 作为 Level-1 路由器并不知道本区域外的路由信息，由于访问本区域外的报文都会选择由最近的 Level-1-2 路由器产生的默认路由信息，因此会出现 R1 选择次优路径访问目标网段的情况。

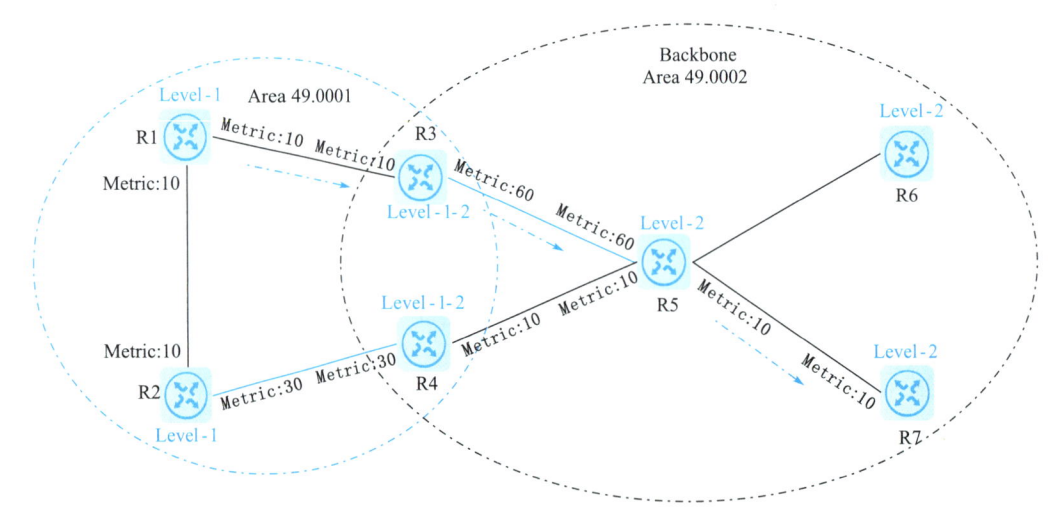

图 4-23 选择次优路径 2

3. 路由信息渗透配置

为了避免产生次优路径，可以将 Level-2 区域的全部或部分明细路由信息渗透到 Level-1 区域，Level-1 区域可以针对 Level-2 区域的全部或部分路由信息选择最优路径访问。路由信息渗透配置命令如下。

```
R3(config)#router isis   1
R3(config-router)#redistribute isis XX Level-2 into level-1 distribute-list <100-199>
R3(config-router)#exit
R3(config)#
```

在 Level-1-2 路由器上配置路由信息渗透后,将 Level-2 区域的部分路由信息渗透到 Level-1 区域,使 Level-1 区域的 R1 访问 Level-2 区域的 R7 的 Loopback 0 接口选择的是最优路径。

```
R3(config)#ip prefix-list ruijie seq 5 permit 20.0.2.1/32      // 通过 prefix-list 指定目标网段
R3(config)#route-map ruijie permit 10
R3(config-route-map)#match ip address prefix-list ruijie       // 配置路由图调用 prefix-list
R3(config-route-map)#exit
R3(config)#router   isis   1
R3(config-router)#redistribute isis 1 level-2 into level-1 route-map ruijie    // 在 IS-IS 路由协议进
// 程中调用路由图,将 Level-2 区域的路由信息重分布到 Level-1 区域
R3(config-router)#exit
R3(config)#
```

在 R3 上配置路由信息渗透后,Level-1 区域的 R1 访问 20.0.2.1/32,仍是次优路径,即 R1—R3—R5—R7,R2 根据路由表的查询规则,优先选择明细路由信息访问目标网段,R2 在访问 20.0.2.1/32 时也会产生次优路径,即 R2—R1—R3—R5—R7。

```
R1#traceroute   20.0.2.1
  < press Ctrl+C to break >
Tracing the route to 20.0.2.1

  1         10.0.13.3       1 msec      2 msec      <1 msec
  2         10.0.45.5       4 msec      1 msec       4 msec
  3         20.0.2.1       11 msec      8 msec       9 msec
R1#


R2#traceroute   20.0.2.1
  < press Ctrl+C to break >
Tracing the route to 20.0.2.1

  1         10.0.12.1       4 msec      <1 msec     <1 msec
  2         10.0.13.3       6 msec      2 msec       6 msec
  3         10.0.45.5       6 msec      3 msec       8 msec
  4         20.0.2.1        8 msec      8 msec       7 msec
R2#
```

在同是 Level-1-2 路由器的 R4 上也配置路由信息渗透后,将 Level-2 区域的部分路由信息渗透到 Level-1 区域,避免产生次优路径。

```
R4(config)#ip prefix-list   ruijie permit   20.0.2.1/32
```

```
R4(config)#route-map ruijie permit 10
R4(config-route-map)#match ip address prefix-list ruijie
R4(config-route-map)#exit
R4(config)#router isis 1
R4(config-router)#redistribute isis 1 level-2 into level-1 route-map ruijie
R4(config-router)#exit
R4(config)#
```

这时 Level-1-2 路由器上都配置了路由信息渗透，根据路由表的查询规则，优先选择明细路由信息访问目标网段，R1 访问目标网段选择的最优路径为 R1—R2—R4—R5—R7，R2 访问目标网段选择的最优路径为 R2—R4—R5—R7。

```
R1#traceroute 20.0.2.1
  < press Ctrl+C to break >
Tracing the route to 20.0.2.1

  1      10.0.12.2    1 msec    1 msec    <1 msec
  2      10.0.24.4    5 msec
  3      10.0.45.5    6 msec    1 msec    11 msec
  4      20.0.2.1     8 msec    6 msec    7 msec
R1#

R2#traceroute 20.0.2.1
  < press Ctrl+C to break >
Tracing the route to 20.0.2.1

  1      10.0.24.4    1 msec    <1 msec   <1 msec
  2      10.0.45.5    6 msec    <1 msec   7 msec
  3      20.0.2.1     7 msec    7 msec    6 msec
R2#
```

R1 访问 20.0.2.1/32 时选择最优路径，如图 4-24 所示。

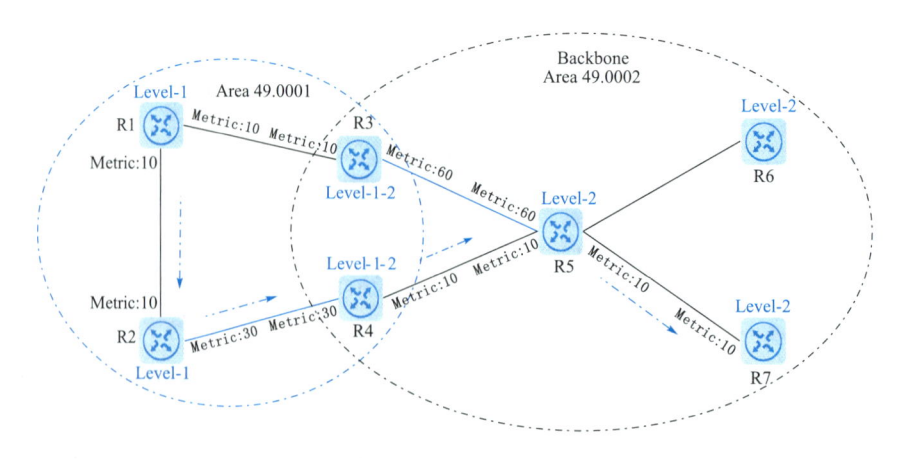

图 4-24 选择最优路径

4. IS-IS 路由协议防环

IS-IS 路由协议为了防止出现配置路由信息渗透后将路由信息重新传递到 Level-2 区域的可能，将通过为重分布的路由信息置 Up/Down 比特位，为普通路由信息置 Up/Down 比特位为 0 来实现。为重分布的路由信息置 Up/Down 比特位为 1 后，置 Up/Down 比特位为 1 的路由信息将不再被重新传递。如图 4-25 所示，10.0.13.0/24 为 Level-1 区域传递的路由信息置 Up/Down 比特位为 0；而 20.0.2.1/32 为从 Level-2 区域重分布到 Level-1 区域的路由信息置 UP/Down 比特位为 1。

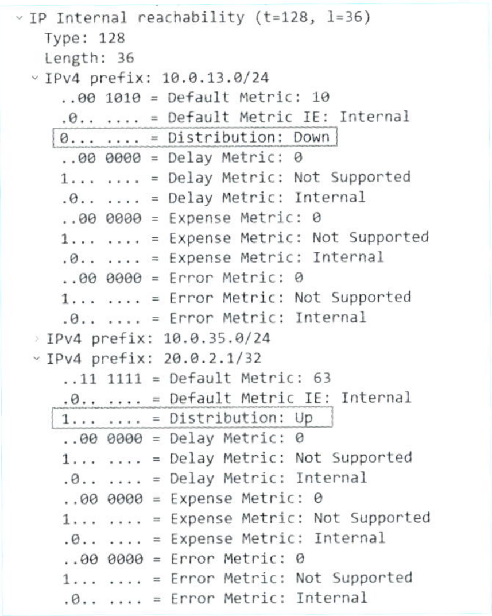

```
IP Internal reachability (t=128, l=36)
  Type: 128
  Length: 36
  IPv4 prefix: 10.0.13.0/24
    ..00 1010 = Default Metric: 10
    .0.. .... = Default Metric IE: Internal
    0... .... = Distribution: Down
    ..00 0000 = Delay Metric: 0
    1... .... = Delay Metric: Not Supported
    .0.. .... = Delay Metric: Internal
    ..00 0000 = Expense Metric: 0
    1... .... = Expense Metric: Not Supported
    .0.. .... = Expense Metric: Internal
    ..00 0000 = Error Metric: 0
    1... .... = Error Metric: Not Supported
    .0.. .... = Error Metric: Internal
  IPv4 prefix: 10.0.35.0/24
  IPv4 prefix: 20.0.2.1/32
    ..11 1111 = Default Metric: 63
    .0.. .... = Default Metric IE: Internal
    1... .... = Distribution: Up
    ..00 0000 = Delay Metric: 0
    1... .... = Delay Metric: Not Supported
    .0.. .... = Delay Metric: Internal
    ..00 0000 = Expense Metric: 0
    1... .... = Expense Metric: Not Supported
    .0.. .... = Expense Metric: Internal
    ..00 0000 = Error Metric: 0
    1... .... = Error Metric: Not Supported
    .0.. .... = Error Metric: Internal
```

图 4-25　置 UP/Down 比特位

问题与思考

1. 以下有关 IS-IS 路由协议的路由信息泄露技术的说法正确的是（　　）。
   - A. 在一个 IS-IS 路由协议网络中如果存在多个 Level-1-2 路由器，那么 Level-1 路由器会随机选择一个 Level-1-2 路由器作为本区域的所有流量的出口
   - B. IS-IS 路由协议的路由信息泄露技术产生的背景是，Level-2 区域的路由信息不能被发布到 Level-1 区域
   - C. 由于 Level-1 路由器会随机选择 Level-1-2 路由器作为本区域的所有流量的出口，因此可能产生次优路径
   - D. 在一个 IS-IS 路由协议网络中如果存在多个 Level-1-2 路由器，那么 Level-1 路由器会选择距自己近的一个 Level-1-2 路由器作为本区域的所有流量的出口，显然这样很容易产生次优路径

2. 如图 4-26 所示，以 R5 节点为根计算 SPT，计算到（　　）节点时 Tentative List（Candidate List）为空。

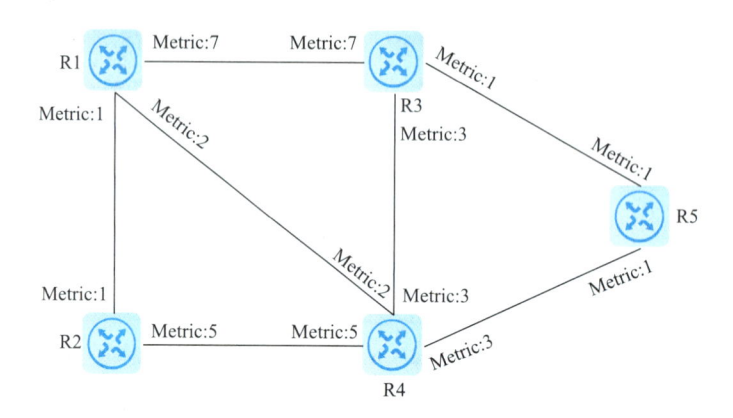

图 4-26　SPF 算法计算

  A．R3   B．R4   C．R1   D．R2

3. IS-IS 路由协议的 Level-1 路由器会产生置 ATT 比特位的 LSP 的条件包含（　　）。

  A．该路由器是 Level-1-2 路由器 B．该路由器与 Level-1 建立邻居关系

  C．该路由器与 Level-2 建立邻居关系 D．该路由器只能是 Level-1 路由器

4. IS-IS 路由协议默认的度量模式是（　　）。

  A．Narrow B．Wide D．Transition C．Default

5. 以下关于 IS-IS 路由协议的说法错误的是（　　）。

  A．IS-IS 路由协议直接运行在数据链路层

  B．只要网络中存在 Level-1-2 路由器，在 Level-1-2 路由器上就会向 Level-1 区域下发默认路由信息

  C．IS-IS 路由协议中的 DIS 类似于 OSPF 的 DR，DIS 的选举是非抢占式的，且存在备份 DIS

  D．IS-IS 路由协议执行的是 SPF 算法，且 SPF 算法分别独立地在 Level-1 数据库和 Level-2 数据库中运行

6. 在部署 IS-IS 路由协议的某台路由器新增路由信息时，快速计算该路由器路由信息的算法是（　　）。

  A．SPF   B．I-SPF   C．PRC   D．Full-SPF

7. 和 OSPF 一样，IS-IS 路由协议最早也是为 TCP/IP 设计的一种动态路由协议，这一说法是（　　）的。

  A．正确   B．错误

第 5 章　IS-IS 路由协议可扩展能力

> 【学习目标】

IS-IS 路由协议报文基于 TLV 格式进行封装。IS-IS 路由协议在扩展时，新增 TLV 即可。为支持 IPv6，新增了与 IS-ISv6 相关的 TLV。

学习完本章内容应能够：
- 了解 IS-IS 路由协议扩展性
- 掌握 IS-ISv6
- 掌握 IS-IS 路由协议 MTR
- 掌握 IS-IS 路由协议 LSP 分片扩展

> 【知识结构】

本章主要介绍 IS-IS 路由协议可扩展能力，内容包括 IS-IS 路由协议扩展性、IS-IS 路由协议 MTR 应用、IS-IS 路由协议 LSP 分片扩展等。

```
                                              ┌─ IS-IS路由协议扩展性
                    ┌─ IS-IS路由协议可扩展能力概述 ─┤
                    │                         └─ IS-ISv6
IS-IS路由协议可扩展能力 ┤                         ┌─ IS-IS路由协议MTR概述
                    ├─ IS-IS路由协议MTR ────────┤
                    │                         └─ IS-IS路由协议MTR应用
                    └─ IS-IS路由协议LSP分片扩展
```

5.1　IS-IS 路由协议可扩展能力概述

5.1.1　IS-IS 路由协议扩展性

IS-IS 路由协议是一种具有很强扩展性的动态路由协议，支持大规模网络环境下的不同路由器之间的通信，且能够扩大网络规模。IS-IS 路由协议报文采用 TLV 格式，如图 5-1

所示。IS-IS 路由协议因具有很强的扩展性，故为支持信道协议和特性，在扩展时，只需要新增 TLV 即可。

IS-IS 路由协议在支持 IPv6 时由于不需要进行很大的改动，因此继承性很好。不像 OSPF，为支持 IPv6，需要开发全新的协议，即 OSPFv3。IS-IS 路由协议只需要新增 TLV 即可完成扩展。

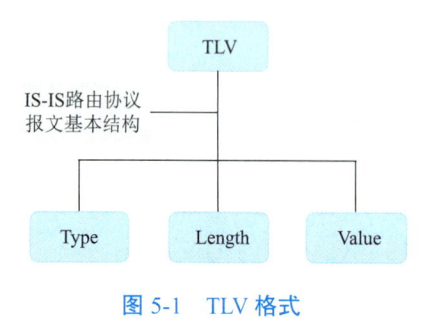

图 5-1　TLV 格式

5.1.2　IS-ISv6

IS-IS 路由协议最初是为 OSI 参考模型设计的一种基于链路状态算法的动态路由协议。之后为了提供对 IPv4 的支持，扩展应用到 IPv4 网络，成为集成 IS-IS 路由协议。

随着 IPv6 网络的建设，同样需要动态路由协议为 IPv6 报文的转发提供准确、有效的路由信息。IS-IS 路由协议结合自身具有良好扩展性的特点，实现了对 IPv6 的支持，可以发现和计算 IPv6 路由信息。

IS-IS 路由协议通过新增 TLV 实现支持 IPv6，保持了 ISO/IEC 10589 和 RFC 1195 有关建立及维护邻居数据库和拓扑数据库的规定。因此，IS-ISv6 具有和 IS-IS 路由协议相同的拓扑结构。IS-IS 路由协议和 IS-ISv6 混合拓扑结构被看成一个集成的拓扑结构，使用同样的最短路径进行 SPF 算法的计算。这也就要求所有 IS-IS 路由协议和 IS-ISv6 的拓扑结构必须一致。如图 5-2 所示，R1 和 R3 都支持 IPv4 与 IPv6，R2 只支持 IPv4，IS-IS 路由协议和 IS-ISv6 的拓扑结构不一致。

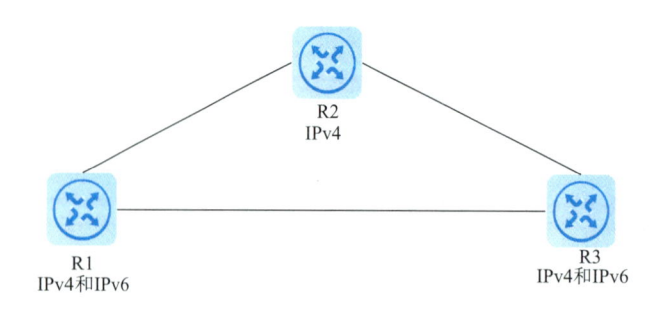

图 5-2　IS-IS 路由协议网络和 IS-ISv6 网络

在实际应用中，因为 IPv4 和 IPv6 在网络中的部署可能不一致，所以 IPv4 和 IPv6 的拓扑结构可能不一致。混合拓扑结构中的一些路由器和链路不支持 IPv6，但是支持双协议栈的路由器无法感知到这些路由器和链路，仍然会把 IPv6 报文转发给它们，这就导致 IPv6 报文因无法转发而被丢弃。同样，在存在不支持 IPv4 的路由器和链路时，IPv4 报文也无法转发。

如图 5-3 所示，IPv4 和 IPv6 的拓扑结构不一致，R2 只支持 IPv4，又由于路径为最优路径，因此可能会导致 IPv6 报文无法转发。

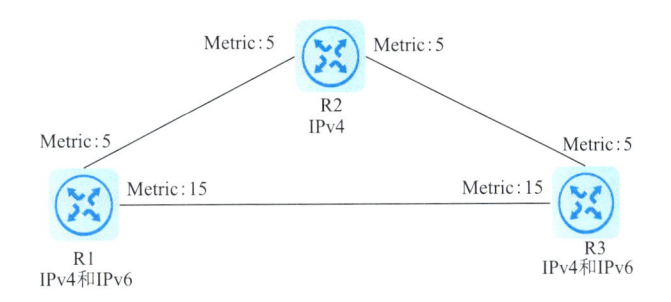

图 5-3　IPv4 和 IPv6 的拓扑结构不一致

为了支持 IPv6 路由信息的处理和计算，IS-IS 路由协议新增了两个 TLV 和一个 NLPID（Network Layer Protocol Identifier）。

其中，新增的两个 TLV 分别如下。

1. 236 号 TLV 可达信息

236 号 TLV 可达信息（IPv6 Reachability）通过前缀、度量、标记等来描述可达的 IPv6 前缀信息。在 IPv4 中有 IPv4 内部可达性 TLV 和 IPv4 外部可达性 TLV，在 IPv6 的扩展中使用一个 "X" 比特来区分 "内部" 和 "外部"。236 号 TLV 的结构如图 5-4 所示。

图 5-4　236 号 TLV 的结构

U：Up/Down bit，标识这个前缀是否为从高层通告下来的（用来防环）。

X：External Original bit，标识这个前缀是否为从其他路由协议中引入的。

S：Subtlv Present bit，子 TLV 的标识位（可选）。

2. 232 号 TLV IPv6 接口地址

232 号 TLV IPv6 接口地址（IPv6 Interface Address）相当于 IPv4 中的 TLV IPv4 接口

地址（IPv4 Interface Address），只不过把原来的 32 比特的 IPv4 接口地址改为了 128 比特的 IPv6 接口地址。232 号 TLV 的结构是直接通过 TLV 132 映射过来的，在原来的 TLV 132 中最多可以有 64 个 IPv4 接口地址（32 位），而在 TLV 232 中最多只能有 16 个 IPv6 接口地址（128 位），如图 5-5 所示。

Type=232	Length	Interface Address 1…
…Interface Address 1…		
…Interface Address 1…		
…Interface Address 1…		
…Interface Address 1…	…Interface Address 2…	

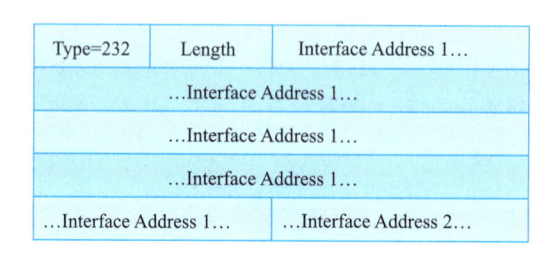

图 5-5　232 号 TLV 的结构

对于不同的报文，Interface Address 中的内容有所不同。对于 IIH 报文，Interface Address 中只能包含发送 IIH 报文的 Link-Local 接口地址，而对于 LSP，Interface Address 中只能包含 IS-IS 路由协议的 IPv6 接口 Non-Link-Local 地址。

NLPID 是标识网络层协议报文的一个 8 比特字段，IPv6 的 NLPID 的值为 142。如果 IS-IS 路由协议支持 IPv6，那么向外发布 IPv6 路由信息时必须携带 NLPID 的值。

5.2　IS–IS 路由协议 MTR

IS-IS 路由协议 MTR（IS-IS Multi-Topology Routing，IS-IS 多拓扑路由），是为了使 IS-IS 路由协议支持 IPv4 单播拓扑结构和 IPv6 单播拓扑结构分离而产生的扩展功能，遵循 RFC 5120 中关于 IS-IS 路由协议多拓扑扩展的规定。通过在 IS-IS 路由协议的 IIH 报文和 LSP 中引入新定义的 TLV，传播 IPv6 单播拓扑结构。用户可以根据需要在同一个物理网络中划分不同的 IPv4 单播拓扑结构和 IPv6 单播拓扑结构，二者均使用 SPF 算法计算，相互独立维护 IPv4 单播路由表和 IPv6 单播路由表。这样，IPv4 单播业务和 IPv6 单播业务的流量可以有不同的转发路径。使用 IS-IS 路由协议 MTR 可以帮助用户按规划逐步部署 IPv6 单播网络，且不受 IPv4 单播拓扑结构和 IPv6 单播拓扑结构必须保持一致的限制。

5.2.1　IS–IS 路由协议 MTR 概述

IS-IS 路由协议 MTR 源自 IS-IS 路由协议 MT，IS-IS 路由协议 MT 本身可用于实现 IPv4 单播拓扑结构和 IPv6 单播拓扑结构分离、单播拓扑结构和组播拓扑结构分离、协议栈（IPv4 和 IPv6 等）拓扑结构分离。

图 5-6 所示是一个典型的组网应用。在实施 IPv6 单播拓扑结构增量部署时，一部分设备升级支持 IPv4 和 IPv6，但还有一部分设备仍然只支持 IPv4。

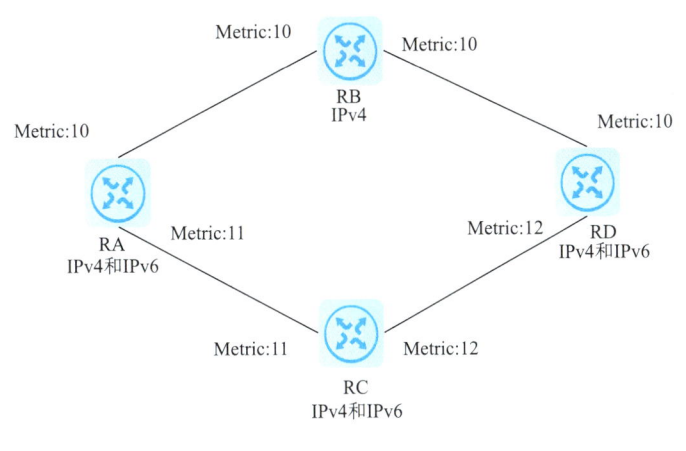

图 5-6 组网应用

图 5-6 中的 RB 只支持 IPv4，而其他设备都同时支持 IPv4 和 IPv6。

为了不淘汰只支持 IPv4 的 RB，需要取消 IPv4 单播拓扑结构和 IPv6 单播拓扑结构保持一致的组网限制，否则 RB 不能与 RA 或 RD 建立邻居关系，但这样又可能引发新问题。

1. 单拓扑结构

如图 5-7 所示，在不支持 IS-IS 路由协议 MTR 的情况下，RA、RB、RC 和 RD 在使用 SPF 算法计算时只考虑单拓扑结构，得到的最短路径是 RA—RB—RD，Metric 的值为 20。但是由于 RB 不支持 IPv6，因此 IPv6 报文因无法转发而被丢弃。

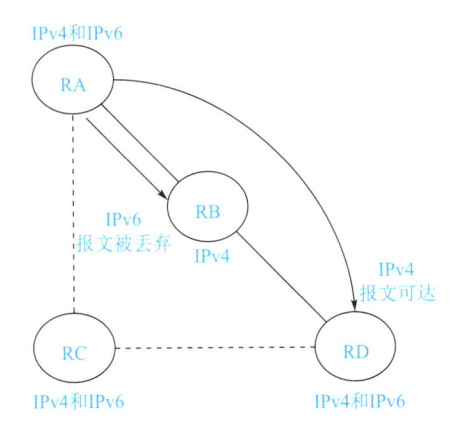

图 5-7 单拓扑结构

2. IPv4 单播拓扑结构和 IPv6 单播拓扑结构分离

如图 5-8 所示，采用 IS-IS 路由协议 MTR 后可以将 IPv4 单播拓扑结构和 IPv6 单播拓扑结构分离，此时 RA、RB、RC 和 RD 根据 IPv4 单播拓扑结构和 IPv6 单播拓扑结构建立邻居关系。左侧是根据支持 IPv4 的路由设备建立的 IPv4 分拓扑结构，计算出 IPv4 的最短路径为 RA—RB—RD，从而保证 IPv4 报文可达；右侧则是根据支持 IPv6 的路由设备建立的 IPv6 分拓扑结构，计算出 IPv6 的最短路径为 RA—RC—RD，从而保证 IPv6 报文可达。

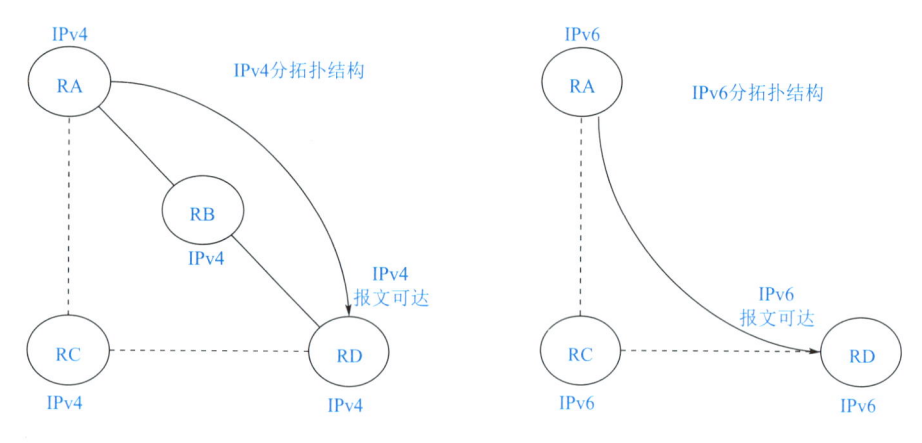

图 5-8 拓扑结构分离

是否开启 IS-IS 路由协议 MTR 的通用原则如下。

在一般情况下，存在只支持 IPv4 或 IPv6 的设备时，为了避免出现路由黑洞，就需要开启 IS-IS 路由协议 MTR。如果所有设备同时支持 IPv4 和 IPv6，那么无须开启 IS-IS 路由协议 MTR。

是否开启 IS-IS 路由协议 MTR 的特殊原则如下。

（1）全新网络部署：只支持 IPv4 的设备，无须开启 IS-IS 路由协议 MTR。只支持 IPv6 的设备，需要开启 IS-IS 路由协议 MTR 的 MT 模式。同时支持 IPv4 和 IPv6 的设备，需要开启 IS-IS 路由协议 MTR 的 MT 模式，不建议开启 IS-IS 路由协议 MTR 的 MTT 模式，这是因为可能存在环路。

（2）原有只支持单协议栈的网络改造：同时支持 IPv4 和 IPv6 的设备先从近（距单协议栈设备最近的设备）到远依次开启 IS-IS 路由协议 MTR 的 MTT 模式，待所有新增设备都开启 IS-IS 路由协议 MTR 的 MTT 模式后，从远（距单协议栈设备最远的设备）到近将 IS-IS 路由协议 MTR 的 MTT 模式切换成 IS-IS 路由协议 MTR 的 MT 模式。

5.2.2 IS-IS 路由协议 MTR 应用

IS-IS 路由协议 MTR 的典型应用场景是旧网络的 IPv6 业务扩展，这种场景通常会导致一些只支持 IPv4 的旧设备被提前淘汰，而使用 IS-IS 路由协议 MTR 则可以避免此类情况的发生。

如图 5-9 所示，由于原有设备（假设为 R2，不支持 IS-IS 路由协议 MTR）只支持 IPv4，因此只能运行 IPv4 业务。因业务扩展，需要将网络扩容并支持 IPv6 业务（新增设备假设为 R1、R3 和 R4，支持 IS-IS 路由协议 MTR）。为了保证运行 IPv4 和 IPv6 的网络的稳定性，通常需要将只支持 IPv4 或 IPv6 的网络设备（R2）替换掉，否则可能出现路由黑洞。

如果想继续使用旧设备，那么可以通过在新增设备上配置 IS-IS 路由协议 MTR。开启 IS-IS 路由协议 MTR 之后，一方面原有 IPv4 业务可以继续运行在旧设备（R2）上；另一方面新增设备可以同时运行新增的 IPv4 业务和 IPv6 业务，且这些业务互不干扰。由此可见，开启 IS-IS 路由协议 MTR 能够使组网方式更加灵活，间接延长旧设备的使用年限，在满足业务发展需求的同时使旧设备的价值得到最大的利用。

MTR 的具体配置要求如下。

旧设备可以继续延长使用时间，但只支持 IPv4；新增设备同时支持 IPv4 和 IPv6，要求 IPv4 和 IPv6 分拓扑结构计算。

如图 5-9 所示，R2 只支持 IPv4，即使用 R2 只能配置 IPv4 的参数，使用其余设备可以配置 IPv4 和 IPv6 的参数。

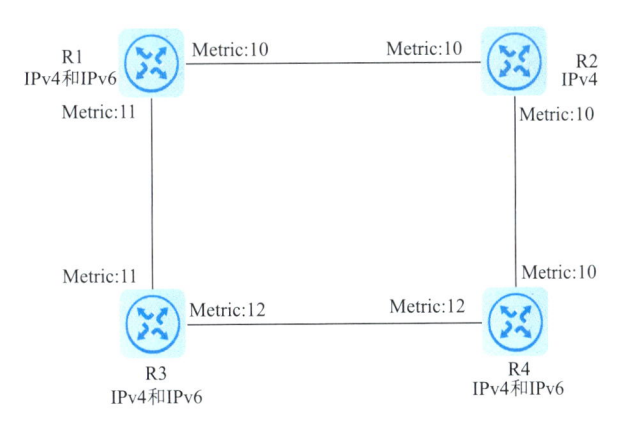

图 5-9　IPv4 和 IPv6 分拓扑结构计算

（1）各设备创建 IPv4 地址，并配置 IS-IS 路由协议互通。

```
R1(config)#router　isis　1
R1(config-router)#net　49.0001.0000.0000.0001.00
R1(config-router)#is-type　level-2
R1(config-router)#exit
R1(config)#interface　gigabitEthernet 0/0
R1(config-if-GigabitEthernet 0/0)#ip router　isis　1
R1(config-if-GigabitEthernet 0/0)#exit
R1(config)#interface　gigabitEthernet 0/1
R1(config-if-GigabitEthernet 0/1)#ip router　isis　1
R1(config-if-GigabitEthernet 0/1)#exit
R1(config)#
```

```
R2(config)#router   isis   1
R2(config-router)#net   49.0001.0000.0000.0002.00
R2(config-router)#is-type   level-2
R2(config-router)#exit
R2(config)#interface   gigabitEthernet 0/0
R2(config-if-GigabitEthernet 0/0)#ip router isis   1
R2(config-if-GigabitEthernet 0/0)#exit
R2(config)#interface   gigabitEthernet 0/2
R2(config-if-GigabitEthernet 0/2)#ip router isis   1
R2(config-if-GigabitEthernet 0/2)#exit
R2(config)#


R3(config)#router   isis   1
R3(config-router)#net   49.0001.0000.0000.0003.00
R3(config-router)#is-type   level-2
R3(config-router)#exit
R3(config)#interface   gigabitEthernet 0/1
R3(config-if-GigabitEthernet 0/1)#ip router   isis   1
R3(config-if-GigabitEthernet 0/1)#exit
R3(config)#interface   gigabitEthernet 0/0
R3(config-if-GigabitEthernet 0/0)#ip router   isis   1
R3(config-if-GigabitEthernet 0/0)#exit
R3(config)#


R4(config)#router   isis   1
R4(config-router)#net   49.0001.0000.0000.0004.00
R4(config-router)#is-type   level-2
R4(config-router)#exit
R4(config)#interface   gigabitEthernet 0/0
R4(config-if-GigabitEthernet 0/0)#ip router   isis   1
R4(config-if-GigabitEthernet 0/0)#exit
R4(config)#interface   gigabitEthernet 0/2
R4(config-if-GigabitEthernet 0/2)#ip router   isis   1
R4(config-if-GigabitEthernet 0/2)#exit
R4(config)#
```

（2）为各设备配置 IPv6，在 IS-IS 路由协议进程的 IPv6 地址族下开启 IS-IS 路由协议 MTR。

```
R1(config)#router   isis   1
R1(config-router)#metric-style   wide            // 需要在 Wide 模式下计算路由信息
R1(config-router)#address-family ipv6            // 在 IPv6 地址族下开启 IS-IS 路由协议 MTR
```

```
R1(config-router-af)#multi-topology
R1(config-router-af)#exit
R1(config-router)#exit
R1(config)#


R3(config)#router  isis  1
R3(config-router)#metric-style  wide
R3(config-router)#address-family  ipv6
R3(config-router-af)#multi-topology
R3(config-router-af)#exit
R3(config-router)#exit
R3(config)#


R4(config)#router  isis  1
R4(config-router)#metric-style  wide
R4(config-router)#address-family  ipv6
R4(config-router-af)#multi-topology
R4(config-router-af)#exit
R4(config-router)#exit
R4(config)#
```

（3）配置 IPv6 之后，查看 IPv6 邻居关系的建立情况。

```
R1#show  isis  ipv6  topology

Area  1:
IS-IS paths to level-2 routers
System Id        Metric     Next Hop      SNPA              Interface
    R1             --
    R2             **
    R3             1         R3          5000.0003.0002    GigabitEthernet 0/1
    R4             2         R3          5000.0003.0002    GigabitEthernet 0/1

R1#
```

（4）在各设备接口处修改 IS-IS 路由协议的 Metric 的值，此处以 R1 为例。

```
R1(config)#interface  gigabitEthernet 0/0
R1(config-if-GigabitEthernet 0/0)#isis  wide-metric 10
R1(config-if-GigabitEthernet 0/0)#exit
R1(config)#interface  gigabitEthernet 0/1
R1(config-if-GigabitEthernet 0/1)#isis  wide-metric 11
R1(config-if-GigabitEthernet 0/1)#exit
R1(config)#
```

（5）在 R4 上创建 Loopback 0 接口，配置 IPv4 地址和 IPv6 地址，在 Loopback 0 接口处开启 IS-IS 路由协议功能。

```
R4(config)#interface   loopback 0
R4(config-if-Loopback 0)#ip address   40.1.1.1 32
R4(config-if-Loopback 0)#ipv6   enable
R4(config-if-Loopback 0)#ipv6   address   4000::1/128
R4(config-if-Loopback 0)#ip router   isis   1
R4(config-if-Loopback 0)#ipv6   router   isis   1
R4(config-if-Loopback 0)#exit
R4(config)#
```

（6）在 R1 上检查全局 IP 路由表，路由表中的 40.1.1.1/32 的 Metric 的值是 20，IPv6 的 4000::1/128 的 Metric 的值是 23，可以发现 IPv4 和 IPv6 的访问路径不一致。

```
R1#show   ip route   isis
I L2   10.1.24.0/24 [115/20] via 10.1.12.2, 00:13:33, GigabitEthernet 0/0
I L2   10.1.34.0/24 [115/23] via 10.1.13.3, 00:13:06, GigabitEthernet 0/1
I L2   40.1.1.1/32 [115/20] via 10.1.12.2, 00:01:04, GigabitEthernet 0/0
R1#


R1#show   ipv6   route isis

IPv6 routing table name - Default - 11 entries
Codes:  C - Connected, L - Local, S - Static
        R - RIP, O - OSPF, B - BGP, I - IS-IS, V - Overflow route
        N1 - OSPF NSSA external type 1, N2 - OSPF NSSA external type 2
        E1 - OSPF external type 1, E2 - OSPF external type 2
        SU - IS-IS summary, L1 - IS-IS level-1, L2 - IS-IS level-2
        IA - Inter area, EV - BGP EVPN, N - Nd to host

I L2   2001:1:34::/64 [115/23] via FE80::5200:FF:FE03:2, GigabitEthernet 0/1
I L2   4000::1/128 [115/23] via FE80::5200:FF:FE03:2, GigabitEthernet 0/1
R1#
```

（7）在 R1 上通过 traceroute 命令检测访问路径，R1 访问 IPv4 目的地址的路径为 R1—R2—R4，如图 5-10 所示。R1 访问 IPv6 目的地址的路径为 R1—R3—R4，如图 5-11 所示。因为 R2 不支持双协议栈，所以采用拓扑结构分离分别计算 IPv4 和 IPv6 的拓扑结构。

```
R1#traceroute   40.1.1.1
  < press Ctrl+C to break >
Tracing the route to 40.1.1.1

  1        10.1.12.2      2 msec    <1 msec    1 msec
```

2   40.1.1.1   3 msec   3 msec   3 msec
R1#

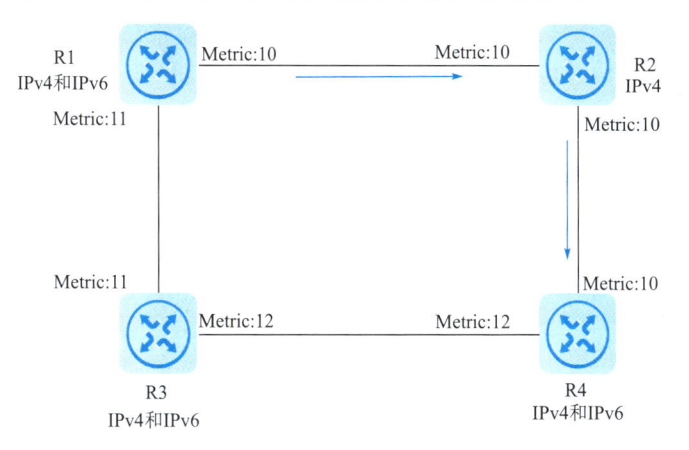

图 5-10   R1 访问 IPv4 目的地址的路径

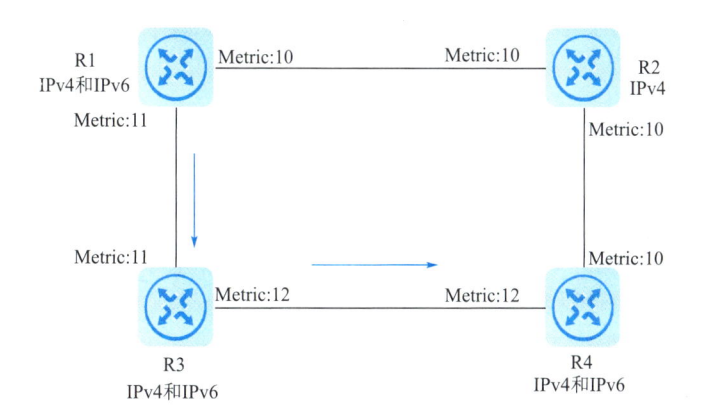

图 5-11   R1 访问 IPv6 目的地址的路径

```
R1#traceroute   4000::1
  < press Ctrl+C to break >
Tracing the route to 4000::1

 1     2001:1:13::3     1 msec       <1 msec       3 msec
 2     4000::1          2 msec        6 msec
R1#
```

5.3 IS-IS 路由协议 LSP 分片扩展

IS-IS 路由协议通过泛洪 LSP 来通告链路状态信息，LSP 的大小受限于链路的 MTU

（Maximum Transmission Unit，最大传输单元），LSP 不能无限扩展，在需要通告的内容超过一个 LSP 的大小时，IS-IS 路由协议通过创建 LSP 分片来承载新链路状态信息。

ISO 规定，LSP 分片号通过 1 字节的 LSP Number 字段来识别。因此，IS-IS 路由协议节点可产生的 LSP 分片数最多为 256 个。

以下几种情况会导致 256 个 LSP 分片不够用。

（1）新应用扩展新 TLV 或 Sub-TLV。

（2）网络规模不断扩大。

（3）通告更小的路由信息或重分布其他路由信息到 IS-IS 路由协议中。

在 LSP 分片被填满的情况下，之后新增的路由信息及邻居信息等会被直接丢弃，这时网络会出现异常，如路由黑洞或路由环路等。为了保证网络正常运行，需要对 LSP 分片进行扩展，以承载更多的链路状态信息。

与 LSP 分片扩展相关的常用术语如下。

（1）普通 System ID（Normal System-ID）：目前 ISO 定义的 System ID，用于邻居关系建立、路由学习。为了与 LSP 分片扩展引入的附加 System ID 进行区别，这里的 System ID 用普通进行限定。

（2）附加 System ID（Additional System-ID）：与普通 System ID 相对应，由管理员配置，用于生成扩展 LSP。附加 System ID 除不在 IIH 报文中出现用于邻居关系的建立外，其他使用规则与普通 System ID 一样，如整个区域内必须是唯一的，不能重复。

（3）初始系统（Originating System）：实际运行 IS-IS 路由协议的路由设备，与由附加 System ID 标识的虚拟系统相对应。

（4）虚拟系统（Virtual System）：由附加 System ID 标识的系统，用于生成扩展 LSP，为了与初始系统进行区别，RFC 提出虚拟系统的概念，每个虚拟系统都可以生成最多 256 个 LSP 分片。管理员可以通过配置多个附加 System ID（多个虚拟系统），生成更多的扩展 LSP 以满足需求。

（5）原始 LSP（Original LSP）：由初始系统生成，LSP ID 中的 System ID 为普通 System ID。

（6）扩展 LSP（Extended LSP）：由虚拟系统生成，LSP ID 中的 System ID 为附加 System ID。

通过配置附加 System ID 并开启 LSP 分片扩展，IS-IS 路由协议可以在扩展 LSP 中通告更多的链路状态信息，可以把每个虚拟系统都看作一台与初始系统建立路径值为 0 的邻居关系的虚拟路由设备，扩展 LSP 就是由初始系统邻居（虚拟系统）发布的 LSP。LSP 分片扩展配置命令如下。

```
R1(config)#router  isis  1                              //IS-IS 路由协议进程
R1(config-router)#virtual-system  0000.0000.0012        // 配置虚拟系统
R1(config-router)#lsp- fragments-extend [Level-1|Level-2]   // 开启 LSP 分片扩展功能
```

问题与思考

1. 以下属于 IPv6 新增的 TLV 的类型是（　　）。
   A．236 号　　　　B．232 号　　　　C．129 号　　　　D．240 号

2. 以下关于 IS-IS 路由协议 LSP 分片扩展描述正确的是（　　）。
   A．使 IS-IS 路由器生成更多的 LSP 分片，用来携带更多的 IS-IS 路由协议信息
   B．IS-IS 路由协议 LSP 分片扩展对 Hello 包同样有效
   C．IS-IS 路由协议 LSP 分片扩展是通过增加虚拟系统来实现的，最多可以扩展成 1000 个虚拟系统
   D．IS-IS 路由协议节点可产生的分片数最多为 1024

3. 在配置 IS-IS 路由协议 MTR 时，两台路由器建立邻居关系的条件不包括（　　）。
   A．两台路由器的接口地址处于同一网段
   B．两台路由器互相认证通过
   C．两台路由器处于不同区域
   D．两台路由器接口的 Level 要匹配

4. "若运行 IS-IS 路由协议的路由器同时开启 IPv4 和 IPv6，则 IS-IS 路由协议的 DIS 必须为同一台路由器"这一说法是（　　）的。
   A．正确　　　　　　　　　　　　B．错误

5. 在配置 IS-IS 路由协议 MTR 前，需要先配置（　　）命令。
   A．multi-topology　　　　　　　B．multi-topology wide
   C．metric-style　　　　　　　　D．address-family ipv6

第 6 章　BGP 路由基础

> 【学习目标】

动态路由协议可以按工作范围分为 IGP 及 EGP（Exterior Gateway Protocol，外部网关协议）。IGP 工作在同一个 AS 内，主要用来发现和计算路由信息，为同一个 AS 提供路由信息交换；EGP 工作在不同 AS 之间，为不同 AS 之间提供无环的路由信息交换。

学习完本章内容应能够：
- 掌握 BGP 术语及 BGP 特征
- 了解 BGP 报文类型
- 掌握 BGP 对等体状态和关系建立
- 掌握 BGP 路由信息生成方式
- 掌握 BGP 路由信息传递规则

> 【知识结构】

本章主要介绍 BGP 路由基础，内容包括 BGP 术语、BGP 对等体关系建立、BGP 路由信息传递规则等。

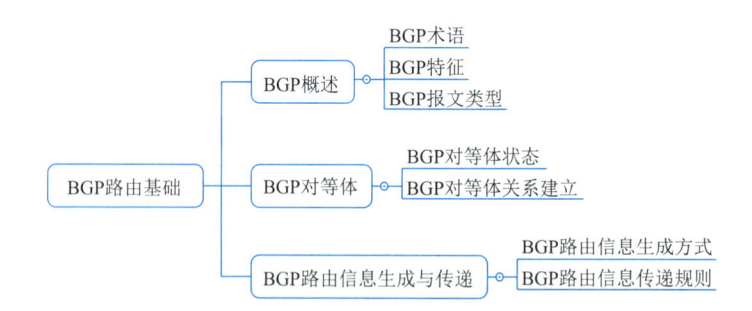

6.1　BGP 概述

BGP（Border Gateway Protocol，边界网关协议）是一种在不同 AS 之间通信的 EGP，

主要功能是在不同 AS 之间交换网络可达信息，并通过协议自身机制（路径属性）来消除环路。

6.1.1　BGP 术语

1. AS

AS（Autonomous System，自治系统）是指由同一个技术管理机构管理，使用统一的选路原则的一些路由器的集合。每个 AS 都有唯一的编号，这个编号是由 IANA（Internet Assigned Numbers Authority，因特网编号分配机构）分配的。

通常情况下，通过不同编号来区分不同 AS，当管理员不期望自己的数据通过某个 AS 时，如由于该 AS 被竞争对手管理，或缺乏足够的安全机制，因此需要回避，在这种情况下，管理员就可以通过路由协议、策略和编号控制数据转发的路径。

BGP 网络中的每个 AS 都被分配一个唯一的 AS 编号，用于区分不同的 AS。AS 编号分为 2 字节 AS 编号和 4 字节 AS 编号，其中 2 字节 AS 编号的范围为 1~65 535，4 字节 AS 编号的范围为 1~4 294 967 295。支持 4 字节 AS 编号的设备能够与支持 2 字节 AS 编号的设备兼容。

2. TCP

BGP 被设计运行在不同 AS 之间传递路由信息。不同 AS 之间为广域网链路，由于数据包在广域网上传递可能出现不可预测的链路拥塞或丢失等情况，因此 BGP 使用 TCP 作为承载协议来保证可靠性。BGP 使用 TCP 封装建立对等体关系，端口为 179，TCP 使用单播建立连接。

3. 对等体

当两台 BGP 路由器之间建立了一条基于 TCP 的连接，且相互交换报文时，就称这两台 BGP 路由器为对等体（Peer）。若干个采用相同更新策略的对等体可以构成 Peer Group（对等体组）。

4. IBGP 和 EBGP

在同一个 AS 内运行的 BGP 被称为 IBGP（Interior BGP，内部 BGP）；在不同 AS 之间运行的 BGP 被称为 EBGP（Exterior BGP，外部 BGP）。如图 6-1 所示，在 R1 和 R2 之间运行的是 IBGP，在 R2 和 R3 之间运行的是 EBGP。

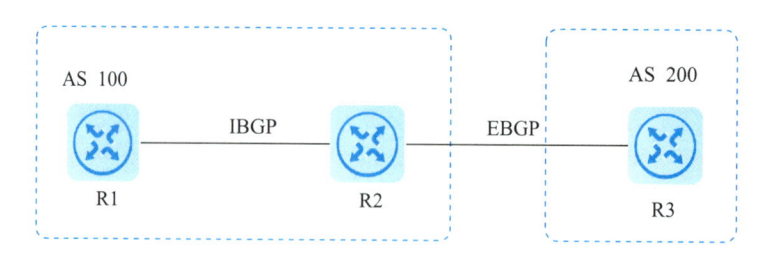

图 6-1 IBGP 和 EBGP

5. NLRI

NLRI（Network Layer Reachability Information，网络层可达信息）是 Update 报文的一部分，路由器用于列出通告该路径可到达的目的地的集合。

6. IBGP 水平分割

通过 IBGP 对等体传递的路由信息不能通告给其他 IBGP 对等体。其主要目的是防止 AS 内产生环路。为此，AS 内所有 IBGP 对等体都应该建立全互联。同时，为了解决 IBGP 对等体的连接数量太多的问题，BGP 设计了 BGP 路由反射器和 BGP 联盟。如图 6-2 所示，在 R4 配置 Loopback 0 接口，该接口的地址为 40.1.1.1/32，将该接口通告到 BGP 路由表中，R3 通过 EBGP 对等体传递的 40.1.1.1/32 通过 IBGP 对等体通告给 R2，但 R2 不再将该路由信息传递给 R1。

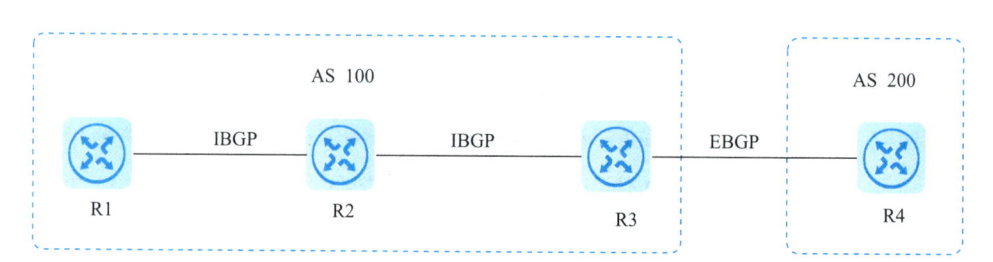

图 6-2 IBGP 水平分割

6.1.2 BGP 特征

BGP 被称为基于策略的路径向量路由协议。BGP 的任务是在不同 AS 之间交换路由信息，同时确保不存在环路。BGP 有以下主要特征。

（1）使用属性描述路径。通过使用丰富的属性可以很方便地实现基于策略的路由信息控制，同时 BGP 路由信息通过携带 AS 路径信息可以彻底解决环路问题。

（2）使用 TCP（端口为 179）作为传输协议，并通过 Keepalive 报文来检验 TCP 连接。

（3）BGP 提供了丰富的选路原则，用于灵活地筛选路由。

（4）BGP 拥有自己的 BGP 对等体表、BGP 表和路由表。

（5）为了保证 BGP 免受攻击，BGP 支持 MD5 认证和 Keychain 认证，这是对 BGP 对等体关系进行认证时提高安全性的有效手段。MD5 认证只能为 TCP 连接设置认证密码，而 Keychain 认证除可以为 TCP 连接设置认证密码外，还可以对 BGP 进行认证。

（6）BGP 采用了增量更新和触发更新。BGP 只发送更新的路由信息，这大大降低了 BGP 传递路由信息占用的带宽，适用于在网络中传播大量的路由信息。

（7）在对等体数目多、路由信息量大且大部分对等体具有相同出口策略的情况下，BGP 使用按组打包技术极大地提高了 BGP 打包、发包性能。

6.1.3 BGP 报文类型

BGP 报文用于建立 BGP 对等体关系与实现路由信息更新，BGP 报文使用单播发送，有 5 种类型，包括 Open（打开）报文、Keepalive（存活）报文、Update（更新）报文、Route-Refresh（路由刷新）报文和 Notification（通知）报文。其中，Keepalive 报文周期性发送，其他报文触发式发送，5 种报文具有相同的报文头，报文头的长度为 19 字节，具体格式如图 6-3 所示。

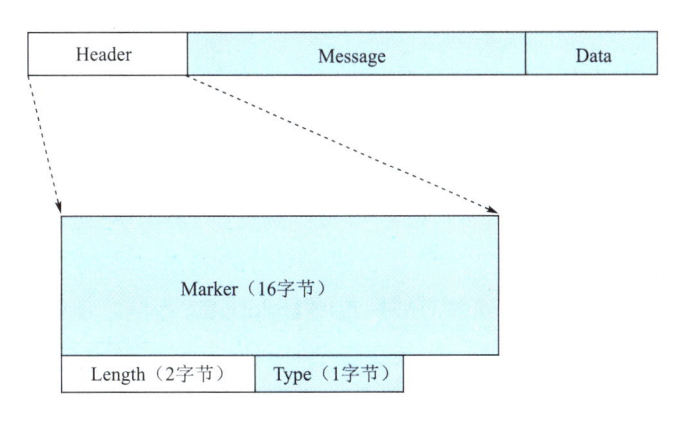

图 6-3 BGP 报文头格式

BGP 报文头各字段含义如下。

- Marker（标记）：16 字节，用于标记 BGP 报文边界，可以用来检测对等体之间同步信息是否完整，以及在支持认证功能时认证报文。在不使用认证时，值均为 1 比特。
- Length（长度）：2 字节，BGP 的总长度（包括报文头在内），取值范围是 19～4096。
- Type（类型）：1 字节，BGP 的类型。Type 有 5 个可选值，表示 BGP 报文头后面所接的 5 种报文。其中，前 4 种报文是在 RFC 4271 中定义的，而第 5 种报文则是在 RFC 2918 中定义的。

1. Open 报文

Open 报文是 TCP 连接建立后发送的第一个报文，用于建立 BGP 对等体之间的连接关系。Open 报文格式如图 6-4 所示。

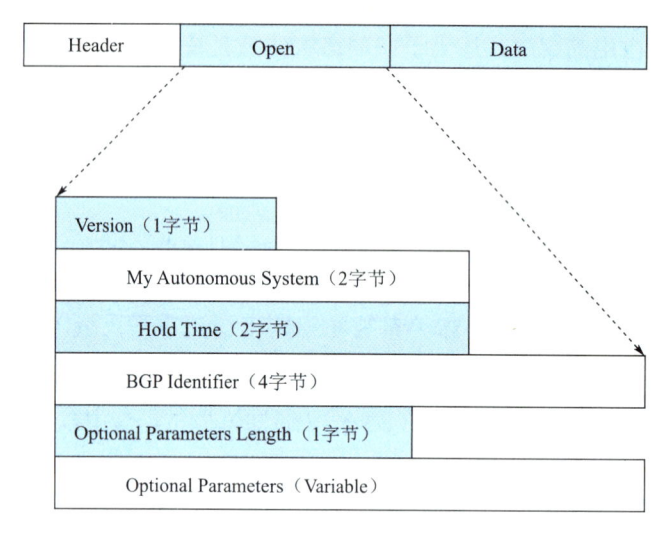

```
┌────────┬────────┬────────┐
│ Header │  Open  │  Data  │
└────────┴────────┴────────┘
         │        │
         │        │
   ┌─────────────────────────┐
   │ Version（1字节）        │
   └─────────────────────────┘
   ┌─────────────────────────────────┐
   │ My Autonomous System（2字节）   │
   └─────────────────────────────────┘
   ┌─────────────────────────┐
   │ Hold Time（2字节）      │
   └─────────────────────────┘
   ┌─────────────────────────────┐
   │ BGP Identifier（4字节）     │
   └─────────────────────────────┘
   ┌──────────────────────────────────────┐
   │ Optional Parameters Length（1字节）  │
   └──────────────────────────────────────┘
   ┌──────────────────────────────────────┐
   │ Optional Parameters（Variable）      │
   └──────────────────────────────────────┘
```

图 6-4　Open 报文格式

Open 报文各字段含义如下。

- Version（版本）：1 字节，对于 IPv4 来说，取值为 4。
- My Autonomous System（我的自治系统）：2 字节，BGP 对等体关系建立时发起者的 AS 编号。通过比较两端的 AS 编号可以确定是 EBGP 对等体还是 IBGP 对等体。
- Hold Time（保持时间）：2 字节，在建立对等体关系时两端要协商 Hold Time，并使 Hold Time 保持一致。如果两端配置的 Hold Time 不同，那么 BGP 会选择较小的 Hold Time 作为协商的结果。如果在这个时间内未收到对端发送的 Keepalive 报文，那么认为 BGP 连接中断，默认是 Keepalive 报文 Hold Time 的 3 倍，因为 Keepalive 报文的 Hold Time 默认为 60 秒，所以 Open 报文的 Hold Time 是 180 秒。
- BGP Identifier（BGP 标识符）：4 字节，BGP 的 Router ID，以 IPv4 地址的形式表示，用来识别 BGP 路由器，由 BGP 会话建立时发送的 Open 报文携带。对等体之间在建立 BGP 会话时，每个 BGP 路由器都必须有唯一的 Router ID，否则对等体之间不能建立对等体关系。

如果没有通过 router id 命令进行配置，那么按如下规则进行选择。

优选 Loopback 接口配置的最大的 IPv4 地址作为 Router ID，如果 Loopback 接口没有配置 IPv4 地址，那么从其他配置了 IPv4 地址的物理接口中选择一个最大 IPv4 地址作为 Router ID。

- Optional Parameters Length（可选参数长度）：1 字节。如果取值为 0，那么表示没有可选参数。

- Optional Parameters（可选参数）：可变长度，用于 BGP 认证或多协议扩展（Multiprotocol Extensions）等。每个 Optional Parameters 都由 TLV 三元组构成。

2. Keepalive 报文

BGP 周期性地向对等体发送 Keepalive 报文，用来保持连接的有效性。Keepalive 报文格式与 BGP 报文头格式一致，没有附加任何其他字段。Keepalive 报文的发送周期是 Hold Time 的 1/3，但不能低于 1 秒。如果协商后的 Hold Time 为 0，那么不发送 Keepalive 报文。如图 6-5 所示，R1 和 R2 之间建立对等体关系之后发送 Keepalive 报文，用于维护对等体关系。

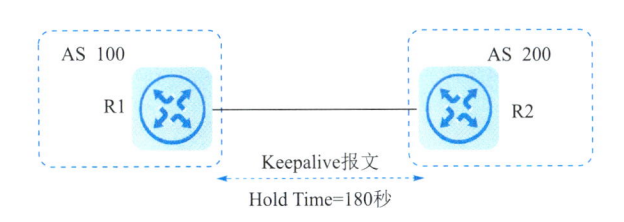

图 6-5 Keepalive 报文格式

3. Update 报文

Update 报文用于在对等体之间交换信息，既可以发布可达路由信息，又可以撤销不可达路由信息。Update 报文格式如图 6-6 所示。

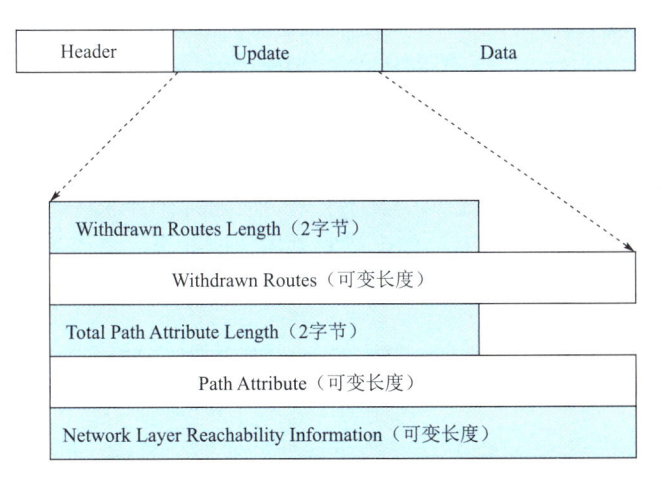

图 6-6 Update 报文格式

Update 报文各字段含义如下。
- Withdrawn Routes Length（不可用路由长度）：2 字节，Withdrawn Routes 的整体长度。如果取值为 0，那么说明没有路由信息被撤销，且在该报文中没有 Withdrawn Routes。
- Withdrawn Routes（撤销路由）：可变长度，包含不可达路由信息列表。

- Total Path Attribute Length（全部路径属性长度）：2 字节，Path Attribute 的长度。如果取值为 0，那么说明该报文中没有 Path Attribute。
- Path Attribute（路径属性）：可变长度，包含与 NLRI 相关的所有路径属性列表，包括 AS-Path、本地优先级和起源等，每个 Path Attribute 都由 TLV 三元组构成。Path Attribute 是用于进行 BGP 路由信息控制和决策的重要信息。
- Network Layer Reachability Information：可变长度，由 the Prefix of the Reachable Route（可达路由信息的前缀）和 Prefix Length（前缀长度）二元组构成。

4. Notification 报文

当 BGP 检测到错误状态时，会向对等体发送 Notification 报文，之后 BGP 连接会立即中断。Notification 报文格式如图 6-7 所示。

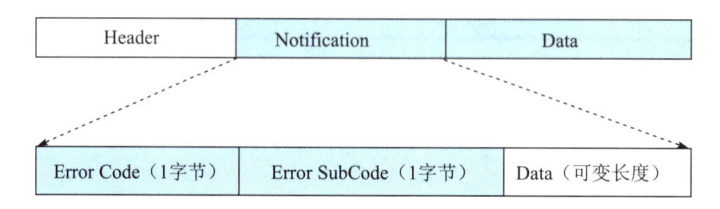

图 6-7 Notification 报文格式

Notification 报文各字段含义如下。
- Error Code（错误编码）：1 字节，错误类型。
- Error SubCode（错误字码）：1 字节，错误类型更详细的信息。
- Data（数据）：可变长度，诊断错误的原因。Data 的内容依赖于具体的错误编码和错误字码。

5. Route-Refresh 报文

Route-Refresh 报文用来要求对等体重新发送指定地址族的路由信息。Route-Refresh 报文格式如图 6-8 所示。

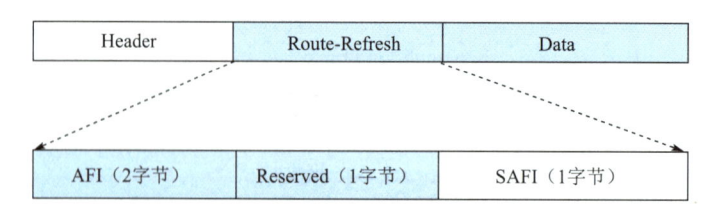

图 6-8 Route-Refresh 报文格式

Route-Refresh 报文各字段含义如下。
- AFI（Address Family Identifier，地址族标识）：2 字节，地址族 ID，可以是 IPv4 和 IPv6 等。

- Reserved（保留）：1 字节，保留区域，发送者应将该区域的值设置为 0，接收者应忽略该区域的信息。
- SAFI（Subsequent Address Family Identifier，子地址族标识）：1 字节，子地址族 ID，可以是单播路由信息，也可以是组播路由信息。

6.2 BGP 对等体

BGP 使用 TCP 封装方式建立对等体关系，端口为 179，TCP 使用单播建立对等体关系，因此 BGP 并不像 RIP 和 OSPF 一样使用组播发现对等体。使用单播建立对等体关系使得 BGP 只能手动指定对等体。

BGP 在建立对等体关系时会变更对等体状态，如 BGP 初始状态为 Idle，BGP 对等体关系建立完成的状态为 Established。

6.2.1 BGP 对等体状态

BGP 对等体在交互过程中存在 Idle（空闲）、Connect（连接）、Active（活跃）、OpenSent（Open 报文发送）、OpenConfirm（Open 报文确认）和 Established（连接已建立）6 种状态，如图 6-9 所示。BGP 对等体关系在建立过程中，通常可见的 3 种状态分别是 Idle、Active 和 Established。

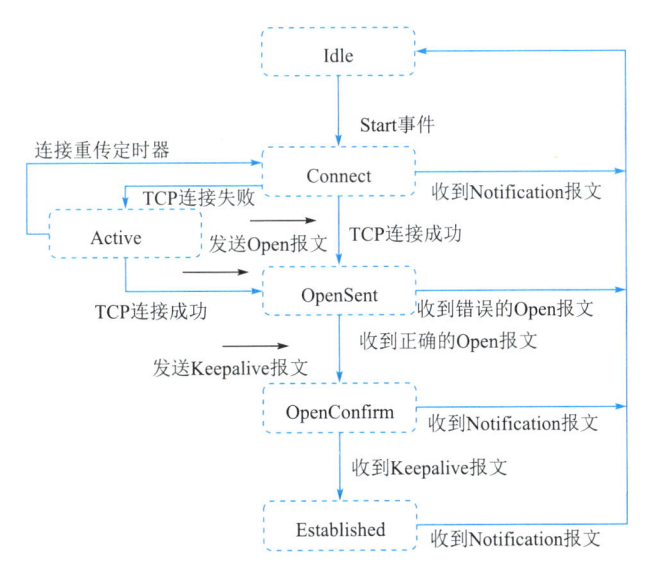

图 6-9　BGP 对等体状态

1. Idle

Idle 状态为初始状态。在该状态下，BGP 拒绝对等体发送的连接请求。只有收到本设备的 Start 事件后，BGP 才开始尝试和其他对等体进行 TCP 连接，并转至 Connect 状态。

2. Connect

BGP 启动连接重传定时器，等待完成 TCP 连接。若 TCP 连接成功，则 BGP 向对等体发送 Open 报文，并进入 OpenSent 状态；若 TCP 连接失败，则 BGP 继续侦听是否有对等体启动连接，并进入 Active 状态。若连接重传定时器超时后，BGP 仍没有收到对等体的响应，则 BGP 继续尝试和其他对等体进行 TCP 连接，停留在 Connect 状态。若在此状态下收到 Notification 报文，则回到 Idle 状态。

3. Active

BGP 尝试建立 TCP 连接，等待完成 TCP 连接。若 TCP 连接成功，则 BGP 向对等体发送 Open 报文，关闭连接重传定时器，并转至 OpenSent 状态；若 TCP 连接失败，则 BGP 停留在 Active 状态。若连接重传定时器超时后，BGP 仍没有收到对等体的响应，则 BGP 转至 Connect 状态。若在此状态下收到其他错误消息或 Notification 报文，则回到 Idle 状态。

4. OpenSent

BGP 等待 Open 报文，并对收到的 Open 报文中的 AS 编号和版本号等信息进行检查。若收到正确的 Open 报文，则 BGP 向对等体发送 Keepalive 报文，并转至 OpenConfirm 状态；若收到错误的 Open 报文，则 BGP 向对等体发送 Notification 报文，并转至 Idle 状态。

5. OpenConfirm

BGP 等待 Keepalive 报文或 Notification 报文。若收到 Keepalive 报文，则进入 Established 状态；若收到 Notification 报文，则进入 Idle 状态。

6. Established

BGP 可以和其他对等体交换 Update 报文、Notification 报文和 Keepalive 报文，并开始选路。若收到 Update 报文和 Keepalive 报文，则认为对端处于正常运行状态，本地重置保持时间；若收到 Notification 报文，则进入 Idle 状态。若 TCP 链接中断，则关闭 BGP 连接，并回到 Idle 状态。Route-Refresh 报文不会改变 BGP 状态。

6.2.2　BGP 对等体关系建立

BGP 对等体关系由管理员手动配置。建立的 BGP 对等体关系有两种模式：EBGP 对等体关系和 IBGP 对等体关系。管理员可以通过 BGP 对等体所在的 AS 和 BGP 路由器所在的 AS 来判断 BGP 路由器之间建立的 BGP 对等体关系的模式。

BGP 路由器会主动向管理员指定的 BGP 对等体发起 TCP 连接请求。TCP 连接成功后，将交互 BGP 协商连接参数，协商一致后，BGP 对等体关系即成功建立。

1. BGP 对等体发现

BGP 对等体发现是指由先启动 BGP 的一端发起 TCP 连接。如图 6-10 所示，R1 先启动 BGP，R1 使用随机端口向 R2 的端口 179 发起 TCP 连接。

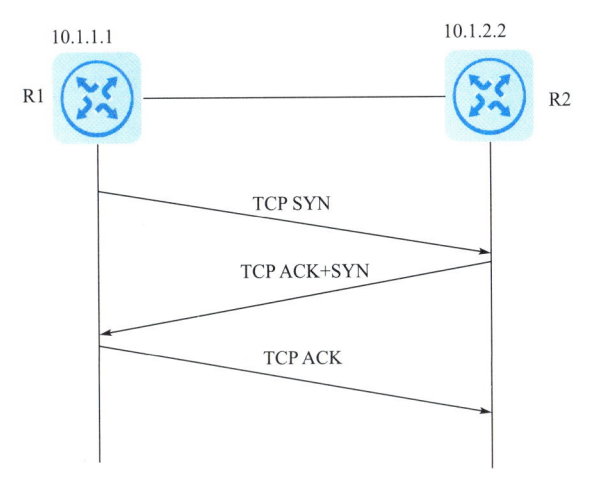

图 6-10　BGP 对等体发现

通过 Wireshark 工具抓取 R1 应先启动 BGP，R1 使用随机端口向 R2 的端口发起 TCP 连接，源地址是 R1 的物理接口地址，目的地址是 R1 在 BGP 进程中通过命令指定的对等体地址。如图 6-11 所示，R1 使用随机端口 42797 向目标端口 179 发起 TCP 连接。

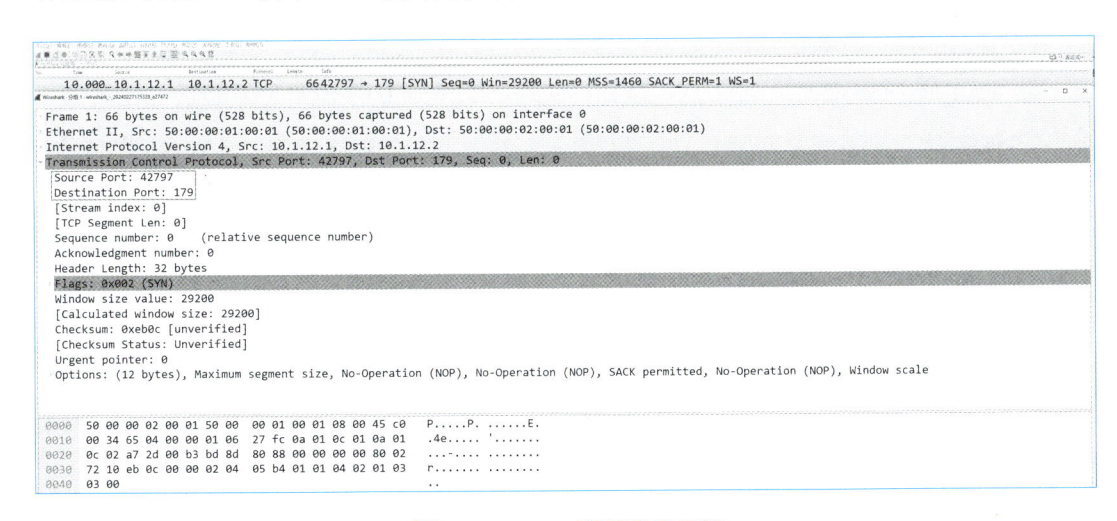

图 6-11　BGP 对等体发现示例

2. EBGP 对等体关系

EBGP 对等体关系是指运行在不同 AS 之间的 BGP 路由器建立的对等体关系。如图 6-12 所示，由于 R1 和 R2 处于不同 AS 内，因此 R1 和 R2 建立 EBGP 对等体关系。

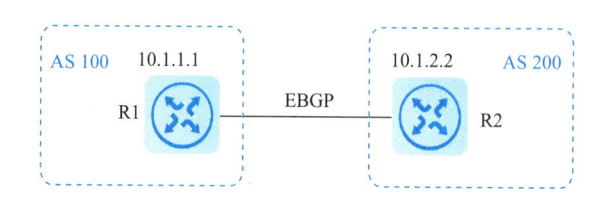

图 6-12 EBGP 对等体关系

如下所示，指定 BGP 对等体所属的 AS 编号与本地 AS 编号不同，表示配置 EBGP 对等体关系。

```
R1(config)#router bgp 100
R1(config-router)#bgp router-id 10.1.1.1            // 手动指定 Router ID
R1(config-router)#neighbor 10.1.12.2 remote-as 200// 配置指定对等体地址和 AS 编号
R1(config-router)#exit
R1(config)#

R2(config)#router bgp 200
R2(config-router)#bgp router-id 10.1.2.2
R2(config-router)#neighbor 10.1.12.1 remote-as 100
R2(config-router)#exit
R2(config)#
```

配置 EBGP 对等体关系的步骤如下。

（1）创建 BGP 进程。

（2）配置 BGP 路由器的 Router ID。

若没有配置 Router ID，则按一定规则自动选举 Router ID，BGP 路由器会在配置的所有 Loopback 接口上选择数值最高的 IP 地址；若没有配置 Loopback 接口，则 BGP 路由器会在所有物理接口上选择数值最高的 IP 地址。

（3）配置 EBGP 对等体关系。

neighbor 10.1.12.2 remote-as 200 命令中的 10.1.12.2 表示对端更新源 IP 地址，用于标识自己向对端发起 TCP 连接的目的地址，remote-as 200 命令中的 200 表示对端所属的 AS 编号。

通过 show ip bgp summary 命令查看 BGP 对等体关系建立情况，BGP 对等体表中的 Up/Down 字段表示对等体的建立情况，以时间显示表示对等体关系建立成功，处于 Established 状态，若出现 Connect、Active 等其他状态则表示对等体关系建立失败。

```
R1#show  ip bgp   summary
For address family: IPv4 Unicast
BGP router identifier 10.1.1.1, local AS number 100
BGP table version is 1
0 BGP AS-PATH entries
0 BGP Community entries
0 BGP Prefix entries (Maximum-prefix:4294967295)

Neighbor      V    AS    MsgRcvd   MsgSent   TblVer   InQ   OutQ   Up/Down    State/PfxRcd
10.1.12.2     4    200      6         5         1      0     0     00:03:38        0


Total  number  of  neighbors  1,  established  neighbors  1

R1#
```

3. IBGP 对等体关系

IBGP 对等体关系是指运行在同一个 AS 内的 BGP 路由器建立的对等体关系。如图 6-13 所示，由于 R1 和 R2 运行在同一个 AS 内，因此 R1 和 R2 之间建立 IBGP 对等体关系。

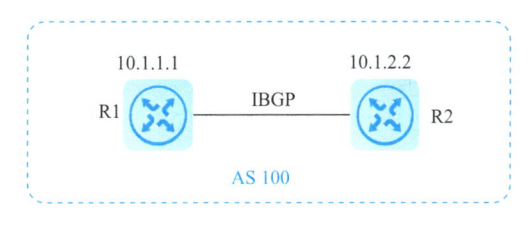

图 6-13 IBGP 对等体关系

如下所示，指定 BGP 对等体所属的 AS 编号与本地 AS 编号相同，表示配置 IBGP 对等体关系。

```
    R1(config)#ip route  10.1.2.2 255.255.255.255 10.1.12.2      // 确保 Loopback 接口的 IP 地址的路由信
息可达
    R1(config)#router  bgp  100
    R1(config-router)#bgp  router-id  1.1.1.1
    R1(config-router)#neighbor  10.1.2.2 remote-as   100
    R1(config-router)#neighbor  10.1.2.2 update-source  loopback 0
    R1(config-router)#exit
    R1(config)#

    R2(config)#ip route   10.1.1.1 255.255.255.255 10.1.12.1
    R2(config)#router  bgp  100
    R2(config-router)#bgp  router-id  2.2.2.2
    R2(config-router)#neighbor  10.1.1.1 remote-as   100
```

```
R2(config-router)#neighbor   10.1.1.1 update-source   loopback 0
R2(config-router)#exit
R2(config)#
```

配置 IBGP 对等体关系的步骤如下。

（1）创建 BGP 进程。

（2）配置 BGP 路由器的 Router ID。

（3）配置 IBGP 对等体关系。

neighbor 10.1.2.2 remote-as 100 命令中的 10.1.2.2 表示对端更新源 IP 地址，用于标识自己向对端发起 TCP 连接的目的地址，remote-as 100 命令中的 100 表示对端所属的 AS 编号，IBGP 对等体关系配置的 AS 编号相同。

neighbor 后的地址可以是对端直连接口的 IP 地址，也可以是 Loopback 接口的 IP 地址（必须保证此 IP 地址的路由信息可达）。在配置 IBGP 对等体关系时，一般使用 Loopback 接口的 IP 地址，因 Loopback 接口开启后一直处于 Up 状态，故只要保证路由信息可达，对等体关系将一直处于稳定状态。而在配置 EBGP 对等体关系时，一般使用直连接口的 IP 地址，这是因为 EBGP 跨 AS 建立对等体关系，对等体关系建立前，Loopback 接口的 IP 地址的路由信息不可达。

（4）配置更新源。

当使用 Loopback 接口的 IP 地址建立 BGP 对等体关系时，两端需要同时配置 neighbor X.X.X.X update-source loopback X 命令，确保两端 TCP 连接的接口和地址正确。如果仅有一端配置该命令，那么可能导致 BGP 对等体关系建立失败。这是因为 BGP 在默认情况下使用发送报文的接口作为源接口。

通过 show ip bgp summary 命令查看 BGP 对等体关系的建立情况。

```
R1#show   ip bgp   summary
For address family: IPv4 Unicast
BGP router identifier 1.1.1.1, local AS number 100
BGP table version is 1
0 BGP AS-PATH entries
0 BGP Community entries
0 BGP Prefix entries (Maximum-prefix:4294967295)

Neighbor      V      AS     MsgRcvd   MsgSent   TblVer   InQ   OutQ   Up/Down     State/PfxRcd
10.1.2.2      4      100    16        15        1        0     0      00:13:56    0

Total number of neighbors 1, established neighbors 1

R1#
```

6.3 BGP 路由信息生成与传递

6.3.1 BGP 路由信息生成方式

BGP 本身不会自动生成路由信息，必须通过手动配置将 IGP 路由信息导入 BGP 路由表。

生成路由信息的方式有两种：一种是使用 network 命令，另一种是使用 redistribute 命令。两种生成方式都必须确保 IP 路由表中存在对应的路由信息。

1. 使用 network 命令

network 命令用于逐条将 IP 路由表中已经存在的路由信息通告到 BGP 路由表中。如图 6-14 所示，在 R2 上配置多个 Loopback 接口，并将这些 Loopback 接口通过 network 命令通告到 BGP 路由表中。

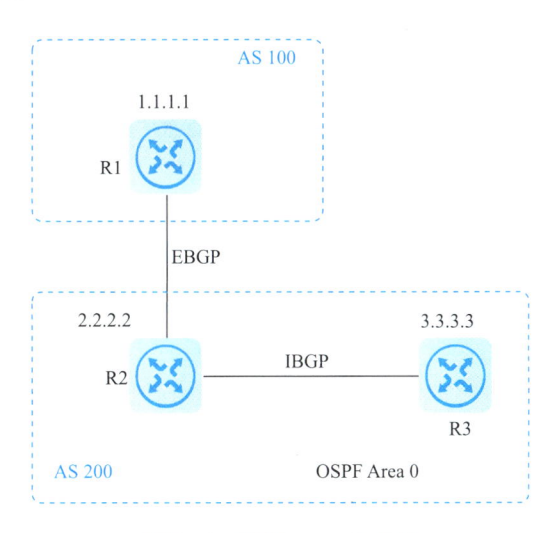

图 6-14 使用 network 命令

基于图 6-14，完成基础配置，在 R2 上通过 show ip bgp summary 命令查看 BGP 对等体关系的建立情况，R2 和 R1 建立 EBGP 对等体关系，R2 和 R3 建立 IBGP 对等体关系。

```
R2#show  ip bgp  summary
For address family: IPv4 Unicast
BGP router identifier 2.2.2.2, local AS number 200
BGP table version is 1
0 BGP AS-PATH entries
0 BGP Community entries
```

0 BGP Prefix entries (Maximum-prefix:4294967295)

Neighbor	V	AS	MsgRcvd	MsgSent	TblVer	InQ	OutQ	Up/Down	State/PfxRcd
3.3.3.3	4	200	4	3	1	0	0	00:01:29	0
10.1.12.1	4	100	5	4	1	0	0	00:02:06	0

Total number of neighbors 2, established neighbors 2

R2#

在 R2 上配置 Loopback 1 接口和 Loopback 2 接口，并将这两个接口通过 network 命令通告到 BGP 路由表中。

R2(config)#interface   loopback 1
R2(config-if-Loopback 1)#ip address   20.1.1.1 32
R2(config-if-Loopback 1)#exit
R2(config)#interface   loopback 2
R2(config-if-Loopback 2)#ip address   20.1.2.2 32
R2(config-if-Loopback 2)#exit
R2(config)#

R2(config)#router   bgp   200
R2(config-router)#network   20.1.1.1 mask   255.255.255.255// 掩码必须和 IP 路由表中的掩码一致
R2(config-router)#network   20.1.2.2 mask   255.255.255.255
R2(config-router)#exit
R2(config)#

在 R1 上查看 R2 通告的 BGP 路由信息，通过 network 命令通告的路由信息用 [i] 表示，i 表示 IGP 路由信息。

R1#show   ip bgp
BGP table version is 3, local router ID is 1.1.1.1
Status codes: s suppressed, d damped, h history, * valid, > best, i - internal,
            S Stale, b - backup entry, m - multipath, f Filter, a additional-path
Origin codes: i - IGP, e - EGP, ? - incomplete

	Network	Next Hop	Metric	LocPrf	Weight Path
*>	20.1.1.1/32	10.1.12.2	0		0 200 i
*>	20.1.2.2/32	10.1.12.2	0		0 200 i

Total number of prefixes 2
R1#

查看 BGP 路由表可以发现，每条 BGP 路由信息前都有两个符号，即 [*] 和 [>]，[*]

表示该 BGP 路由信息是有效的，[>] 表示该 BGP 路由信息是最优的，BGP 在传递路由信息时，仅将有效且最优路由信息传递给 BGP 对等体，BGP 对等体收到的路由信息若不显示以上任何一个符号则视为无效，无法传递给对等体。

2. 使用 redistribute 命令

redistribute 命令用于 IGP 路由信息数量较多且地址段不连续、不便汇总的场景，动态地将其他路由协议（RIP、OSPF、IS-IS 等）重分布路由信息到 BGP 路由表中。redistribute 命令可以结合 route-map 使用，这样可以配置更丰富的选路原则。

在 R3 上配置多个 Loopback 接口，并将这些接口通告到 OSPF 中。

```
R3(config)#interface  loopback 1
R3(config-if-Loopback 1)#ip address   192.168.1.1 24
R3(config-if-Loopback 1)#exit
R3(config)#interface  loopback 2
R3(config-if-Loopback 2)#ip address   192.168.2.1 24
R3(config-if-Loopback 2)#exit
R3(config)#interface  loopback 3
R3(config-if-Loopback 3)#ip address 172.16.1.1 24
R3(config-if-Loopback 3)#exit
R3(config)#interface  loopback 4
R3(config-if-Loopback 4)#ip address   20.1.3.3 32
R3(config-if-Loopback 4)#exit
R3(config)#

R3(config)#router   ospf  1
R3(config-router)#network   20.1.3.3 0.0.0.0 area   0
R3(config-router)#network   192.168.1.0 0.0.0.255 area   0
R3(config-router)#network   192.168.2.0 0.0.0.255 area   0
R3(config-router)#network   172.16.1.0 0.0.0.255 area 0
R3(config-router)#exit
R3(config)#
```

在 R2 上查看 OSPF 路由信息，除了 3.3.3.3/32 的路由信息用于建立 IBGP 对等体关系，其余路由信息都需要被重分布到 BGP 路由表中。

```
R2#show   ip route ospf
O      3.3.3.3/32 [110/1] via 10.1.23.3, 02:09:31, GigabitEthernet 0/1
O      20.1.3.3/32 [110/1] via 10.1.23.3, 00:00:47, GigabitEthernet 0/1
O      172.16.1.1/32 [110/1] via 10.1.23.3, 00:00:31, GigabitEthernet 0/1
O      192.168.1.1/32 [110/1] via 10.1.23.3, 00:00:42, GigabitEthernet 0/1
O      192.168.2.1/32 [110/1] via 10.1.23.3, 00:00:36, GigabitEthernet 0/1
R2#
```

在 R2 上定义 ACL 及创建 route-map，在使用 redistribute 命令将路由信息重分布到 BGP 路由表中时调用 route-map。

```
R2(config)#ip access-list standard 10
R2(config-std-nacl)#permit  20.1.3.3  0.0.0.0
R2(config-std-nacl)#permit 192.168.1.0 0.0.0.255
R2(config-std-nacl)#permit 192.168.2.0 0.0.0.255
R2(config-std-nacl)#permit 172.16.1.0 0.0.0.255
R2(config-std-nacl)#exit
R2(config)#

R2(config)#route-map ruijie permit  10
R2(config-route-map)#match  ip address  10        // 匹配 ACL
R2(config-route-map)#exit
R2(config)#


R2(config)#router  bgp  200
R2(config-router)#redistribute  ospf  1 route-map ruijie
R2(config-router)#exit
R2(config)#
```

在 R2 上重分布路由信息后，在 R1 上查看 BGP 路由表，通过 redistribute 命令通告的路由信息在 BGP 路由表中用 [?] 表示，? 表示 INCOMPLETE。

```
R1#show  ip bgp
BGP table version is 7, local router ID is 1.1.1.1
Status codes: s suppressed, d damped, h history, * valid, > best, i - internal,
              S Stale, b - backup entry, m - multipath, f Filter, a additional-path
Origin codes: i - IGP, e - EGP, ? - incomplete

     Network         Next Hop          Metric       LocPrf     Weight Path
 *>  20.1.3.3/32     10.1.12.2         1                       0 200 ?
 *>  172.16.1.1/32   10.1.12.2         1                       0 200 ?
 *>  192.168.1.1/32  10.1.12.2         1                       0 200 ?
 *>  192.168.2.1/32  10.1.12.2         1                       0 200 ?

Total number of prefixes 4
R1#
```

在使用 redistribute 命令生成路由信息时，如果不配合使用 route-map，那么会将与 OSPF 相关的所有路由信息都重分布到 BGP 路由表中，建议配合使用 route-map，以减少 BGP 路由表中的路由条目。

6.3.2 BGP 路由信息传递规则

BGP 通过使用 network 命令和使用 redistribute 命令两种方式生成路由信息，BGP 将路由信息封装在 Update 报文中通告给对等体。BGP 对等体关系建立后开始通告路由信息。

在通告路由信息时，由于各种因素的影响，为了避免路由信息在通告过程中出现问题，通告路由信息需要遵守一定的规则。

当存在多条路径时，BGP 路由器只选取最优路径使用（没有负载分担的情况下）。

BGP 路由信息传递规则如下。

1. BGP 路由器仅将有效且最优路由信息传递给 BGP 对等体

如图 6-15 所示，存在多条有效路由信息，BGP 路由器仅将有效且最优路由信息传递给 BGP 对等体。

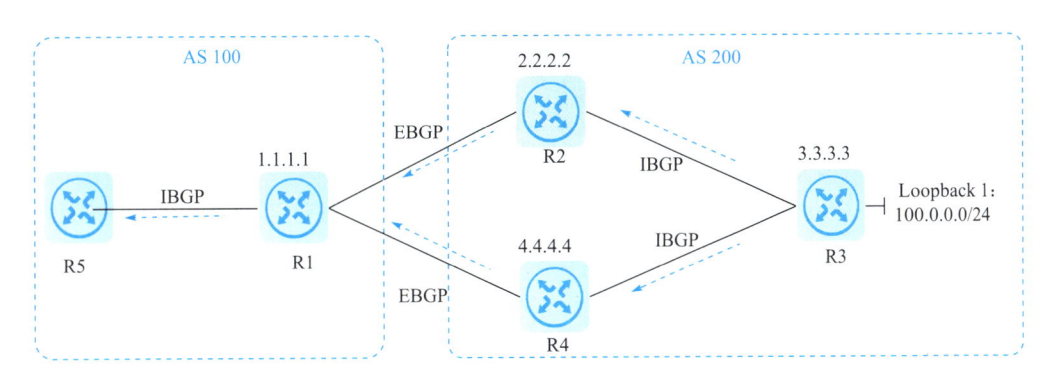

图 6-15 传递有效且最优路由信息

在 R3 上配置 Loopback 1 接口，并将该接口通告到 BGP 路由表中。

```
R3(config)#interface   loopback  1
R3(config-if-Loopback 1)#ip address    100.0.0.1  24
R3(config-if-Loopback 1)#exit
R3(config)#router   bgp   200
R3(config-router)#network    100.0.0.0   mask    255.255.255.0
R3(config-router)#exit
R3(config)#
```

在 R2 和 R4 上查看路由信息，此时能收到 R3 传递的路由信息，该路由信息因为是有效且最优的，所以会被传递给 R1。

```
R2#show   ip  bgp
BGP  table  version  is  2,  local  router  ID  is  2.2.2.2
Status  codes:  s  suppressed,  d  damped,  h  history,  *  valid,  >  best,  i - internal,
```

```
                S Stale, b - backup entry, m - multipath, f Filter, a additional-path
Origin codes: i - IGP, e - EGP, ? - incomplete

    Network          Next Hop           Metric       LocPrf       Weight Path
*>i 100.0.0.0/24     10.1.3.3           0            100          0      i

Total number of prefixes 1
R2#


R4#show   ip bgp
BGP table version is 2, local router ID is 4.4.4.4
Status codes: s suppressed, d damped, h history, * valid, > best, i - internal,
                S Stale, b - backup entry, m - multipath, f Filter, a additional-path
Origin codes: i - IGP, e - EGP, ? - incomplete

    Network          Next Hop           Metric       LocPrf       Weight Path
*>i 100.0.0.0/24     10.1.3.3           0            100          0      i

Total number of prefixes 1
R4#
```

R1 收到 100.0.0.0/24 的路由信息，由于存在多条路径且没有负载分担，因此 BGP 路由器只选取最优路径，即 R2 传递的路由信息访问目的地址。

```
R1#show   ip bgp
BGP table version is 2, local router ID is 1.1.1.1
Status codes: s suppressed, d damped, h history, * valid, > best, i - internal,
                S Stale, b - backup entry, m - multipath, f Filter, a additional-path
Origin codes: i - IGP, e - EGP, ? - incomplete

    Network          Next Hop      Metric    LocPrf     Weight Path
*b  100.0.0.0/24     10.1.14.4     0                    0 200 i
*>                   10.1.12.2     0                    0 200 i

Total number of prefixes 1
R1#
```

R1 将 BGP 路由表中的有效且最优路由信息传递给 R5，R5 能收到 100.0.0.0/24 的路由信息，但由于这条路由信息不是最优的，因此不能将这条路由信息加载到 IP 路由表中。

```
R5#show   ip bgp
BGP table version is 1, local router ID is 5.5.5.5
Status codes: s suppressed, d damped, h history, * valid, > best, i - internal,
```

```
                    S Stale, b - backup entry, m - multipath, f Filter, a additional-path
Origin codes: i - IGP, e - EGP, ? - incomplete


      Network         Next Hop            Metric         LocPrf         Weight Path
 * i  100.0.0.0/24    10.1.12.2           0              100            0 200 i


Total number of prefixes 1
R5#
```

如上所示，R5 收到的路由信息是有效但不优的，BGP 路由器不使用不优路由信息，要确保路由信息是有效且最优的，还需要确保下一跳地址的路由信息可达。在 R5 上收到的 R1 传递的路由信息的下一跳地址是 10.1.12.2，由于此地址在 R5 上显示为不可达，因此不是最优的。

以上情况可以通过命令修改下一跳地址为本地地址，在 R1 上配置如下命令，把路由信息的下一跳地址改为 10.1.15.1，修改后在 R5 上查看路由信息可以发现，该路由信息为有效且最优的。因此，BGP 路由信息能被加载到 IP 路由表中。

```
R1(config)#router  bgp  100
R1(config-router)#neighbor   10.1.15.5 next-hop-self
R1(config-router)#exit
R1(config)#

R5#show   ip bgp
BGP table version is 2, local router ID is 5.5.5.5
Status codes: s suppressed, d damped, h history, * valid, > best, i - internal,
              S Stale, b - backup entry, m - multipath, f Filter, a additional-path
Origin codes: i - IGP, e - EGP, ? - incomplete


      Network         Next Hop            Metric         LocPrf         Weight Path
 *>i  100.0.0.0/24    10.1.15.1           0              100            0 200 i


Total number of prefixes 1
R5#


R5#show  ip route  bgp
B       100.0.0.0/24 [200/0] via 10.1.15.1, 00:02:27
R5#
```

2. EBGP 对等体将接收的路由信息传递给 IBGP 对等体和 EBGP 对等体

如图 6-16 所示，在 R4 上配置 Loopback 1 接口，并将该接口通告到 BGP 路由表中。

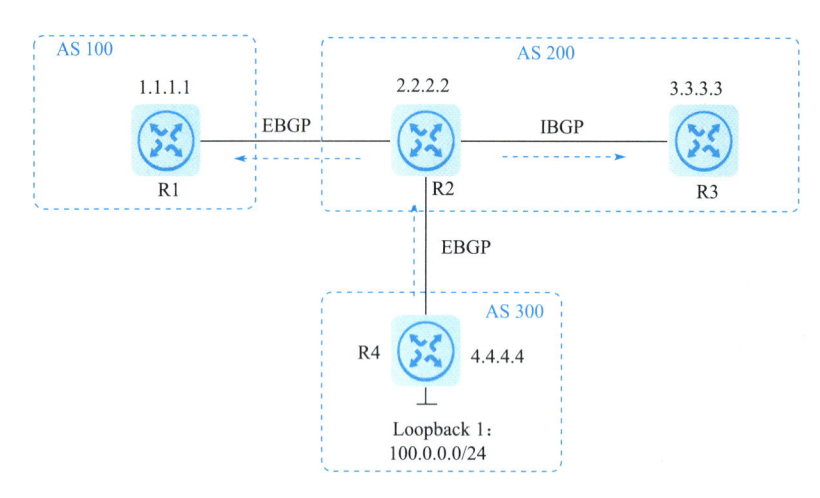

图 6-16 EBGP 对等体接收路由信息

R4 通告路由信息传递给 R2，R2 将从 EBGP 对等体接收的路由信息传递给 IBGP 对等体和 EBGP 对等体。

```
R4(config)#interface   loopback 1
R4(config-if-Loopback 1)#ip address   100.0.0.1 24
R4(config-if-Loopback 1)#exit
R4(config)#router   bgp 300
R4(config-router)#network   100.0.0.0 mask   255.255.255.0
R4(config-router)#exit
R4(config)#

R2#show   ip bgp
BGP table version is 2, local router ID is 2.2.2.2
Status codes: s suppressed, d damped, h history, * valid, > best, i - internal,
              S Stale, b - backup entry, m - multipath, f Filter, a additional-path
Origin codes: i - IGP, e - EGP, ? - incomplete

     Network          Next Hop         Metric      LocPrf      Weight Path
*>   100.0.0.0/24     10.1.24.4        0                       0 300 i


Total number of prefixes 1
R2#
```

如上所示，因为 R2 收到的路由信息是有效且最优的，所以 R2 会将该路由信息传递给 IBGP 对等体和 EBGP 对等体。

```
R1#show   ip bgp
BGP table version is 2, local router ID is 1.1.1.1
Status codes: s suppressed, d damped, h history, * valid, > best, i - internal,
              S Stale, b - backup entry, m - multipath, f Filter, a additional-path
```

```
Origin codes: i - IGP, e - EGP, ? - incomplete

    Network          Next Hop          Metric      LocPrf     Weight Path
*>  100.0.0.0/24     10.1.12.2         0                      0 200 300 i

Total number of prefixes 1
R1#


R3#show   ip bgp
BGP table version is 2, local router ID is 3.3.3.3
Status codes: s suppressed, d damped, h history, * valid, > best, i - internal,
              S Stale, b - backup entry, m - multipath, f Filter, a additional-path
Origin codes: i - IGP, e - EGP, ? - incomplete

    Network          Next Hop          Metric      LocPrf     Weight Path
*>i 100.0.0.0/24     10.1.23.2         0           100        0 300 i

Total number of prefixes 1
R3#
```

3. IBGP 对等体只将接收的路由信息传递给 EBGP 对等体，不传递给 IBGP 对等体（避免循环，IBGP 水平分割）

如图 6-17 所示，R2 分别和 R3、R1 建立 IBGP 对等体关系，R2 和 R4 建立 EBGP 对等体关系，R2 只将接收的 R3 传递的路由信息通告给 R4。

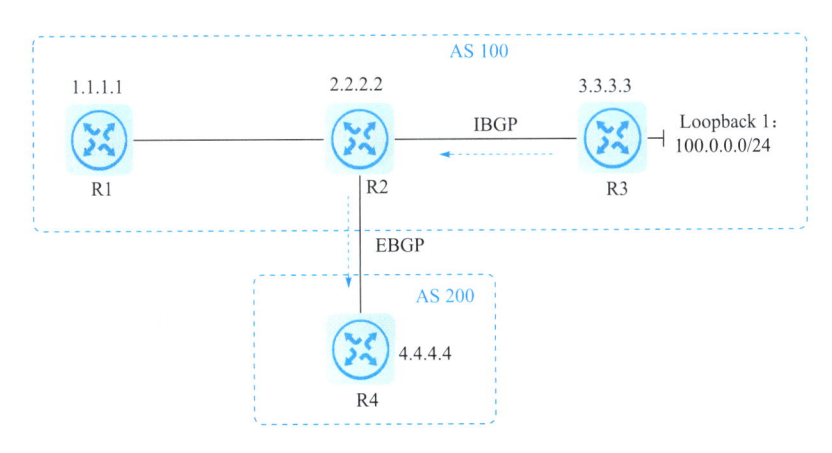

图 6-17 通过 IBGP 对等体接收路由信息

在 R3 上配置 Loopback 1 接口，并将该接口通告到 BGP 路由表中。

```
R3(config)#interface   loopback 1
R3(config-if-Loopback 1)#ip address   100.0.0.1 24
R3(config-if-Loopback 1)#exit
```

```
R3(config)#router  bgp   100
R3(config-router)#network  100.0.0.0 mask  255.255.255.0
R3(config-router)#exit
R3(config)#


R2#show   ip bgp
BGP table version is 2, local router ID is 2.2.2.2
Status codes: s suppressed, d damped, h history, * valid, > best, i - internal,
              S Stale, b - backup entry, m - multipath, f Filter, a additional-path
Origin codes: i - IGP, e - EGP, ? - incomplete

     Network          Next Hop          Metric     LocPrf     Weight Path
*>i 100.0.0.0/24      10.1.3.3          0          100        0      i

Total number of prefixes 1
R2#
```

如上所示，R3 通告的 BGP 路由信息传递给 IBGP 对等体 R2，R2 根据传递规则，将 BGP 路由信息传递给 EBGP 对等体 R4，不传递给 IBGP 对等体 R1。

```
R4#show   ip bgp
BGP table version is 2, local router ID is 4.4.4.4
Status codes: s suppressed, d damped, h history, * valid, > best, i - internal,
              S Stale, b - backup entry, m - multipath, f Filter, a additional-path
Origin codes: i - IGP, e - EGP, ? - incomplete

     Network          Next Hop          Metric     LocPrf     Weight Path
*>   100.0.0.0/24     10.1.24.2         0                     0 100 i

Total number of prefixes 1
R4#


R4#show   ip route  bgp
B     100.0.0.0/24 [20/0] via 10.1.24.2, 00:02:38
R4#
```

问题与思考

1. 与 IGP 相比，BGP 的优势为（   ）。

    A．可以跨 3 层设备建立对等体关系　　B．可以承载更多的路由条目
    C．更适合在同一个 AS 内使用　　　　D．可以更灵活地配置选路原则

2. 以下不属于 BGP 报文的是（　　）。
   A．IIH   B．Update
   C．Route-Refresh   D．Notification
3. BGP 对等体之间处于（　　）状态表示连接已建立。
   A．Active   B．Idle   C．OpenConfirm   D．Established
4. BGP 路由器在传递路由信息时，以下说法错误的是（　　）。
   A．EBGP 对等体会将收到的路由信息通告给所有 BGP 对等体
   B．EBGP 对等体不会将收到的路由信息通告给 EBGP 对等体
   C．IBGP 对等体会默认将收到的路由信息通告给 EBGP 对等体
   D．IBGP 对等体不会将收到的路由信息通告给 IBGP 对等体
5. BGP 发送 Keepalive 报文的默认周期是（　　）秒。
   A．30   B．180   C．150   D．60
6. 以下会导致 BGP 对等体关系无法建立的情况是（　　）。
   A．两个 IBGP 对等体是非物理直连的
   B．在全互联的 IBGP 对等体中开启了 BGP 同步功能
   C．在两个 BGP 对等体之间配置禁止所有 TCP 连接的 ACL
   D．两个 BGP 对等体之间的更新时间不一致
7. 当 BGP 的有限状态为 Connect 时，如果 TCP 连接建立成功，那么会进入（　　）状态。
   A．Active   B．OpenSent
   C．OpenConfirm   D．Established

第 7 章　BGP 路径属性

> 【学习目标】

每条路由信息都携带多种路径属性，这些路径属性描述了路由信息的不同特征，将影响 BGP 选路，最终影响数据报文的转发，实现 IGP 无法实现的精准路径控制功能。

学习完本章内容应能够：
- 了解 BGP 路径属性分类
- 掌握 BGP 常用路径属性
- 掌握 BGP 公认路径属性与 BGP 可选路径属性的区别

> 【知识结构】

本章主要介绍 BGP 路径属性，内容包括 BGP 公认路径属性、BGP 可选路径属性及 BGP 常用路径属性等。

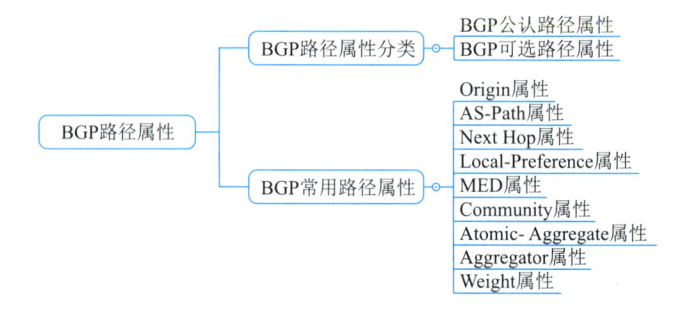

```
                          ┌─ BGP公认路径属性
              ┌─BGP路径属性分类─┤
              │           └─ BGP可选路径属性
              │
              │            ┌─ Origin属性
              │            ├─ AS-Path属性
              │            ├─ Next Hop属性
BGP路径属性─┤            ├─ Local-Preference属性
              │            ├─ MED属性
              └─BGP常用路径属性─┤
                           ├─ Community属性
                           ├─ Atomic-Aggregate属性
                           ├─ Aggregator属性
                           └─ Weight属性
```

7.1　BGP 路径属性分类

路径属性是一组用于描述 BGP 前缀特性的参数。由于 BGP 首先是一个路由选择策略工具，因此 BGP 在影响选路时，广泛地使用了路径属性。在设计一个 BGP 路由选择体系结构时，有效地利用路径属性是十分关键的。

BGP 根据路径属性可以选择最优路径，可以手动设置路径属性，以便执行选路原则。

BGP 路径属性分类如表 7-1 所示。

表 7-1 BGP 路径属性分类

BGP 公认路径属性（Well-Known）	公认必遵属性（Well-Known Mandatory）	BGP 必须能识别全部该属性，且在更新消息时包含全部该属性	Origin AS-Path Next Hop
	公认自决属性（Well-Known Discretionary）	BGP 必须能识别全部该属性，在更新消息时既可包含该属性又可不包含该属性	Local-Preference Atomic-Aggregate
BGP 可选路径属性（Optional）	可选可传递属性（Optional Transitive）	可以不支持该属性，但即使不支持该属性，也应当接受包含该属性的路由信息并将其传递给其他对等体	Community Aggregator
	可选不可传递属性（Optional Non-Transitive）	可以不支持该属性，不识别的 BGP 进程忽略包含该属性的更新消息，且不传递给其他 BGP 对等体	MED Originator ID Cluster List Weight

7.1.1 BGP 公认路径属性

BGP 公认路径属性是指 BGP 在传递路由信息时所有 BGP 路由器都可以识别的属性。如果缺少 BGP 公认路径属性，那么传递的路由信息就会出错。BGP 公认路径属性可以分为公认必遵属性和公认自决属性两种。

1. 公认必遵属性

任何一台 BGP 路由器都必须支持公认必遵属性，且在将路由信息发送给其他 BGP 对等体时，必须在路由信息中写入公认必遵属性。公认必遵属性是被强制写入路由信息的。一条不带公认必遵属性的路由信息会被 BGP 路由器丢弃，一个不支持公认必遵属性的 BGP 路由器是不正常的。公认必遵属性有 Origin 属性、AS-Path 属性和 Next Hop 属性，如下所示（Origin 属性在 Path 属性右侧显示，并未显示在下面的代码中）。

```
R2#show  ip bgp
BGP table version is 2, local router ID is 2.2.2.2
Status codes: s suppressed, d damped, h history, * valid, > best, i - internal,
              S Stale, b - backup entry, m - multipath, f Filter, a additional-path
Origin codes: i - IGP, e - EGP, ? - incomplete

     Network          Next Hop            Metric     LocPrf     Weight Path
 *>  192.168.1.0      10.0.12.1              0                    0 100 i


Total number of prefixes 1
R2#
```

2. 公认自决属性

所有 BGP 路由器都可以识别公认自决属性，但不要求公认自决属性必须存在于 Update 报文中，可以根据具体情况决定是否应将公认自决属性添加到 Update 报文中。对于公认自决属性是否需要被加载到 BGP 路由表中，可以自行决定。决定公认自决属性之后，所有 BGP 路由器都能自动保留和传递该属性。公认自决属性有 Local-Preference 属性和 Atomic-Aggregate 属性。Local-Preference 属性常用于选路应用场景下，如下所示；而 Atomic-Aggregate 属性常用于 BGP 路由信息汇总应用场景下。

```
R2#show  ip bgp
BGP table version is 2, local router ID is 2.2.2.2
Status codes: s suppressed, d damped, h history, * valid, > best, i - internal,
              S Stale, b - backup entry, m - multipath, f Filter, a additional-path
Origin codes: i - IGP, e - EGP, ? - incomplete

     Network          Next Hop          Metric       LocPrf       Weight Path
*>   192.168.1.0      10.0.12.1         0                         0 100 i


Total number of prefixes 1
R2#
```

7.1.2 BGP 可选路径属性

BGP 可选路径属性是指 BGP 在传递路由信息时不要求所有 BGP 路由器都能识别的属性。BGP 可选路径属性可以分为可选可传递属性和可选不可传递属性两种。

1. 可选可传递属性

BGP 路由器可以选择是否在 Update 报文中携带可选可传递属性。接收的路由器如果不识别这种属性，那么可以转发给相邻的路由器，相邻的路由器可能会识别并使用到这种属性。可选可传递属性有 Community 属性、Aggregator 属性。

Community 属性用于限定路由信息的传播范围，同时用于通过打标记的方式对路由信息进行统一管理。如下所示，Community：10:1 可用作打标记，只会对收到携带 10:1 的 Community 属性的路由信息进行下一步处理。

```
R2#show  ip bgp  192.168.1.0
BGP routing table entry for 192.168.1.0/24(#0x7fb5af320b30)
Paths: (1 available, best #1, table Default-IP-Routing-Table)
  Advertised to update-groups:
  1
```

```
   100
      10.0.12.1 from 10.0.12.1 (1.1.1.1)
         Origin IGP, metric 0, localpref 100, valid, external, best
         Community: 10:1
         Last update: Thu Nov 9 09:51:43 2023
         RX ID: 0,TX ID: 0
R2#
```

Aggregator 属性在执行 BGP 路由信息汇总时记录 Router ID，用来表明该路由信息是从哪台 BGP 路由器开始进行 BGP 路由信息汇总的。

```
R2#show   ip bgp   192.168.1.0
BGP routing table entry for 192.168.1.0/24(#0x7f3f90bf3ee8)
Paths: (1 available, best #1, table Default-IP-Routing-Table)
  Advertised to update-groups:
  1

  100, (aggregated by 200 2.2.2.2)
     0.0.0.0 from 0.0.0.0 (2.2.2.2)
        Origin IGP, localpref 100, weight 32768, valid, aggregated, local, best
        Last update: Thu Nov 9 09:51:43 2023
        RX ID: 0,TX ID: 0
R2#
```

2. 可选不可传递属性

BGP 路由器可以选择是否在 Update 报文中携带可选不可传递属性。在整个路由信息发布的路径中，如果部分路由器不识别这种属性，那么可能导致这种属性无法发挥效用。因此，接收的路由器如果不识别这种属性，那么将丢弃这种属性，不会再将这种属性转发给相邻的路由器。可选不可传递属性有 MED 属性、Originator ID 属性、Cluster List 属性、Weight 属性。

MED 属性即路由信息中的 Metric，是被设计用来影响在多个下一跳都为 EBGP 时的选路。因为在多个下一跳都为 IBGP 时，建议使用 Local-Preference 属性；而在多个下一跳都为 EBGP 时，则建议使用 MED 属性。因为 MED 属性即路由信息中的 Metric，所以多条路径中拥有最小 MED 属性的值的路径会被优先使用。MED 属性的值默认为 0，如下所示。

```
R2#show   ip bgp
BGP table version is 3, local router ID is 2.2.2.2
Status codes: s suppressed, d damped, h history, * valid, > best, i - internal,
              S Stale, b - backup entry, m - multipath, f Filter, a additional-path
Origin codes: i - IGP, e - EGP, ? - incomplete
```

```
                Network          Next Hop            Metric     LocPrf       Weight Path
    *>  192.168.1.0         10.0.12.1              0                          0 100 i


    Total number of prefixes 1
    R2#
```

7.2 BGP 常用路径属性

7.2.1 Origin 属性

Origin 属性用于标识路由信息的来源，在路由信息产生时会自动设置。路由器之间建立 BGP 对等体之后，对等体之间只能相互传递 BGP 路由表中的路由信息。在初始状态下，BGP 路由表为空，没有任何路由信息，要让 BGP 传递相应的路由信息，必须先将该路由信息导入 BGP 路由表。

在默认情况下，任何路由信息都不会自动进入 BGP 路由表，只能手动导入。路由信息进入 BGP 路由表的方式会被记录在路由条目中，这被称为 Origin 属性。

Origin 属性用于反映路由信息如何被导入 BGP 路由表。Origin 属性分类如表 7-2 所示。

表 7-2 Origin 属性分类

属性	路由表中的标记	说明
IGP	i	路由信息是使用 network 命令导入 BGP 路由表的
EGP	e	路由信息是通过 EGP 获得的（由于目前无其他 EGP，因此基本看不到标记为 e 的路由信息）
INCOMPLETE	?	路由信息是使用 redistribute 命令导入 BGP 路由表的

（1）路由器上默认有 IGP 路由表，通过在路由器上使用 show ip route 命令可以查看这些 IGP 路由表。在 BGP 进程中使用 network 命令，即可将 IGP 路由表中的相应路由信息导入 BGP 路由表，且需要指定掩码，只有 network 命令后面的网段和掩码在 IGP 路由表中能找到，才能导入 BGP 路由表，不能通过这种方式将一条不存在的路由信息凭空导入 BGP 路由表。通过 network 命令导入 BGP 路由表的路由信息的 Origin 属性为 IGP。

（2）BGP 可以从 EGP 中获得路由信息，但由于 EGP 已经被 BGP 取代，因此很难遇见 EGP，从 EGP 中获得的路由信息的 Origin 属性为 EGP。

（3）除了可以通过 IGP 和 EGP 将路由信息导入 BGP 路由表，还可以通过 INCOMPLETE 将路由信息重分布到 BGP 路由表中。

若去往的同一网段存在多条不同 Origin 属性的路由信息,则在其他条件相同时,Origin 属性的选路原则为 IGP>EGP>INCOMPLETE,IGP 路由信息优先被导入 IP 路由表。配置 Origin 属性如图 7-1 所示。

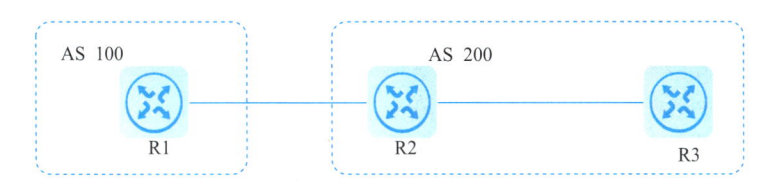

图 7-1　配置 Origin 属性

如下所示,R2 同时收到 R1 和 R3 传递的 192.168.1.0/24 的目标路由信息,根据 BGP 选路原则,R2 优选将 IGP 路由信息导入 IP 路由表。

```
R2#show   ip bgp
BGP table version is 2, local router ID is 2.2.2.2
Status codes: s suppressed, d damped, h history, * valid, > best, i - internal,
              S Stale, b - backup entry, m - multipath, f Filter, a additional-path
Origin codes: i - IGP, e - EGP, ? - incomplete

     Network          Next Hop          Metric       LocPrf      Weight Path
*    192.168.1.0      10.1.23.3         0                        0 200 ?
*b                    10.1.24.4         0                        0 300 e
*>i                   10.0.1.1          0            100         0 i

Total number of prefixes 1
R2#

R2#show   ip bgp  192.168.1.0
BGP routing table entry for 192.168.1.0/24(#0x7f3c62413430)
Paths: (3 available, best #3, table Default-IP-Routing-Table)
  Advertised to update-groups:
  2

  200
    10.1.23.3 from 10.1.23.3 (3.3.3.3)
      Origin incomplete, metric 0, localpref 100, valid, external
      Last update: Wed Aug 23 08:25:30 2023
      RX ID: 0,TX ID: 0

  300
    10.1.24.4 from 10.1.24.4 (4.4.4.4)
      Origin EGP, metric 0, localpref 100, valid, external, backup
```

```
                Last update: Wed Aug 23 08:25:30 2023
                RX ID: 0,TX ID: 0

    Local
        10.0.1.1 from 10.0.1.1 (1.1.1.1)
            Origin IGP, metric 0, localpref 100, valid, internal, best
            Last update: Wed Aug 23 08:25:30 2023
            RX ID: 0,TX ID: 0
    R2#

    R2#show  ip route  bgp
    B    192.168.1.0/24 [200/0] via 10.0.1.1, 00:22:08
    R2#
```

7.2.2 AS-Path 属性

AS-Path 属性为公认必遵属性，用于描述到达目标网络所要经过的 AS 编号序列，作用是避免不同 AS 之间产生环路。如图 7-2 所示，每个 AS 传递的路由信息都携带对应的 AS-Path 属性。

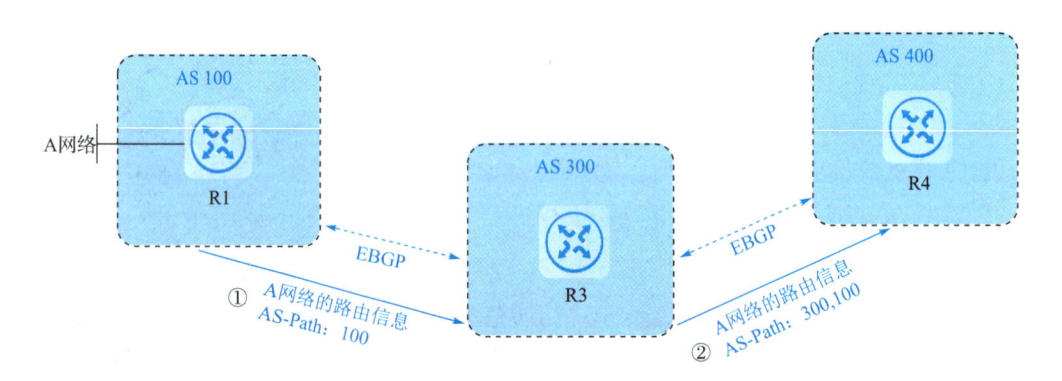

图 7-2 AS-Path 属性的拓扑结构

若去往的同一网段存在多条不同 AS-Path 属性的路由信息，则在其他条件相同时，BGP 选路原则是，优选将 AS-Path 属性最短的路由信息导入 IP 路由表。

AS-Path 属性是去往目标网络的路由信息经过的自制系统号列表，通告路由信息的 AS 编号位于列表末尾的 Path 字段中，如下所示。

```
R2#show  ip bgp
BGP table version is 2, local router ID is 2.2.2.2
Status codes: s suppressed, d damped, h history, * valid, > best, i - internal,
              S Stale, b - backup entry, m - multipath, f Filter, a additional-path
```

```
Origin codes: i - IGP, e - EGP, ? - incomplete
   Network          Next Hop         Metric      LocPrf       Weight Path
*  192.168.1.0      10.1.23.3        0                        0 200 ?
*>                  10.1.24.4        0                        0 300 ?
Total number of prefixes 1
R2#
```

AS-Path 属性的作用如下。

（1）路由器在将路由信息通告给 EBGP 对等体时会加上自己的 AS 编号。

（2）使用 AS-Path 属性可以避免不同 AS 之间产生环路。

（3）BGP 路由器在向 EBGP 对等体传递路由信息时，会在 AS-Path 属性的最左侧添加自己的 AS 编号。

（4）BGP 路由器在向 IBGP 对等体传递路由信息时，AS-Path 属性不会改变。

（5）BGP 路由器收到 EBGP 对等体传递的路由信息时，会检查 AS-Path 属性，如果发现自己的 AS 编号，那么会丢弃传递过来的路由信息。

不同 AS 之间的防环是通过 AS-Path 属性实现的，如图 7-3 所示。由于 AS-Path 属性仅在路由信息离开 AS 时才会被更改，因此在不同 AS 内，IBGP 对等体没有 EBGP 对等体的防环机制，为了防止产生环路，BGP 路由器不会将通过 IBGP 对等体传递的路由信息通告给其他 IBGP 对等体。

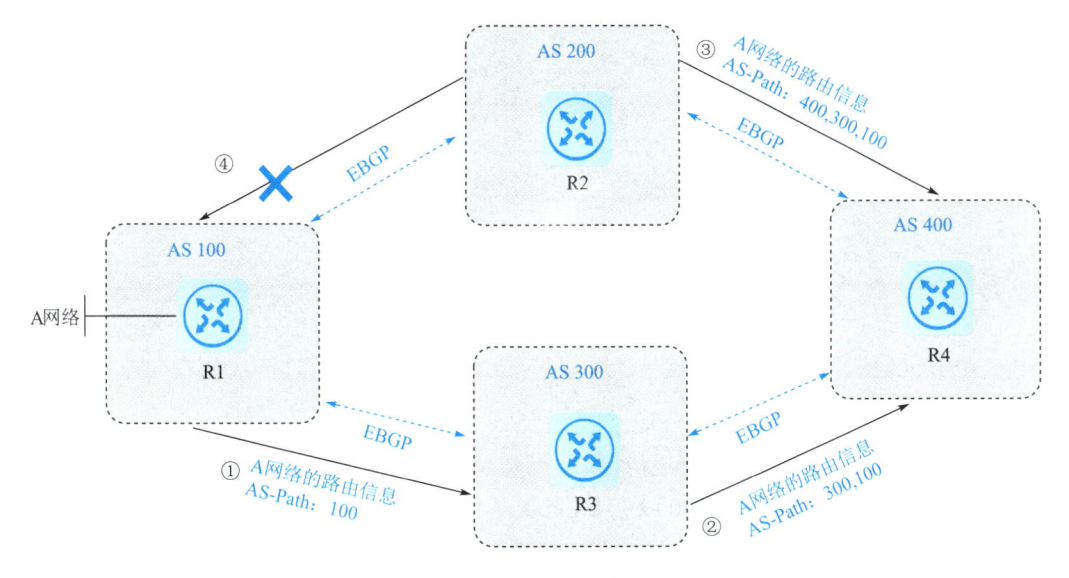

图 7-3 AS-Path 属性防环

as-set 在比较 AS-Path 属性的值时以整体来计算，如 AS-Path=100,200 与 AS-Path={100,200},300 表示 AS-Path 属性是一样长的。

AS-Path 属性分类如表 7-3 所示。

表 7-3 AS-Path 属性分类

类型	说明
AS_SEQENCE	一个有序的 AS 编号列表
AS_CONFED_SEQUENCE	与 AS_SEQENCE 的用法类似，区别在于 AS_CONFED_SEQUENCE 中的 AS 编号属于本地联盟中的 AS 编号
as-set	一个去往特定目的地所经路径的 AS 编号列表，如汇总路由信息中添加的明细路由信息的 AS-Path 属性
AS_CONFED_SET	与 as_set 的用法类似，区别在于 AS_CONFED_SET 中的 AS 编号属于本地联盟内部的 AS 编号

AS-Path 属性默认的类型是 AS_SEQENCE，进行 BGP 路由信息汇总后会丢失部分 AS-Path 属性。在 BGP 路由信息汇总时，可以加上 as-set，使丢失的部分 AS-Path 属性以 as-set 的形式被添加到 AS-Path 属性中。

如图 7-4 所示，在 R1 上通告 192.168.10.0/24 的路由信息，并在将该路由信息传递给 EBGP 对等体 R3 时携带 AS 100，R3 在将该路由信息传递给 R2 时添加 AS 200，以此类推，每经过一个 AS 便添加一个 AS 编号。

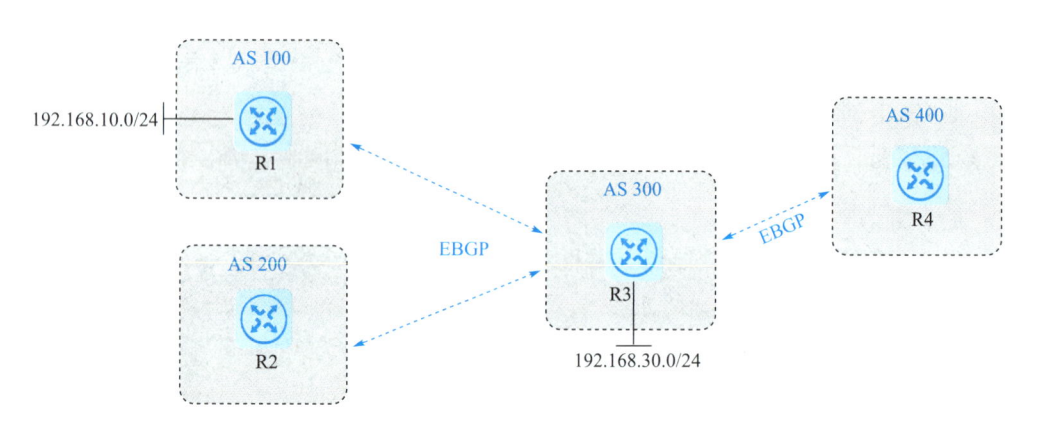

图 7-4 配置 AS-Path 属性

按 AS-Path 属性顺序记录起始 AS 编号并显示在最右侧，同时依次从右向左记录经过 AS 的 BGP 路由信息。

验证 R1 通告 192.168.10.0/24 的路由信息传递给 R4，在 R4 上查看 BGP 路由表，显示该路由信息携带 AS 编号为【300 100】，此类 AS-Path 属性的类型为 AS_SEQENCE。

```
R4#show ip bgp
BGP table version is 10, local router ID is 4.4.4.4
Status codes: s suppressed, d damped, h history, * valid, > best, i - internal,
              S Stale, b - backup entry, m - multipath, f Filter, a additional-path
Origin codes: i - IGP, e - EGP, ? - incomplete

    Network          Next Hop            Metric     LocPrf     Weight Path
```

```
*>   192.168.10.0      10.1.34.3                0                       0 300 100 i
*>   192.168.30.0      10.1.34.3                0                       0 300 i


Total number of prefixes 2
R4#
```

7.2.3 Next Hop 属性

Next Hop 属性是公认必遵属性，用于指定到达目标网络的下一跳地址。

从 BGP 的角度来看，Next Hop 属性定义了到达某个前缀的下一跳地址。这并不意味着下一跳地址必须是直连的。如果下一跳地址不是直连的，那么需要在 RIB 中进行递归路由信息查找。

前缀必须先有可达的下一跳地址，这样在 BGP 选路过程中才会考虑这个前缀。换句话说，下一跳地址必须是 RIB 中某个前缀，包括 0.0.0.0/0。下一跳地址属性通常在 3 个位置设置，每条路由信息在通告时都有下一跳地址，如图 7-5 所示。

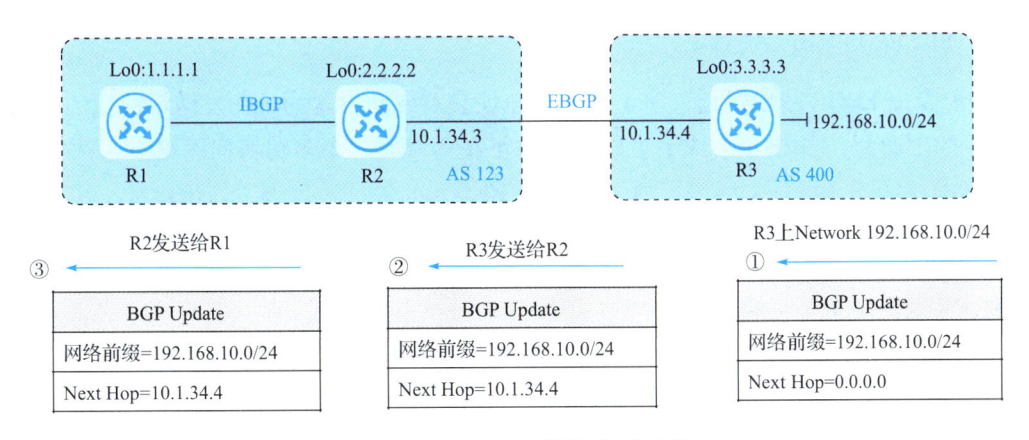

图 7-5 Next Hop 属性的拓扑结构

如下所示，每条路由信息都携带对应的 Next Hop 属性。

```
R1#show ip bgp
BGP table version is 5, local router ID is 1.1.1.1
Status codes: s suppressed, d damped, h history, * valid, > best, i - internal,
              S Stale, b - backup entry, f Filter
Origin codes: i - IGP, e - EGP, ? - incomplete
   Network          Next Hop      Metric     LocPrf     Weight    Path
*>  10.1.1.1/32     0.0.0.0         0                    32768    i
*>i 20.1.1.1/32     3.3.3.3         0         100          0      i
*  i 40.1.1.1/32    10.1.34.4       0         100          0      400 i
R1#
```

1. 当前设备注入前缀

当前缀一开始被注入 BGP 时，BGP 的下一跳地址由注入该前缀的 BGP 路由器设置。下一跳地址的确定依赖于前缀被注入 BGP 的方式。

（1）如果前缀是通过 aggregate-address 命令被注入的，那么 BGP 的下一跳地址就是进行路由信息汇总的 BGP 路由器发送报文的接口。

（2）如果前缀是通过 network/redistribute 命令被注入的，那么注入前的 IGP 的下一跳地址就成了 BGP 的下一跳地址。

例如，如果一条 OSPF 前缀被重分布到 BGP 中，那么 BGP 的下一跳地址不是进行重分布的 BGP 路由器发送报文的接口，而是 OSPF 前缀原来的下一跳地址。在这样的情况下，进行重分布的路由器将 BGP 的下一跳地址重置为 BGP 路由器本身的地址。

（3）如果不存在 IGP 的下一跳地址（在路由信息指向 Null 0 接口的情况下等），那么下一跳地址就是 BGP 路由器本身的地址。如果本地 BGP 路由器的地址成了下一跳地址，那么 RIB 中的下一跳地址就是 0.0.0.0。出站更新数据包中的下一跳地址被设置为本地的 BGP 更新源地址。

2. 由 EBGP 路由器通告

当前缀由 EBGP 路由器通告时，下一跳地址会被自动设置为正在发送该前缀的 EBGP 对等体的 IP 地址。如果 3 个或更多的对等体正在共享同一个多路访问网络，那么正在通告的 BGP 路由器会把同一网段上原来的 BGP 路由器的地址设置为下一跳地址，这被叫作"第三方下一跳"。

3. 手动设置下一跳地址

通过路由映射或 next-hop-self 命令可以手动设置下一跳地址。注意，对于同一个 AS 内的 BGP 会话来说，在默认情况下，不会改变下一跳地址。

```
R2(config-router)#neighbor  10.1.1.1  next-hop-self        // 设置下一跳地址
```

7.2.4　Local–Preference 属性

Local-Preference（本地优先级）中的 Local 是指本 AS 或 AS 内，由此可以得出，Local-Preference 属性的传递范围为只在 AS 内有效，一条路由信息的 Local-Preference 属性只能在 AS 内传递，出了 AS 后就会被还原成默认值。

Local-Preference 属性在 BGP 对等体之间是自动传递的。只有在将路由信息发送给 IBGP 对等体时才会传递 Local-Preference 属性，而在将路由信息发送给 EBGP 对等体时，Local-Preference 属性的值为空。一条路由信息的 Local-Preference 属性在 AS 内的所有

BGP 路由器上都是完全相同的。Local-Preference 属性的默认值为 100，由此可以看出，一条路由信息在 AS 内的所有 BGP 路由器上的默认值都为 100。

Local-Preference 属性是公认自决属性，用于告知 AS 内的 BGP 路由器，哪条路径是离开本 AS 的最优路径。

若去往的同一网段存在多条不同 AS-Path 属性的路由信息，则在其他条件相同时，BGP 选路原则是，优选 Local-Preference 属性的值较大的路由信息。

如图 7-6 所示，检查 Local-Preference 属性在 EBGP 和 IBGP 之间的传递规则。

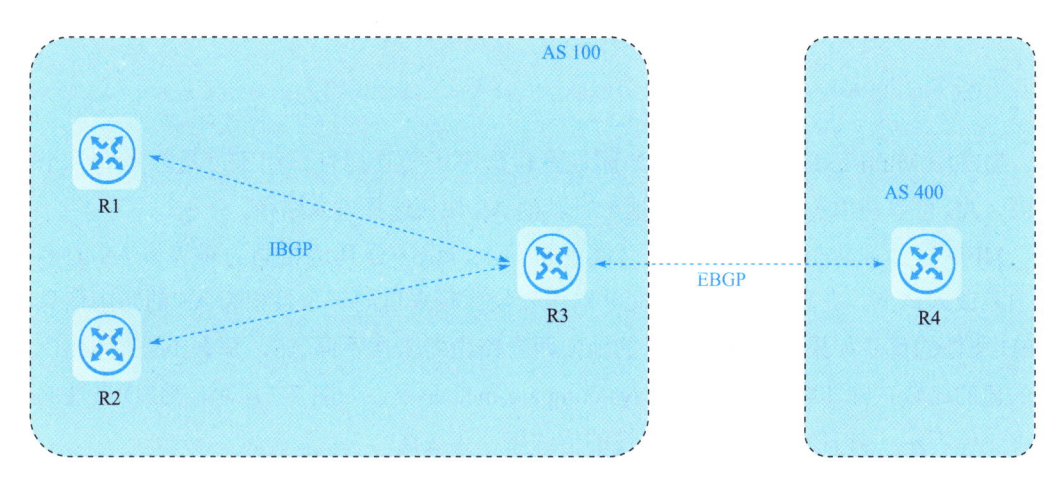

图 7-6 Local-Preference 属性的拓扑结构

路由信息的 Local-Preference 属性在 AS 内传递时携带默认值 100，在不同 AS 之间传递时不携带 Local-Preference 属性，即 Local-Preference 属性的值为空。

```
------------------IBGP 对等体之间的 Local-Preference 属性 ----------------------
R1#show  ip bgp
BGP table version is 2, local router ID is 1.1.1.1
Status codes: s suppressed, d damped, h history, * valid, > best, i - internal,
              S Stale, b - backup entry, m - multipath, f Filter, a additional-path
Origin codes: i - IGP, e - EGP, ? - incomplete

    Network          Next Hop            Metric     LocPrf     Weight Path
*>i 8.8.8.8/32       10.0.13.3                0        100          0 200 i


Total number of prefixes 1
R1#


------------------EBGP 对等体之间的 Local-Preference 属性 ----------------------
R3#show  ip bgp
BGP table version is 2, local router ID is 3.3.3.3
Status codes: s suppressed, d damped, h history, * valid, > best, i - internal,
```

```
            S Stale, b - backup entry, m - multipath, f Filter, a additional-path
Origin codes: i - IGP, e - EGP, ? - incomplete


    Network          Next Hop           Metric      LocPrf      Weight Path
*>  8.8.8.8/32       10.0.34.4          0                       0 200 i


Total number of prefixes 1
R3#
```

7.2.5　MED 属性

MED（Multi-Exit Discriminator）属性是可选不可传递属性，用于度量。当有多个入口时，AS 可以使用 MED 属性动态地影响其他 AS 如何选择进入路径。

MED 属性被典型用在不同 AS 之间的链路上，以区分到达相同的对等体 AS 的多个出口点或入口点。在默认情况下，BGP 路由器仅比较来自同一个且相邻 AS 的路由信息的 MED 属性的值。如果去往同一个目的地的两台路由器来自不同 AS，那么不进行 MED 属性的值的比较，除非配置了 bgp always-compare-med 命令。如图 7-7 所示，MED 属性的值由度量值表示，具有较小的 MED 属性的值的路径会被优选。

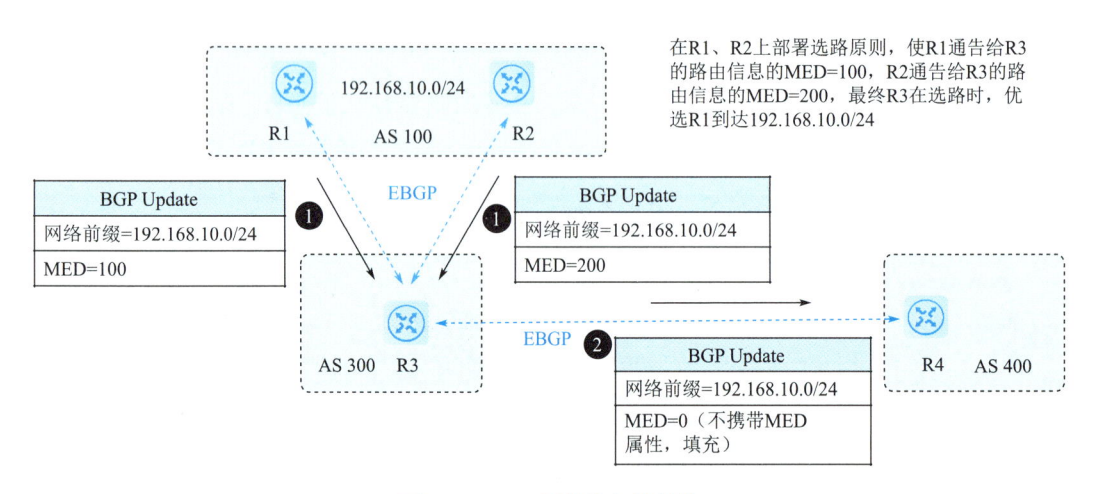

图 7-7　MED 属性的拓扑结构

一台 BGP 路由器在向 EBGP 对等体传递路由信息时，是否携带 MED 属性，需根据以下条件判断。如图 7-8 所示，验证 MED 属性的传递。

（1）如果路由信息是通过本地导入（通过 network/redistribute 命令导入）的，那么会将携带的 MED 属性的默认值发送给 EBGP 对等体。如果 BGP 路由信息是通过 IGP 路由协议导入的，那么 MED 属性继承 IGP 中 Metric 的值。如果 BGP 是通过直连路由信息/静态路由信息导入的，那么 MED 属性的值为 0。

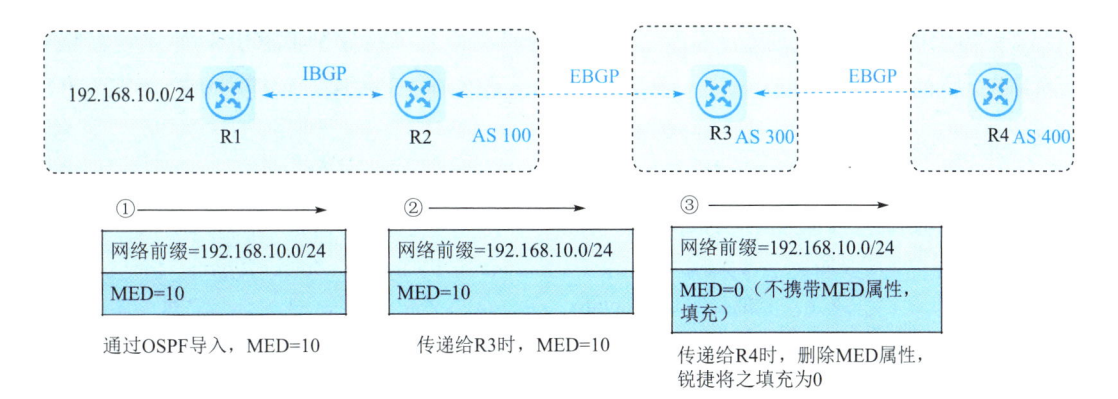

```
                IBGP              EBGP              EBGP
192.168.10.0/24 ←────→  ←────→  ←────→
        R1       R2  AS 100    R3 AS 300    R4 AS 400
```

① ──────────────→   ② ──────────────→   ③ ──────────────→

| 网络前缀=192.168.10.0/24 | 网络前缀=192.168.10.0/24 | 网络前缀=192.168.10.0/24 |
| MED=10 | MED=10 | MED=0（不携带MED属性，填充） |

通过OSPF导入，MED=10　　传递给R3时，MED=10　　传递给R4时，删除MED属性，锐捷将之填充为0

图 7-8　验证 MED 属性的传递

通过 network 命令导入路由信息，MED 属性的值为 0。

```
R3#show   ip bgp
BGP table version is 2, local router ID is 3.3.3.3
Status codes: s suppressed, d damped, h history, * valid, > best, i - internal,
              S Stale, b - backup entry, m - multipath, f Filter, a additional-path
Origin codes: i - IGP, e - EGP, ? - incomplete

    Network          Next Hop         Metric     LocPrf     Weight Path
*>  192.168.10.0     10.0.23.2        0                     0 100 i

Total number of prefixes 1
R3#
```

通过 redistribute 命令导入路由信息，MED 属性的值继承 IGP 中 Metric 的值。

```
R2(config)#router   bgp   100
R2(config-router)#redistribute   ospf   1   metric   10
R2(config-router)#exit
R2(config)#


R2#show   ip bgp
BGP table version is 5, local router ID is 2.2.2.2
Status codes: s suppressed, d damped, h history, * valid, > best, i - internal,
              S Stale, b - backup entry, m - multipath, f Filter, a additional-path
Origin codes: i - IGP, e - EGP, ? - incomplete

    Network           Next Hop         Metric     LocPrf     Weight Path
*>  192.168.10.1/32   10.0.12.1        10                    32768  ?

Total number of prefixes 1
R2#
```

（2）如果路由信息是通过 BGP 对等体传递的，那么在传递给 EBGP 对等体时默认不携带 MED 属性（体现 MED 属性的不可传递性，无法跨 AS 传递，锐捷会将之填充为 0）。

```
R4#show  ip bgp
BGP table version is 6, local router ID is 4.4.4.4
Status codes: s suppressed, d damped, h history, * valid, > best, i - internal,
              S Stale, b - backup entry, m - multipath, f Filter, a additional-path
Origin codes: i - IGP, e - EGP, ? - incomplete

     Network          Next Hop           Metric     LocPrf     Weight Path
*>   192.168.10.1/32  10.0.34.3          0                     0 300 100 ?


Total number of prefixes 1
R4#
```

（3）在向 IBGP 对等体传递路由信息时，MED 属性的值会被保留且传递。除非部署了选路原则，否则 MED 属性的值不会变。

```
R2#show  ip bgp
BGP table version is 12, local router ID is 2.2.2.2
Status codes: s suppressed, d damped, h history, * valid, > best, i - internal,
              S Stale, b - backup entry, m - multipath, f Filter, a additional-path
Origin codes: i - IGP, e - EGP, ? - incomplete

     Network          Next Hop           Metric     LocPrf     Weight Path
*>i  192.168.10.1/32  10.0.12.1          10         100        0      ?


Total number of prefixes 1
R2#
```

7.2.6　Community 属性

Community 属性被一组共享相同特性的前缀定义。多个团体可以应用到一个前缀上，每个团体的长度均为 4 字节。Community 属性包括以下两种。

Well-Known Communities（公认团体）属性：当收到带有此类 Community 属性的前缀时，对等体会自动根据预先定义的 Community 属性的意义采取操作，不需要额外的配置。

Private Communities（私有团体）属性：由管理员定义的 Community 属性，在不同 AS 的对等体之间，这些 Community 属性必须相互协调，必须明确地配置所采取的行为，Private Communities 属性的值在保留范围以外。

如图 7-9 所示，通过配置验证目前常用的 Well-Known Communities 属性。

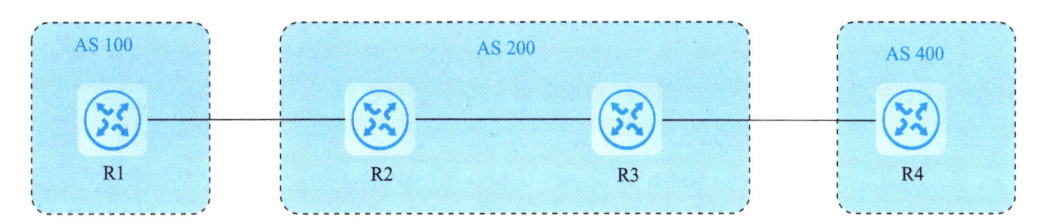

图 7-9 Community 属性的拓扑结构

1. No_Export 属性

携带 No_Export 属性的前缀不可以被通告给 EBGP 对等体，但可以被发送给同一个 BGP 联盟内部的成员 AS，如图 7-10 所示。

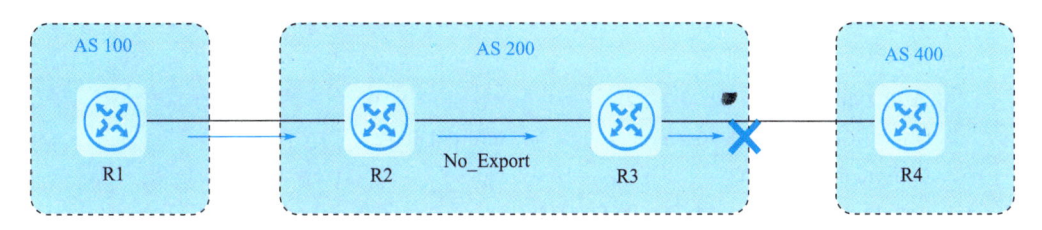

图 7-10 No_Export 属性的拓扑结构

如下所示，在 R3 上查看的 100.1.1.1 的路由信息不存在可以传递的对等体的信息。

```
R3#show  ip bgp  100.1.1.1
BGP routing table entry for 100.1.1.1/32(#0x7f291b3fdcf0)
Paths: (1 available, best #1, table Default-IP-Routing-Table, not advertised to EBGP 对等体 )
  Not advertised to any peer

  100
     10.0.23.2 from 10.0.23.2 (2.2.2.2)
       Origin IGP, metric 0, localpref 100, valid, internal, best
       Community: no-export
       Last update: Fri Sep  1 09:38:08 2023
       RX ID: 0,TX ID: 0
R3#
```

2. Local_AS 属性

携带 Local_AS 属性的前缀不会被通告到本地 AS 之外。在联盟的情况下，只有同一个成员 AS 内的对等体会被允许接收这类前缀。在非联盟的情况下，Local_AS 属性和 No_Export 属性被一样对待，如图 7-11 所示。

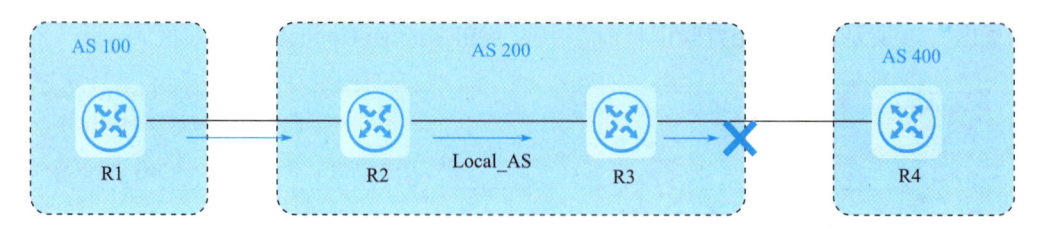

图 7-11 Local_AS 属性的拓扑结构

如下所示，携带 Local_AS 属性和携带 No_Export 属性的传递方式一致，不再向 EBGP 对等体通告。

```
R3#show  ip bgp  100.1.1.1
BGP routing table entry for 100.1.1.1/32(#0x7f291b3fdcf0)
Paths: (1 available, best #1, table Default-IP-Routing-Table, not advertised outside local AS)
  Not advertised to any peer

100
    10.0.23.2 from 10.0.23.2 (2.2.2.2)
      Origin IGP, metric 0, localpref 100, valid, internal, best
      Community: local-AS
      Last update: Fri Sep  1 09:40:16 2023
      RX ID: 0,TX ID: 0
R3#
```

3. No_Advertise 属性

携带 No_Advertise 属性的前缀不会被通告给任何对等体，包括 IBGP 对等体和 EBGP 对等体，如图 7-12 所示。

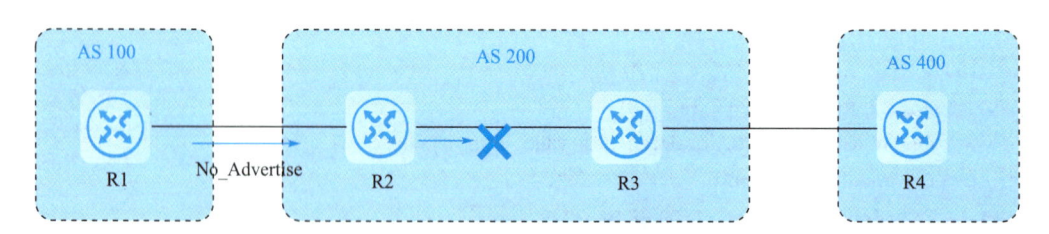

图 7-12 No_Advertise 属性的拓扑结构

如下所示，R2 收到的路由信息不再被传递给任何对等体。

```
R2#show ip bgp  100.1.1.1
BGP routing table entry for 100.1.1.1/32(#0x7f4921ffecf0)
Paths: (1 available, best #1, table Default-IP-Routing-Table, not advertised to any peer)
  Not advertised to any peer

100
```

```
    10.0.12.1 from 10.0.12.1 (1.1.1.1)
        Origin IGP, metric 0, localpref 100, valid, external, best
        Community: no-advertise
        Last update: Fri Sep  1 09:41:07 2023
        RX ID: 0,TX ID: 0
R2#
```

4. Internet 属性

可以向任何 BGP 对等体发送收到携带 Internet 属性的路由信息，在默认情况下，所有路由信息都携带 Internet 属性，如图 7-13 所示。

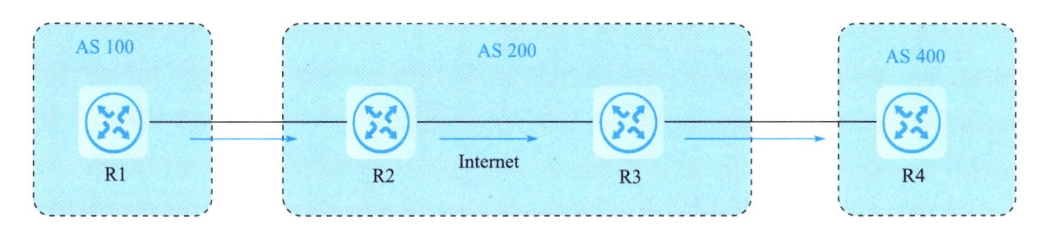

图 7-13　Internet 属性的拓扑结构

如下所示，只要路由器开启发送 Community 属性的功能，R2 收到的路由信息就能被传递给对等体。

```
R2#show ip bgp  100.1.1.1
BGP routing table entry for 100.1.1.1/32(#0x7f4921ffecf0)
Paths: (1 available, best #1, table Default-IP-Routing-Table)
   Advertised to update-groups:
   1 2

   100
    10.0.12.1 from 10.0.12.1 (1.1.1.1)
        Origin IGP, metric 0, localpref 100, valid, external, best
        Community: internet
        Last update: Fri Sep  1 08:58:38 2023
        RX ID: 0,TX ID: 0
R2#
```

Community 属性中常用的是 Private Communities 属性，使用 Private Communities 属性的主要目的是为前缀附加管理标记，以便制定合适的策略。Private Communities 属性使用 AS:number 格式，其中 AS 是指本地 AS 编号或对等体 AS 编号，而 number 是指本地分配的或与对等体 AS 协商分配的任意数值，用来表示可以应用策略的一组团体。Private Communities 属性不受限制，只要对等体之间开启发送 Community 属性的功能就可以传递，如图 7-14 所示。

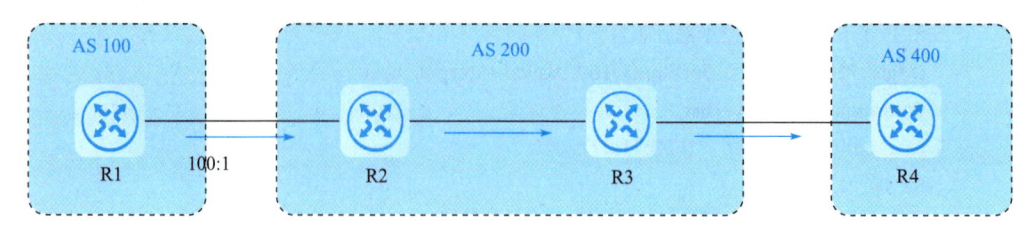

图 7-14 Community 属性的值为 100:1

如下所示，手动指定的 Community 属性的值 100:1，能被传递给所有对等体。

```
R2#show   ip bgp   100.1.1.1
BGP routing table entry for 100.1.1.1/32(#0x7f29223f6cf0)
Paths: (1 available, best #1, table Default-IP-Routing-Table)
  Advertised to update-groups:
  1 2

  100
  10.0.12.1 from 10.0.12.1 (1.1.1.1)
    Origin IGP, metric 0, localpref 100, valid, external, best
    Community: 100:1
    Last update: Tue Oct 17 10:05:45 2023
    RX ID: 0,TX ID: 0
R2#
```

Private Communities 属性可用作标记路由信息。针对携带 Private Communities 属性标记的路由信息可以进行传递或调整路径。如图 7-15 所示，R1 将 10.1.1.1/32 的路由信息通过 BGP 传递给 R2 和 R3。R2 将 10.1.1.1/32 的路由信息传递给 R4 时，携带 20:1；R3 将 10.1.1.1/32 的路由信息传递给 R4 时，携带 20:2。

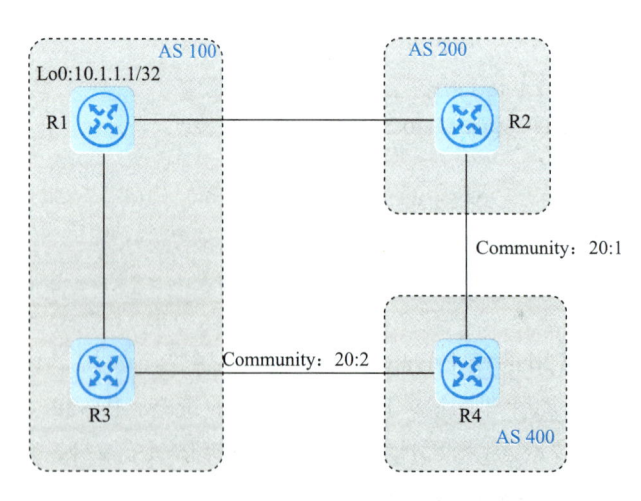

图 7-15 Private Communities 属性的拓扑结构

R4 接收 R2 和 R3 传递的路由信息，此时 R4 通过 R3 访问 R1 的 10.1.1.1/32 的路由信息，根据路由信息携带的 Private Communities 属性，设置携带 Community 属性标记的路由信息的 Local-Preference 属性，调整访问路径。

```
R4#show  ip bgp  10.1.1.1
BGP routing table entry for 10.1.1.1/32(#0x7f090d7edcb8)
Paths: (2 available, best #1, table Default-IP-Routing-Table)
  Advertised to update-groups:
  1

  100
    10.0.34.3 from 10.0.34.3 (3.3.3.3)
      Origin IGP, metric 0, localpref 100, valid, external, best
      Community: 20:2
      Last update: Wed Oct 18 07:16:47 2023
      RX ID: 0,TX ID: 0

  200 100
    10.0.24.2 from 10.0.24.2 (2.2.2.2)
      Origin IGP, metric 0, localpref 100, valid, external, backup
      Community: 20:1
      Last update: Wed Oct 18 07:15:54 2023
      RX ID: 0,TX ID: 0
R4#
```

在 R4 上设置携带 20:1 的 Private Communities 属性的路由信息的 Local-Preference 属性的值为 200，在 R4 上设置携带 20:2 的 Private Communities 属性的路由信息的 Local-Preference 属性的值为 150，在 R4 上使用 ip community-list 命令匹配 Community 属性。

```
R4(config)#ip community-list 1 permit  20:1         // 匹配 20:1
R4(config)#ip community-list 2 permit  20:2         // 匹配 20:2

R4(config)#route-map  Local permit  10
R4(config-route-map)#match   community   1
R4(config-route-map)#set  local-preference  200    // 设置 Local-Preference 属性的值为 200
R4(config-route-map)#exit
R4(config)#

R4(config)#route-map Local permit  20
R4(config-route-map)#match   community  2
R4(config-route-map)#set  local-preference  150    // 设置 Local-Preference 属性的值为 150
R4(config-route-map)#exit
R4(config)#router  bgp  400
R4(config-router)#neighbor  10.0.24.2 route-map  Local in  // 对 10.0.24.2 入方向调用
R4(config-router)#neighbor  10.0.34.3 route-map  Local in
```

```
R4(config-router)#exit
R4(config)#
```

匹配结果显示，R4 根据 Private Communities 属性的标记修改 Local-Preference 属性，其路由信息只要携带 Community 属性就可以修改 Local-Preference 属性，根据 Local-Preference 属性即可优选访问目标路径。

```
R4#show   ip bgp  10.1.1.1
BGP routing table entry for 10.1.1.1/32(#0x7f090d7edcb8)
Paths: (2 available, best #2, table Default-IP-Routing-Table)
   Advertised to update-groups:
    1

  100
     10.0.34.3 from  10.0.34.3 (3.3.3.3)
       Origin IGP, metric 0, localpref 150, valid, external, backup
       Community: 20:2
       Last update: Wed Oct 18 07:22:01 2023
       RX ID: 0,TX ID: 0

  200 100
     10.0.24.2 from  10.0.24.2 (2.2.2.2)
       Origin IGP, metric 0, localpref 200, valid, external, best
       Community: 20:1
       Last update: Wed Oct 18 07:21:52 2023
       RX ID: 0,TX ID: 0
R4#
```

以上根据 Private Communities 属性标记修改 Local-Preference 属性的方式仅为其中一种修改 BGP 选路的方式，还可以通过修改其他路径属性来调整 BGP 选路。

7.2.7　Atomic–Aggregate 属性

Atomic-Aggregate 属性属于公认自决属性，用于告知接收者此路由信息是经过汇总的。

当接收者收到两条重叠的路由信息且其中一条路由信息包含的地址是另一条的子集时，通常接收者会优选更精细的路由信息。然而，如果接收者选择更粗略的路由信息对外发布，那么发布的路由信息需要携带 Atomic-Aggregate 属性。收到携带 Atomic-Aggregate 属性的路由信息，说明更精细的路由信息在发布过程中丢失了。在进行路由信息的汇总时，汇总的路由信息会携带 Atomic-Aggregate 属性。

如图 7-16 所示，基础配置完成后，在 R1 上设置 Loopback 0 接口地址为 192.168.1.1/32、Loopback 1 接口地址为 192.168.1.2/32、Loopback 2 接口地址为 192.168.1.3/32，通过 BGP 路由信息通告给 R2。

```
                AS 100            AS 200            AS 300

                  R1                R2                R3
```

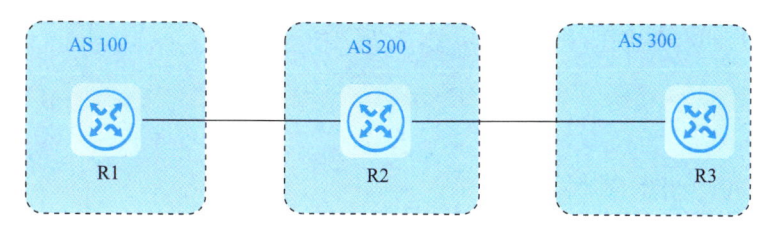

图 7-16 汇总路由信息

如下所示，汇总路由信息携带 Atomic-Aggregate 属性，R2 发送给 R3 的路由信息不再是明细路由信息而是汇总路由信息。

```
R3#show   ip bgp   192.168.1.0
BGP routing table entry for 192.168.1.0/24(#0x7fd283be9970)
Paths: (1 available, best #1, table Default-IP-Routing-Table)
  Advertised to update-groups:
  1

  200, (aggregated by 200 2.2.2.2)
    10.0.23.2 from 10.0.23.2 (2.2.2.2)
      Origin IGP, metric 0, localpref 100, valid, external, atomic-aggregate, best
      Last update: Wed Oct 18 08:37:55 2023
      RX ID: 0,TX ID: 0
R3#
```

7.2.8 Aggregator 属性

Aggregator 属性属于可选可传递属性。当路由信息被汇总时，执行汇总的路由器会为汇总路由信息添加 Aggregator 属性，Aggregator 属性记录了本地 AS 编号及本地 Router ID。

Aggregator 属性用于补充 Atomic-Aggregate 属性。Aggregator 属性包含了发起路由信息汇总的 AS 编号和进行路由信息汇总的 BGP 发布者的 IP 地址。在进行路由信息的汇总时，汇总路由信息在添加 Atomic-Aggregate 属性的同时会添加 Aggregator 属性。

```
R2#show   ip bgp   192.168.1.0
BGP routing table entry for 192.168.1.0/24(#0x7f3f90bf3ee8)
Paths: (1 available, best #1, table Default-IP-Routing-Table)
  Advertised to update-groups:
  1

  100, (aggregated by 200 2.2.2.2)
    0.0.0.0 from 0.0.0.0 (2.2.2.2)
      Origin IGP, localpref 100, weight 32768, valid, aggregated, local, best
      Last update: Wed Oct 18 08:37:56 2023
```

```
        RX ID: 0,TX ID: 0
R2#
```

7.2.9　Weight 属性

Weight 属性属于可选不可传递属性，在路由器本地配置，只提供本地选路原则，不会被传递给任何 BGP 对等体，在本地路由器优选路径时使用。

Weight 属性的取值范围是 0~65 535，默认值为 0。如果是 BGP 本地始发路由信息，那么 Weight 属性的值为 32 768。可以手动任意修改 Weight 属性的值，可以对路由信息进行修改，也可以对整个对等体进行修改，但只能对本地起作用，Weight 属性的值并不会被传递给对等体。

当 BGP 路由表中到达的同一个目的地存在多条路径时，会优选 Weight 属性的值最大的路径。在 BGP 路由器中，BGP 选路原则的第 1 条就是优选 Weight 属性的值较大的路由信息。因此，只要改动 Weight 属性的值，就能控制 BGP 选路。

```
R1#show   ip bgp
BGP table version is 2, local router ID is 192.168.1.1
Status codes: s suppressed, d damped, h history, * valid, > best, i - internal,
              S Stale, b - backup entry, m - multipath, f Filter, a additional-path
Origin codes: i - IGP, e - EGP, ? - incomplete

     Network         Next Hop          Metric      LocPrf      Weight   Path
*>   192.168.1.0     0.0.0.0              0                    32768    i

Total number of prefixes 1
R1#
```

问题与思考

1. 以下关于 BGP 的说法正确的是（　　）（多选）。

    A．BGP 对等体在传递路由信息时，每次都会把自己的所有路由信息发送给对端

    B．BGP 支持 CIDR

    C．BGP 通过 TCP（端口为 179）建立 BGP 对等体关系

    D．在 BGP 中，拥有相同 BGP 进程号的一组路由器处于同一个 AS 内

2. 在 BGP 路径属性中，只能在 IBGP 对等体之间传递的是（　　）属性。

    A．LP　　　　　　B．MED　　　　　　C．AS-Path　　　　　　D．Origin

3. 使用BGP能够防环，以下说法正确的是（　　）（多选）。

   A．不同AS之间使用AS-Path属性防环

   B．BGP基于链路状态算法，没有环路

   C．BGP采用IBGP水平分割和毒性逆转原则防环

   D．通过IBGP对等体传递的路由信息不向其他BGP对等体通告

4. AS-Path属性实现防环的方式是（　　）

   A．若在收到的BGP路由信息的AS-Path属性中发现自己的AS编号则丢弃该路由信息

   B．若在发送的BGP路由信息的AS-Path属性中发现自己的AS编号则不发送该路由信息

   C．与IBGP水平分割原则配合实现防环

   D．若在收到的BGP路由信息的AS-Path属性中不存在自己的AS编号则丢弃该路由信息

5. 对于BGP的Community属性传递，当配置Community属性为（　　）时不传递路由信息给任何对等体。

   A．Internet　　　　B．No_Export　　　B．Local_AS　　　D．No_Advertise

6. 以下关于BGP的Local-Preference属性的描述正确的是（　　）。

   A．Local-Preference属性是公认必遵属性

   B．Local-Preference属性的默认值是100

   C．Local-Preference属性可以跨AS传递

   D．Local-Preference属性会影响进入AS的流量

第 8 章　BGP 选路

> 【学习目标】

BGP 使用路径属性决定 BGP 选路，可以灵活配置路径属性，在不同场景下根据不同的路径属性选择合适的路由信息，从而控制数据的转发路径。

学习完本章内容应能够：
- 掌握 BGP 路由信息处理
- 了解 BGP 选路由来
- 掌握 BGP 路由信息 Next Hop 属性不可达
- 掌握 BGP 选路原则

> 【知识结构】

本章主要介绍 BGP 选路，内容包括 BGP 选路概述、BGP 选路原则。

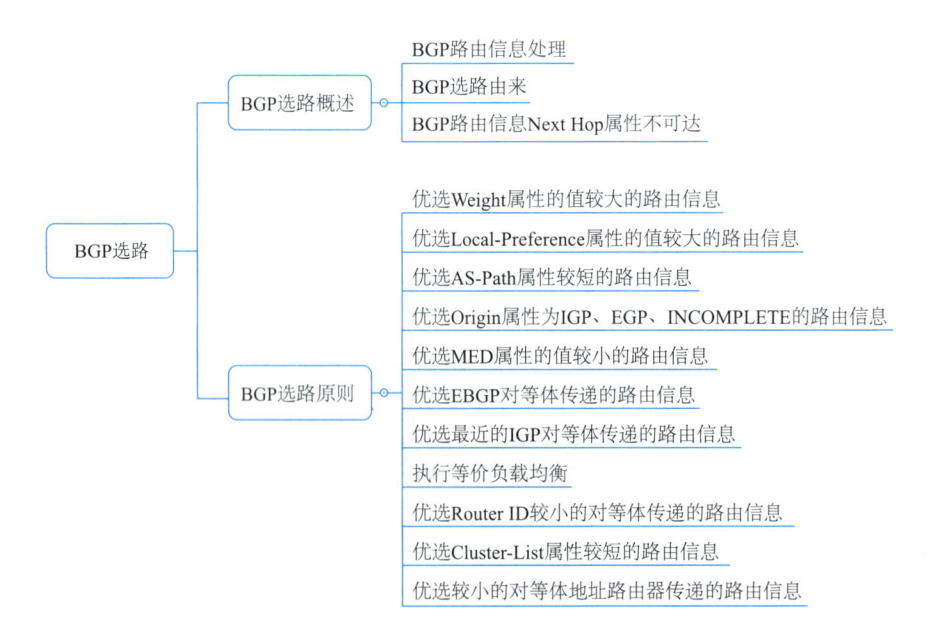

```
                           ┌─ BGP路由信息处理
             ┌─ BGP选路概述 ─┼─ BGP选路由来
             │             └─ BGP路由信息Next Hop属性不可达
             │
             │             ┌─ 优选Weight属性的值较大的路由信息
             │             ├─ 优选Local-Preference属性的值较大的路由信息
             │             ├─ 优选AS-Path属性较短的路由信息
   BGP选路 ──┤             ├─ 优选Origin属性为IGP、EGP、INCOMPLETE的路由信息
             │             ├─ 优选MED属性的值较小的路由信息
             └─ BGP选路原则 ─┼─ 优选EBGP对等体传递的路由信息
                           ├─ 优选最近的IGP对等体传递的路由信息
                           ├─ 执行等价负载均衡
                           ├─ 优选Router ID较小的对等体传递的路由信息
                           ├─ 优选Cluster-List属性较短的路由信息
                           └─ 优选较小的对等体地址路由器传递的路由信息
```

8.1 BGP 选路概述

8.1.1 BGP 路由信息处理

当从对等体收到更新数据包时，路由器会把这些更新数据包存储到 RIB 中，指明这些更新数据包来自哪个对等体（Adj-RIB-In），这些更新数据包被输入策略引擎过滤后，路由器将会执行选路原则，以为每个前缀确定最优路径。

得出的最优路径被存储到本地 RIB 中，并基于安全考虑被提交给本地 IP-RIB。

如果启用了多路径特性，那么最优路径和所有等值路径都将被提交给本地 IP-RIB。

除从对等体收到的最优路径外，Loc-RIB 也包含当前路由器注入的，并被选择为最优路径的 BGP 前缀。Loc-RIB 中的内容被通告给其他对等体之前，必须通过输出策略引擎。只有那些成功通过输出策略引擎的路由信息，才会被安装到 RIB（Adj-RIB-Out）中。图 8-1 所示为 BGP 路由信息处理流程。

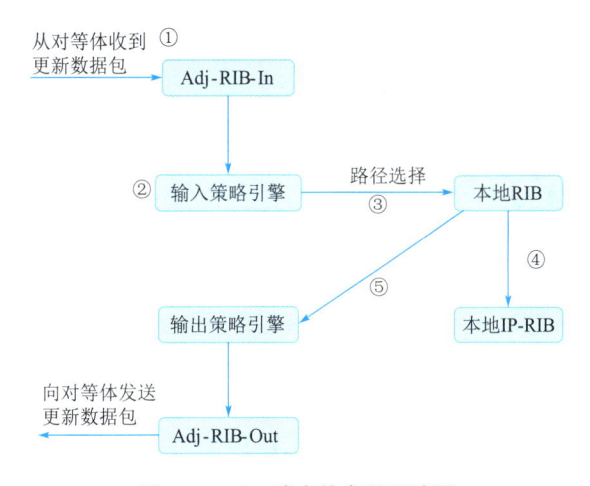

图 8-1 BGP 路由信息处理流程

8.1.2 BGP 选路由来

在 BGP 路由表中，到达同一个目的地可能存在多条路径，此时 BGP 会选择其中一条路径作为最优路径，并只把最优路径发送给其对等体。BGP 为了选出最优路径，会根据 BGP 选路原则依次比较这些路径属性。

默认情况下，在 BGP 路由表中，到达同一个目的地只走单条路径，并不希望多条路径之间执行等价负载均衡。当 BGP 路由表中有多条路径可以到达同一个目的地时，需要比较多个路径属性，选出最优路径。

8.1.3 BGP 路由信息 Next Hop 属性不可达

BGP 在全球范围内被大量部署，定义了多种路径属性，且拥有丰富的选路工具，这使得 BGP 在路由操控和路径决策上变得非常灵活。

路由信息的各种属性的操作都可能影响 BGP 选路，从而对流量产生影响。因此，掌握 BGP 选路原则十分重要。

在跨 AS 传递路由信息时，Next Hop 属性的值默认是 EBGP 对等体更新源的 IPv4 地址。此外，路由信息携带的 Next Hop 属性在 AS 内传递时默认不会改变。如图 8-2 所示，在 R4 和 R5 上通告路由信息，此时在 R2 上接收的路由信息的下一跳地址不可达。由于该下一跳地址未在 AS 123 的 IGP（OSPF）中通告，因此在 R2 的 IP 路由表中查不到这个地址的路由信息，这导致在 BGP 路由表中，该路由信息的下一跳地址不可达，即接收的路由信息为无效路由信息，最终导致不能参与 BGP 选路。

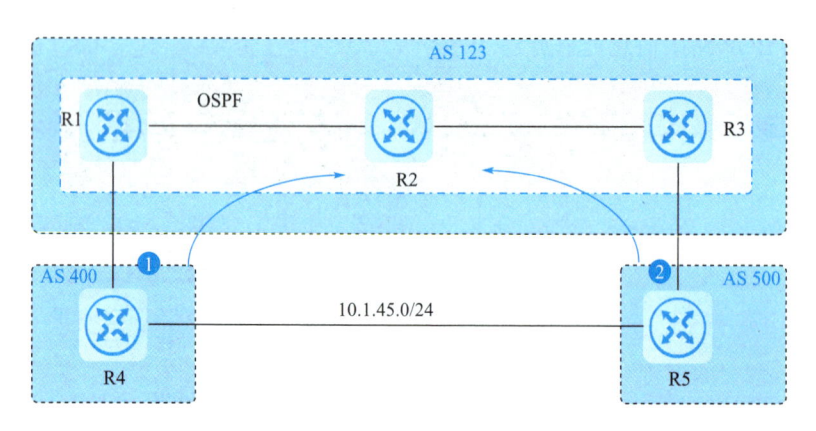

图 8-2 BGP 选路

如下所示，R2 收到的路由信息的下一跳地址不可达，导致该路由信息无效，经过 EBGP 对等体发送的路由信息在被传递给 IBGP 对等体时，需要为 IBGP 对等体配置参数 next-hop-self，使下一跳可达。

```
R2#sh ip bgp
Network             Next Hop        Metric    LocPrf    Weight   Path
*  i 10.1.45.0/24   10.1.14.4       0         100       0        400 i
*  i                10.1.35.5       0         100       0        500 i
```

修改下一跳地址，如图 8-3 所示。

```
            ①                                    ①
         BGP Update                           BGP Update
      网络前缀=10.1.45.0/24     配置参数       网络前缀=10.1.45.0/24
      Next Hop=10.1.14.4     next-hop-self    Next Hop=1.1.1.1

            ②                                    ②
         BGP Update                           BGP Update
      网络前缀=10.1.45.0/24                   网络前缀=10.1.45.0/24
      Next Hop=10.1.35.5                     Next Hop=3.3.3.3
```

图 8-3　修改下一跳地址

在 R1 上通过命令修改下一跳地址，使 R2 收到的路由信息是有效且最优的，路由信息只有是有效且最优的才能被加载到全局 IP 路由表中。

```
R1(config)#router  bgp  123
R1(config-router)#neighbor  2.2.2.2 next-hop-self


R2#sh ip bgp
Network              Next Hop         Metric      LocPrf      Weight    Path
*>i 10.1.45.0/24     1.1.1.1          0           100         0         400 i
*>i                  3.3.3.3          0           100         0         500 i
```

8.2　BGP 选路原则

8.2.1　优选 Weight 属性的值较大的路由信息

Weight 属性仅在本地有效，无法传递给其他 BGP 对等体（IBGP 对等体和 EBGP 对等体）。路由信息携带的 Weight 属性的值越大，优先级越高。本地始发路由信息的默认值是 32 768，从其他 BGP 对等体传递过来的路由信息的默认值是 0。Weight 属性的拓扑结构如图 8-4 所示。

默认 Weight 属性已完成初始配置，下面在初始配置的基础上完成 Weight 属性的选路设置。

```
R3#show   ip bgp
BGP table version is 2, local router ID is 3.3.3.3
Status codes: s suppressed, d damped, h history, * valid, > best, i - internal,
              S Stale, b - backup entry, m - multipath, f Filter, a additional-path
Origin codes: i - IGP, e - EGP, ? - incomplete

   Network            Next Hop              Metric       LocPrf      Weight Path
```

```
*>    192.168.1.0         0.0.0.0                    0                      32768         i

Total number of prefixes 1
R3#
```

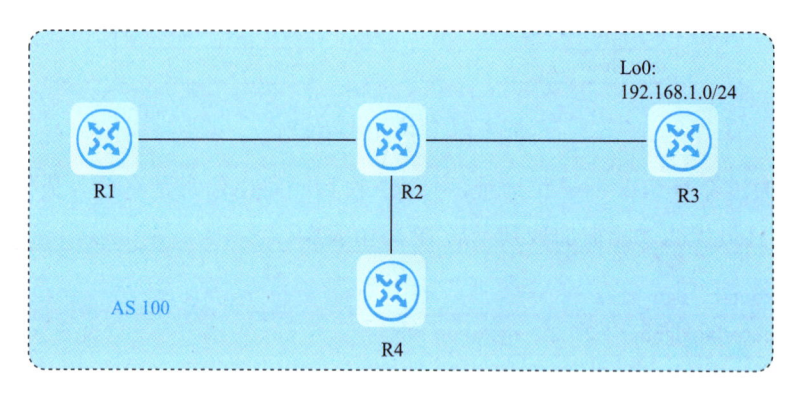

图 8-4 Weight 属性的拓扑结构

R2 通过其他 BGP 路由器收到 192.168.1.0/24 的路由信息，此时 R2 优选 R1 传递的路由信息。

```
R2#show ip bgp
BGP table version is 4, local router ID is 2.2.2.2
Status codes: s suppressed, d damped, h history, * valid, > best, i - internal,
              S Stale, b - backup entry, m - multipath, f Filter, a additional-path
Origin codes: i - IGP, e - EGP, ? - incomplete

     Network          Next Hop        Metric     LocPrf    Weight    Path
* i  192.168.1.0      10.0.4.4        0          100       0         i
*bi                   10.0.3.3        0          100       0         i
*>i                   10.0.1.1        0          100       0         i

Total number of prefixes 1
R2#
```

根据路由信息的传递情况在 R2 上修改 Weight 属性的值。Weight 属性的选路设置方式有以下两种。

（1）通过 route-map 设置 Weight 属性的值，指定针对某些 BGP 路由的设置。

```
R2(config)#access-list 1 permit 192.168.1.0 0.0.0.255
R2(config)#route-map Weight permit 10
R2(config-route-map)#match ip address 1
R2(config-route-map)#set weight 1000
R2(config-route-map)#exit
R2(config)#route-map Weight permit 20
```

```
R2(config-route-map)#exit
R2(config)#
R2(config)#router  bgp  100
R2(config-router)#neighbor  10.0.1.1  route-map  Weight  in
R2(config-router)#exit
R2(config)#
```

（2）在 BGP 进程中直接修改从对等体传递过来的所有 Weight 属性的值。

```
R2(config)#router bgp  100
R2(config-router)#neighbor  10.0.3.3  weight  1500
R2(config-router)#exit
R2(config)#
```

选择上述一种修改方式在 R2 上修改 Weight 属性的值。

```
R2#show   ip  bgp
BGP table version is 4, local router ID is 2.2.2.2
Status codes: s suppressed, d damped, h history, * valid, > best, i - internal,
              S Stale, b - backup entry, m - multipath, f Filter, a additional-path
Origin codes: i - IGP, e - EGP, ? - incomplete

     Network          Next Hop        Metric      LocPrf      Weight      Path
* i  192.168.1.0      10.0.4.4        0           100         0           i
*bi                   10.0.3.3        0           100         0           i
*>i                   10.0.1.1        0           100         0           i


Total number of prefixes 1
R2#
------------- 在 R2 上修改从 R1 收到的 BGP 路由信息的 Weight 属性的值 -------
R2#show   ip  bgp
BGP table version is 2, local router ID is 2.2.2.2
Status codes: s suppressed, d damped, h history, * valid, > best, i - internal,
              S Stale, b - backup entry, m - multipath, f Filter, a additional-path
Origin codes: i - IGP, e - EGP, ? - incomplete

     Network          Next Hop        Metric      LocPrf      Weight      Path
* i  192.168.1.0      10.0.4.4        0           100         0           i
*>i                   10.0.3.3        0           100         1500        i
*bi                   10.0.1.1        0           100         1000        i


Total number of prefixes 1
R2#
```

```
R2#show  ip route  bgp
B      192.168.1.0/24 [200/0] via 10.0.3.3, 02:42:54
R2
```

8.2.2　优选 Local-Preference 属性的值较大的路由信息

前面已经介绍了 Local-Preference 属性的作用，下面主要介绍 Local-Preference 属性在 BGP 选路中的使用方法及注意事项。

Local-Preference 属性只能在 IBGP 对等体之间传递，不能在 EBGP 对等体之间传递。如果在 EBGP 对等体之间收到的路由信息的路径属性中携带 Local-Preference 属性，那么会触发 BGP 发送 Notification 报文，造成会话中断。Local-Preference 属性通常用于 AS 内的数据分流。

在 BGP 路由器无法根据 Weight 属性的值选择最优路径时，AS 内的 BGP 路由器会通过比较 Local-Preference 属性的值来选择最优路径。Local-Preference 属性的拓扑结构如图 8-5 所示。

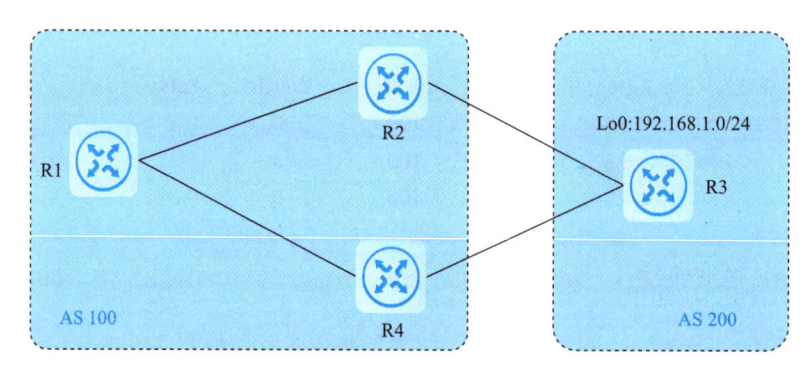

图 8-5　Local-Preference 属性的拓扑结构

在默认情况下，本地始发路由信息的 Local-Preference 属性的值为 100，IBGP 对等体接收的路由信息的 Local-Preference 属性的值为 100。Local-Preference 属性的值越大，优先级越高。

如图 8-5 所示，R1 能同时接收 R2 和 R4 传递的路由信息，此时 Local-Preference 属性的值为 100。

```
R1#show  ip bgp
BGP table version is 2, local router ID is 1.1.1.1
Status codes: s suppressed, d damped, h history, * valid, > best, i - internal,
              S Stale, b - backup entry, m - multipath, f Filter, a additional-path
Origin codes: i - IGP, e - EGP, ? - incomplete

   Network        Next Hop      Metric    LocPrf  Weight Path
```

```
*bi 192.168.1.0    10.0.14.4        0      100      0 200 i
*>i                10.0.12.2        0      100      0 200 i


Total number of prefixes 1
R1#
```

根据图 8-5 及初始配置修改 Local-Preference 属性的值，使通过 Local-Preference 属性的值选择最优路径。

Local-Preference 属性的选路设置方式有以下 3 种。

（1）在将 IGP 路由信息重分布到 BGP 路由表中时关联 route-map 设置 Local-Preference 属性的值。

```
R3(config)#access-list  1  permit   192.168.1.0 0.0.0.255
R3(config)#route-map  Loc permit  10
R3(config-route-map)#match  ip address 1
R3(config-route-map)#set   local-preference 300
R3(config-route-map)#exit
R3(config)#router  bgp  200
R3(config-router)#redistribute  connected   route-map Loc
R3(config-router)#exit
R3(config)#
```

如下所示，修改 Local-Preference 属性的值为 300。

```
R3#show   ip  bgp
BGP table version is 3, local router ID is 3.3.3.3
Status codes: s suppressed, d damped, h history, * valid, > best, i - internal,
              S Stale, b - backup entry, m - multipath, f Filter, a additional-path
Origin codes: i - IGP, e - EGP, ? - incomplete


     Network       Next Hop     Metric    LocPrf    Weight Path
*>   192.168.1.0   0.0.0.0        0        300      32768   ?


Total number of prefixes 1
R3#
```

（2）针对 IBGP 对等体应用 IN/OUT 方向的 route-map，对从 IBGP 对等体接收的所有或部分路由信息设置 Local-Preference 属性的值。

如下所示，在 R1 上针对 IBGP 对等体 R2 和 R4 应用 IN 方向的 route-map 设置 Local-Preference 属性的值。

```
    R1(config)#route-map  Loc permit  10
    R1(config-route-map)#set   local-preference 200        // 对从 IBGP 对等体接收的所有路由信息设置
//Local-Preference 属性的值
    R1(config-route-map)#exit
```

```
R1(config)#route-map Loc1 permit 20
R1(config-route-map)#set local-preference 300
R1(config-route-map)#exit
R1(config)#

R1(config)#router bgp 100
R1(config-router)#neighbor 10.0.12.2 route-map Loc in
R1(config-router)#neighbor 10.0.14.4 route-map Loc1 in
R1(config-router)#exit
R1(config)#
```

如下所示，在 R1 上针对 IBGP 对等体 R2 和 R4 应用 IN 方向的 route-map 修改 Local-Preference 属性的值，修改后，R1 优选 R4 访问 192.168.1.0/24。

```
R1#show ip bgp
BGP table version is 2, local router ID is 1.1.1.1
Status codes: s suppressed, d damped, h history, * valid, > best, i - internal,
              S Stale, b - backup entry, m - multipath, f Filter, a additional-path
Origin codes: i - IGP, e - EGP, ? - incomplete

    Network          Next Hop          Metric      LocPrf     Weight Path
*bi 192.168.1.0      10.0.12.2         0           200        0 200 i
*>i                  10.0.14.4         0           300        0 200 i

Total number of prefixes 1
R1#
```

如下所示，R2 和 R4 同时与 R3 建立 EBGP 对等体关系，在 R2 上针对 IBGP 对等体 R1 应用 OUT 方向的 route-map 设置 Local-Preference 属性的值。

```
R2(config)#access-list 1 permit 192.168.1.0 0.0.0.255
R2(config)#route-map Loc permit 10
R2(config-route-map)#match ip address 1          // 对从 IBGP 对等体接收的部分路由信息设置
//Local-Preference 属性的值
R2(config-route-map)#set local-preference 200
R2(config-route-map)#exit
R2(config)#router bgp 100
R2(config-router)#neighbor 10.0.12.1 route-map Loc out  // 应用 OUT 方向的 route-map
R2(config-router)#exit
R2(config)#
```

如下所示，在 R1 上查看 BGP 路由表，根据 Local-Preference 属性的值优选 R2 访问 192.168.1.0/24。

```
R1#show ip bgp
```

```
BGP table version is 2, local router ID is 1.1.1.1
Status codes: s suppressed, d damped, h history, * valid, > best, i - internal,
              S Stale, b - backup entry, m - multipath, f Filter, a additional-path
Origin codes: i - IGP, e - EGP, ? - incomplete

     Network          Next Hop            Metric      LocPrf     Weight Path
 *>i 192.168.1.0      10.0.12.2           0           200        0 200 i
 *bi                  10.0.14.4           0           100        0 200 i

Total number of prefixes 1
R1#
```

（3）针对 EBGP 对等体应用 IN 方向的 route-map，对从 EBGP 对等体接收的所有或部分路由信息设置 Local-Preference 属性的值。

如下所示，R2、R4 同时和 R3 建立 EBGP 对等体关系，在 R4 上针对 EBGP 对等体应用 IN 方向的 route-map。

```
R4(config)#route-map  Loc permit  10
R4(config-route-map)#set  local-preference  300
R4(config-route-map)#exit
R4(config)#

R4(config)#router  bgp  100
R4(config-router)#neighbor  10.0.34.3 route-map  Loc in
R4(config-router)#exit
R4(config)#
```

如下所示，针对 EBGP 对等体应用 IN 方向的 route-map 设置 Local-Preference 属性的值，从而使 R1 根据设置的 Local-Preference 属性的值选择最优路径访问 192.168.1.0/24。

```
R4#show ip bgp
BGP table version is 8, local router ID is 4.4.4.4
Status codes: s suppressed, d damped, h history, * valid, > best, i - internal,
              S Stale, b - backup entry, m - multipath, f Filter, a additional-path
Origin codes: i - IGP, e - EGP, ? - incomplete

     Network          Next Hop            Metric      LocPrf     Weight Path
 *>  192.168.1.0      10.0.34.3           0           300        0 200 i

Total number of prefixes 1
R4#

R1#show  ip bgp
BGP table version is 2, local router ID is 1.1.1.1
```

```
Status codes: s suppressed, d damped, h history, * valid, > best, i - internal,
              S Stale, b - backup entry, m - multipath, f Filter, a additional-path
Origin codes: i - IGP, e - EGP, ? - incomplete

    Network          Next Hop          Metric        LocPrf      Weight Path
*bi 192.168.1.0      10.0.12.2         0             200         0 200 i
*>i                  10.0.14.4         0             300         0 200 i


Total number of prefixes 1
R1#
```

8.2.3 优选 AS-Path 属性较短的路由信息

当 BGP 路由器向 EBGP 对等体通告路由信息时，将 AS 编号加在 AS-Path 属性列表的最左侧，该操作对 IBGP 对等体无法生效，意味着更新的路由信息在 AS 内传递时，AS-Path 属性的值会保持不变。AS-Path 属性按矢量顺序记录 BGP 路由信息从本地到目的地所要经过的所有 AS 编号。

AS-Path 属性的值可以用于 EBGP 对等体之间选择最优路径。当收到两条目标网段相同的路由信息时，BGP 路由器会选择 AS-Path 属性最短的路由信息，此时到达目标网段经过的 AS 编号最少，距本地 AS 最近的相邻 AS 编号排在前面，其他 AS 编号按顺序排列。

AS-Path 属性也可以用于 EBGP 对等体之间的防环。当收到一条包含 AS-Path 属性的路由信息时，BGP 路由器会检查 AS-Path 属性列表中是否包含本 AS，如果包含本 AS，那么不接收该路由信息，从而避免在不同 AS 之间产生环路。

因此，AS-Path 属性在 BGP 中起着关键性的作用，既可以用于防环，又可以用于选择最优路径。AS-Path 属性的拓扑结构如图 8-6 所示。

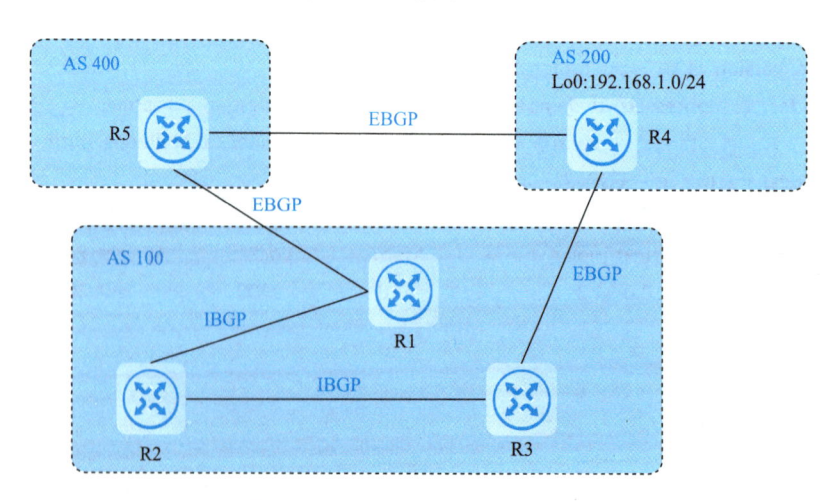

图 8-6 AS-Path 属性的拓扑结构

R4 通告 192.168.1.0/24，将由 R4 始发的路由信息传递给 R3 和 R5，在 R3 和 R5 上能看到该路由信息。

```
R3#show   ip bgp
BGP table version is 2, local router ID is 3.3.3.3
Status codes: s suppressed, d damped, h history, * valid, > best, i - internal,
              S Stale, b - backup entry, m - multipath, f Filter, a additional-path
Origin codes: i - IGP, e - EGP, ? - incomplete

     Network          Next Hop            Metric     LocPrf     Weight Path
 *>  192.168.1.0      10.0.34.4                0                     0 200 i

Total number of prefixes 1
R3#




R5#show   ip bgp
BGP table version is 2, local router ID is 5.5.5.5
Status codes: s suppressed, d damped, h history, * valid, > best, i - internal,
              S Stale, b - backup entry, m - multipath, f Filter, a additional-path
Origin codes: i - IGP, e - EGP, ? - incomplete

     Network          Next Hop            Metric     LocPrf     Weight Path
 *>  192.168.1.0      10.0.45.4                0                     0 200 i

Total number of prefixes 1
R5#
```

AS-Path 属性在 IBGP 对等体内传递不生效，表示 AS 内相同的编号无须重复记录，R2 收到 R3 传递的路由信息，不再重新记录 AS 编号。

```
R2#show   ip bgp
BGP table version is 1, local router ID is 2.2.2.2
Status codes: s suppressed, d damped, h history, * valid, > best, i - internal,
              S Stale, b - backup entry, m - multipath, f Filter, a additional-path
Origin codes: i - IGP, e - EGP, ? - incomplete

     Network          Next Hop            Metric     LocPrf     Weight Path
 *>i 192.168.1.0      10.0.23.3                0        100         0 200 i

Total number of prefixes 1
R2#
```

下面根据图 8-6 完成 AS-Path 属性的值的选路设置，默认已完成初始配置。

（1）BGP 路由器可以设置 AS-Path 属性的值，针对 EBGP 对等体应用 IN 方向的 route-map，使用 set as-path prepend 命令添加 AS 编号，将 IN 方向的 route-map 的 AS 编号附加在原始 AS 编号左侧。

如下所示，默认选择最短 AS 路径的目标网段，下一跳地址为 10.0.23.3，通过 route-map 使该路径可以选择 R1 传递。

```
R2#show   ip bgp
BGP table version is 2, local router ID is 2.2.2.2
Status codes: s suppressed, d damped, h history, * valid, > best, i - internal,
              S Stale, b - backup entry, m - multipath, f Filter, a additional-path
Origin codes: i - IGP, e - EGP, ? - incomplete

     Network          Next Hop        Metric     LocPrf     Weight Path
*bi 192.168.1.0       10.0.12.1          0         100        0 400 200 i
*>i                   10.0.23.3          0         100        0 200 i


Total number of prefixes 1
R2#
```

如下所示，R3 针对 R4 应用 IN 方向的 route-map 设置 AS-Path 属性的值。

```
R3(config)#route-map   AS permit   10
R3(config-route-map)#set   as-path   prepend   20 30  //直接使用 route-map 设置 AS 编号
R3(config-route-map)#exit
R3(config)#router   bgp   100
R3(config-router)#neighbor   10.0.34.4 route-map   AS in
3(config-router)#exit
```

如下所示，在 R2 上查看 BGP 路由信息，优选 R1 传递的 192.168.1.0/24 的路由信息。根据 AS-Path 属性的选路原则选择 AS 列表最短的路径，将 IN 方向的 route-map 的 AS 编号附加在原始 AS 编号左侧。

```
R2#show   ip bgp
BGP table version is 2, local router ID is 2.2.2.2
Status codes: s suppressed, d damped, h history, * valid, > best, i - internal,
              S Stale, b - backup entry, m - multipath, f Filter, a additional-path
Origin codes: i - IGP, e - EGP, ? - incomplete

     Network          Next Hop        Metric     LocPrf     Weight Path
*>i 192.168.1.0       10.0.12.1          0         100        0 400 200 i
*bi                   10.0.23.3          0         100        0 20 30 200 i


Total number of prefixes 1
R2#
```

（2）BGP 路由器可以设置 AS-Path 属性的值，针对 EBGP 对等体应用 OUT 方向的 route-map，使用 set as-path prepend 命令添加 AS 编号，将 OUT 方向的 route-map 的 AS 编号附加在原始 AS 编号右侧。

如下所示，R4 针对 R3 应用 OUT 方向的 route-map 设置 AS-Path 属性的值。

```
R4(config)#route-map  AS permit  10
R4(config-route-map)#se
R4(config-route-map)#set  as-path  prepend  10 20
R4(config-route-map)#exit
R4(config)#route-map  AS permit  20
R4(config-route-map)#exit
R4(config)#router  bgp  200
R4(config-router)#neighbor  10.0.34.3 route-map  AS out
R4(config-router)#exit
R4(config)#
```

如下所示，192.168.1.0/24 优选 R1 传递的路由信息，且 R4 针对 R3 将 OUT 方向的 route-map 的 AS 编号附加在原始 AS 编号右侧。

```
R2#show  ip bgp
BGP table version is 2, local router ID is 2.2.2.2
Status codes: s suppressed, d damped, h history, * valid, > best, i - internal,
              S Stale, b - backup entry, m - multipath, f Filter, a additional-path
Origin codes: i - IGP, e - EGP, ? - incomplete

   Network         Next Hop      Metric    LocPrf     Weight Path
*>i 192.168.1.0    10.0.12.1     0         100        0 400 200 i
*bi                10.0.23.3     0         100        0 200 10 20 i

Total number of prefixes 1
R2#
```

（3）AS-Path 属性常用于 EBGP 对等体之间的选路，在 IBGP 对等体之间不希望通过 AS-Path 属性选择最优路径。

如下所示，在 BGP 进程中配置 bgp bestpath as-path ignore 命令可以忽略 AS-Path 属性的值的比较。

```
R2(config)#router  bgp  100
R2(config-router)#bgp  bestpath  as-path  ignore
R2(config-router)#exit
R2(config)#exit
```

如下所示，在 R2 上查看 BGP 路由信息，显示 192.168.1.0/24 的下一跳地址 10.0.12.1

作为最优路径。

```
R2#show ip bgp
BGP table version is 2, local router ID is 2.2.2.2
Status codes: s suppressed, d damped, h history, * valid, > best, i - internal,
              S Stale, b - backup entry, m - multipath, f Filter, a additional-path
Origin codes: i - IGP, e - EGP, ? - incomplete

    Network          Next Hop        Metric      LocPrf       Weight Path
*>i 192.168.1.0      10.0.12.1       0           100          0 400 200 i
*bi                  10.0.23.3       0           100          0 200 i


Total number of prefixes 1
R2#

R2#show  ip route  bgp
B     192.168.1.0/24 [200/0] via 10.0.12.1, 03:08:50
R2#
```

8.2.4 优选 Origin 属性为 IGP、EGP、INCOMPLETE 的路由信息

Origin 属性用来标识路径的来源，指示路由信息更新的起源，也就是路由信息是通过何种方式注入 BGP 的。Origin 属性会一直被携带在 BGP 路由信息中，多用于 IBGP 对等体之间。

Origin 属性的选路原则只有在无法通过前几条选路原则选出最优路径时才会被使用，不同的 BGP 路由信息通告方式的 Origin 属性不同，优先顺序也不同。根据 BGP 路由信息通告方式划分，可以将 Origin 属性分为 IGP、EGP、INCOMPLETE 共 3 种类型。

IGP：优先级最高。通过 network 命令通告到 BGP 路由表的路由信息的 Origin 属性为 IGP。

EGP：优先级次之。通过 EGP 传递的路由信息的 Origin 属性为 EGP。

INCOMPLETE：优先级最低。通过其他方式传递的路由信息（通过 redistribute 命令重分布的路由信息等）的 Origin 属性为 INCOMPLETE。

因此，Origin 属性的选路原则为 IGP>EGP>INCOMPLETE。

Origin 属性的设置方式如下。

（1）在将 IGP 路由信息重分布到 BGP 路由表时关联 route-map 设置 Origin 属性。

在默认情况下，通过 network 命令产生的路由信息的 Origin 属性为 IGP，而通过 redistribute 命令产生的路由信息的 Origin 属性为 "？"。如图 8-7 所示，R1 和 R2 通过

network 命令通告路由信息，R3 通过 redistribute 命令重分布路由信息。

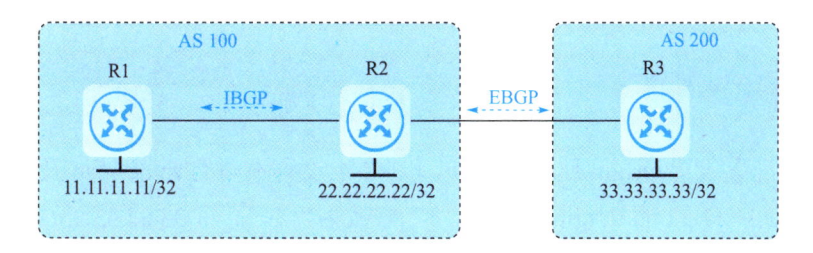

图 8-7　Origin 属性的拓扑结构

如下所示，在 R1、R2 和 R3 上通告路由信息。

```
R1(config)#router  bgp  100
R1(config-router)#network  11.11.11.11  mask  255.255.255.255
R1(config-router)#exit

R2(config)#router  bgp  100
R2(config-router)#network  22.22.22.22  mask  255.255.255.255
R2(config-router)#exit
R2(config)#

R3(config)#ip prefix-list ruijie seq 5 permit  33.33.33.33/32
R3(config)#route-map ruijie permit  10
R3(config-route-map)#match ip address  prefix-list  ruijie
R3(config-route-map)#exit
R3(config)#route-map ruijie deny  20
R3(config-route-map)#exit
R3(config)#router  bgp  200
R3(config-router)#redistribute  connected  route-map  ruijie
R3(config-router)#exit
R3(config)#
```

如下所示，在 R2 上查看路由信息。通过 network 命令产生路由信息的 Origin 属性为"i"，通过 redistribute 命令产生的路由信息的 Origin 属性为"？"，Origin 属性被标识在 AS-Path 属性右侧。

```
R2#show  ip bgp
BGP table version is 4, local router ID is 2.2.2.2
Status codes: s suppressed, d damped, h history, * valid, > best, i - internal,
              S Stale, b - backup entry, m - multipath, f Filter, a additional-path
Origin codes: i - IGP, e - EGP, ? - incomplete

     Network          Next Hop        Metric     LocPrf     Weight Path
*>i 11.11.11.11/32    1.1.1.1           0         100         0     i
```

```
 *>  22.22.22.22/32       0.0.0.0        0       32768   i
 *>  33.33.33.33/32       10.0.23.3      0       0 200   ?

Total number of prefixes 3
R2#
```

根据以上配置设置 Origin 属性。在 R1 和 R2 上设置不同的 route-map 及不同的 Origin 属性，将 11.11.11.11/32 的 Origin 属性由 "i" 修改为 "?"，将 33.33.33.33/32 的 Origin 属性由 "?" 修改为 "e"。

```
R1(config)#route-map ruijie permit  10
R1(config-route-map)#set  origin incomplete         // 将 Origin 属性由 "i" 修改为 "?"
R1(config-route-map)#exit
R1(config)#route-map  ruijie deny  20
R1(config-route-map)#exit
R1(config)#router bgp  100
R1(config-router)#network  11.11.11.11 mask  255.255.255.255 route-map ruijie
R1(config-router)#exit
R1(config)#


R3(config)#ip prefix-list ruijie seq 5 permit  33.33.33.33/32
R3(config)#route-map ruijie permit  10
R3(config-route-map)#match ip address  prefix-list  ruijie
R3(config-route-map)#set  origin egp              // 将 Origin 属性由 "?" 修改为 "e"
R3(config-route-map)#exit
R3(config)#route-map ruijie deny  20
R3(config-route-map)#exit
R3(config)#router  bgp  200
R3(config-router)#redistribute  connected  route-map  ruijie
R3(config-router)#exit
R3(config)#
```

如下所示，在 R1 和 R3 上均已修改 Origin 属性。由于以上配置是针对本地始发路由信息进行的修改，因此除了可以针对本地始发路由信息的路由器修改 Origin 属性，还可以使用 route-map 针对对等体通告进来或通告出去的路由信息批量修改 Origin 属性。

```
R2#show ip bgp
BGP table version is 6, local router ID is 2.2.2.2
Status codes: s suppressed, d damped, h history, * valid, > best, i - internal,
              S Stale, b - backup entry, m - multipath, f Filter, a additional-path
Origin codes: i - IGP, e - EGP, ? - incomplete

     Network          Next Hop       Metric    LocPrf    Weight Path
 *>i 11.11.11.11/32   1.1.1.1        0         100       0       ?
```

```
 *>  22.22.22.22/32       0.0.0.0         0       32768        i
 *>  33.33.33.33/32       10.0.23.3       0           0 200 e

Total number of prefixes 3
R2#
```

（2）如下所示，R1 针对 R2 应用 IN 方向的 route-map 修改 Origin 属性，批量修改 R2 传递给 R1 的路由信息的 Origin 属性。

```
R1(config)#route-map ruijie permit  10
R1(config-route-map)#set  origin incomplete
R1(config-route-map)#exit
R1(config)#route-map  ruijie deny  20
R1(config-route-map)#exit
R1(config)#router  bgp  100
R1(config-router)#neighbor   2.2.2.2 route-map ruijie in
R1(config-router)#exit
R1(config)#exit
R1#
```

如下所示，R1 接收的路由信息中已批量修改 Origin 属性。

```
R1#show   ip bgp
BGP table version is 5, local router ID is 1.1.1.1
Status codes: s suppressed, d damped, h history, * valid, > best, i - internal,
              S Stale, b - backup entry, m - multipath, f Filter, a additional-path
Origin codes: i - IGP, e - EGP, ? - incomplete

     Network          Next Hop        Metric      LocPrf       Weight    Path
 *>  11.11.11.11/32   0.0.0.0         0           32768                  i
 *>i 22.22.22.22/32   2.2.2.2         0           100          0         ?
 *>i 33.33.33.33/32   2.2.2.2         0           100          0         200 ?

Total number of prefixes 3
R1#
```

（3）如下所示，R2 针对 R3 应用 OUT 方向的 route-map 修改 Origin 属性，批量修改 R2 传递给 R3 的路由信息的 Origin 属性。

```
R2(config)#route-map ruijie permit   10
R2(config-route-map)#set   origin egp                    // 修改 Origin 属性
R2(config-route-map)#exit
R2(config)#route-map ruijie deny   20
R2(config-route-map)#exit
R2(config)#router  bgp  100
R2(config-router)#neighbor  10.0.23.3 route-map   ruijie out
```

```
R2(config-router)#exit
R2(config)#
```

如下所示，R3 接收的路由信息中已批量修改 Origin 属性。

```
R3#show   ip bgp
BGP table version is 15, local router ID is 3.3.3.3
Status codes: s suppressed, d damped, h history, * valid, > best, i - internal,
              S Stale, b - backup entry, m - multipath, f Filter, a additional-path
Origin codes: i - IGP, e - EGP, ? - incomplete

     Network           Next Hop           Metric      LocPrf     Weight Path
*>   11.11.11.11/32    10.0.23.2          0                      0 100 e
*>   22.22.22.22/32    10.0.23.2          0                      0 100 e
*>   33.33.33.33/32    0.0.0.0            0                      32768   e


Total number of prefixes 3
R3#
```

根据 Origin 属性的选路原则，通过实验验证 Origin 属性的选路情况。如图 8-8 所示，R1、R3 和 R4 同时通告 192.168.1.0/24。

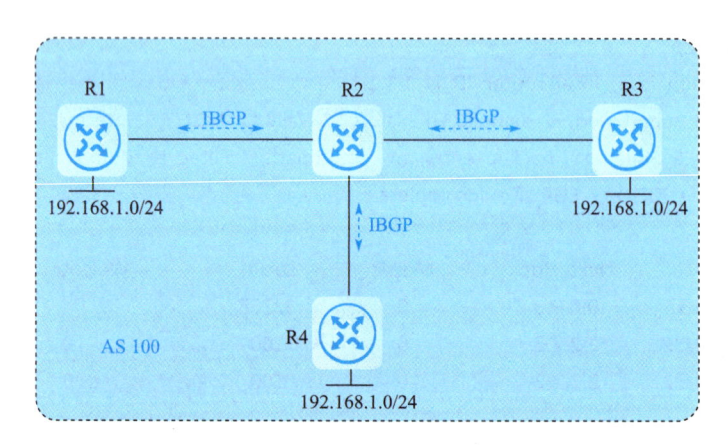

图 8-8 R1、R3 和 R4 同时通告 192.168.1.0/24

R1、R3 和 R4 均使用 network 命令通告 192.168.1.0/24。如下所示，优选 R1 传递的路由信息访问 192.168.1.0/24。

```
R2#show   ip bgp
BGP table version is 3, local router ID is 2.2.2.2
Status codes: s suppressed, d damped, h history, * valid, > best, i - internal,
              S Stale, b - backup entry, m - multipath, f Filter, a additional-path
Origin codes: i - IGP, e - EGP, ? - incomplete

     Network           Next Hop      Metric    LocPrf     Weight Path
```

* i 192.168.1.0	4.4.4.4	0	100	0	i
*bi	3.3.3.3	0	100	0	i
*>i	1.1.1.1	0	100	0	i

Total number of prefixes 1
R2#

如下所示，R1 和 R3 针对 R2 应用 OUT 方向的 route-map，分别修改 Origin 属性为 "?" "e"。在默认情况下，R4 始发路由信息的 Origin 属性为 "i"。

```
R1(config)#route-map ruijie permit 10
R1(config-route-map)#set  origin incomplete
R1(config-route-map)#exit
R1(config)#route-map ruijie deny  20
R1(config-route-map)#exit
R1(config)#
R1(config)#router  bgp  100
R1(config-router)#neighbor  2.2.2.2 route-map  ruijie out
R1(config-router)#exit
R1(config)#


R3(config)#route-map  ruijie permit  10
R3(config-route-map)#set  origin egp
R3(config-route-map)#exit
R3(config)#route-map ruijie deny  20
R3(config-route-map)#exit
R3(config)#router  bgp  100
R3(config-router)#neighbor  2.2.2.2 route-map ruijie out
R3(config-router)#exit
R3(config)#
```

如下所示，通过 route-map 修改 Origin 属性后，根据 Origin 属性的选路原则可知，优选 R4 通告的 192.168.1.0/24 的路由信息。

R2#show ip bgp
BGP table version is 3, local router ID is 2.2.2.2
Status codes: s suppressed, d damped, h history, * valid, > best, i - internal,
              S Stale, b - backup entry, m - multipath, f Filter, a additional-path
Origin codes: i - IGP, e - EGP, ? - incomplete

Network	Next Hop	Metric	LocPrf	Weight	Path
*>i 192.168.1.0	4.4.4.4	0	100	0	i
*bi	3.3.3.3	0	100	0	e
* i	1.1.1.1	0	100	0	?

Total number of prefixes 1
R2#

8.2.5 优选 MED 属性的值较小的路由信息

MED 属性用于判断流量进入 AS 时的最优路径，当一个运行 BGP 的设备通过不同的 EBGP 对等体得到目的地址相同但下一跳地址不同的多条路径时，在其他条件相同的情况下，将优选 MED 属性的值较小的路由信息。

MED 属性仅在相邻两个 AS 之间传递，收到 MED 属性的 AS 的一方不会将其通告给任何其他第三方 AS。可以手动配置 MED 属性的值，如果没有配置 MED 属性的值，那么在进行 BGP 选路时会将路由信息的 MED 属性的值按默认值 0 处理。

1. MED 属性传递

MED 属性在路由信息的传递过程中应遵循相关原则。在将路由信息传递给 EBGP 对等体时，如果是本地始发（使用 network/redistribute 命令）的，那么将携带的 MED 属性的值传递给 EBGP 对等体，如图 8-9 所示。

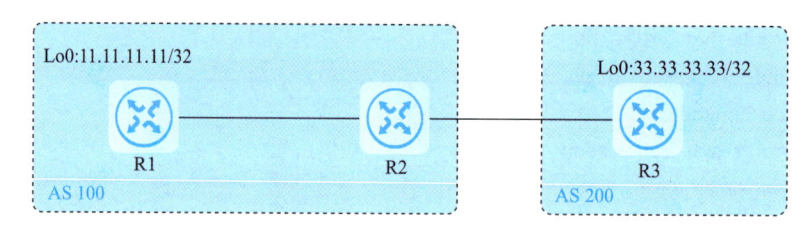

图 8-9　MED 属性传递

如下所示，R3 通过 network 命令通告 33.33.33.33/32，将携带的 MED 属性的值为 10 的路由信息传递给 R2。

```
R3(config)#route-map MED permit 10
R3(config-route-map)#set metric 10
R3(config-route-map)#exit
R3(config)#router bgp 200
R3(config-router)#network 33.33.33.33 mask 255.255.255.255 route-map MED
R3(config-router)#exit
R3(config)#
```

如下所示，通过 R2 能查看到该路由信息携带的 MED 属性的值。

```
R2#show ip bgp
BGP table version is 12, local router ID is 2.2.2.2
Status codes: s suppressed, d damped, h history, * valid, > best, i - internal,
              S Stale, b - backup entry, m - multipath, f Filter, a additional-path
```

```
Origin codes: i - IGP, e - EGP, ? - incomplete

     Network          Next Hop           Metric     LocPrf      Weight  Path
*>   33.33.33.33/32   10.0.23.3          10                        200 i

Total number of prefixes 1
R2#
```

如果该路由信息是其他 BGP 对等体传递的，那么在将该路由信息传递给 EBGP 对等体时，不携带 MED 属性的值（在不对 EBGP 对等体使用 route-map 时，MED 属性的默认值是 0）。

如下所示，R1 通告 11.11.11.11/32，R2 在将路由信息传递给 R3 时，不携带 MED 属性的值，MED 属性的默认值为 0。

```
R2#show   ip bgp
BGP table version is 13, local router ID is 2.2.2.2
Status codes: s suppressed, d damped, h history, * valid, > best, i - internal,
              S Stale, b - backup entry, m - multipath, f Filter, a additional-path
Origin codes: i - IGP, e - EGP, ? - incomplete

     Network          Next Hop           Metric     LocPrf      Weight  Path
*>i  11.11.11.11/32   10.0.12.1          10         100              0  i

Total number of prefixes 1
R2#


R3#show   ip bgp
BGP table version is 8, local router ID is 3.3.3.3
Status codes: s suppressed, d damped, h history, * valid, > best, i - internal,
              S Stale, b - backup entry, m - multipath, f Filter, a additional-path
Origin codes: i - IGP, e - EGP, ? - incomplete

     Network          Next Hop           Metric     LocPrf      Weight  Path
*>   11.11.11.11/32   10.0.23.2          0                         0 100 i

Total number of prefixes 1
R3#
```

在将路由信息通告给 IBGP 对等体时，如果携带 MED 属性的值，那么将携带的 MED 属性的值传递给 IBGP 对等体。

如下所示，R3 通告 33.33.33.33/32，R2 接收后将路由信息传递给 R1，默认携带 MED 属性的值，如果不携带 MED 属性的值，那么将 MED 属性的值设置为 0 并传递给 IBGP 对等体。

```
R1#show ip bgp
BGP table version is 7, local router ID is 1.1.1.1
Status codes: s suppressed, d damped, h history, * valid, > best, i - internal,
              S Stale, b - backup entry, m - multipath, f Filter, a additional-path
Origin codes: i - IGP, e - EGP, ? - incomplete

     Network           Next Hop        Metric      LocPrf      Weight Path
*>   11.11.11.11/32    0.0.0.0         10                      32768      i
*>i  33.33.33.33/32    10.0.12.2       10          100         0 200 i


Total number of prefixes 2
R1#
```

MED 属性在通过 network/redistribute 命令将 IGP 路由信息重分布到 BGP 路由表中时，将继承 IGP 路由信息的 Metric 的值（直连路由信息的 Metric 的默认值为 0）。如图 8-10 所示，设置 MED 属性的值。

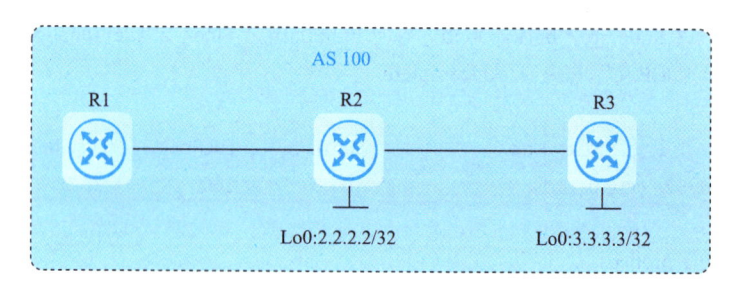

图 8-10 设置 MED 属性的值

如下所示，R2 通过 network 命令将 2.2.2.2/32 通告到 BGP 路由表中，通过 redistribute 命令将 3.3.3.3/32 重分布到 BGP 路由表中。

```
R3(config)#router ospf 1
R3(config-router)#network 3.3.3.3 0.0.0.0 area 0
R3(config-router)#exit
R3(config)#

R2(config)#ip prefix-list ruijie permit 3.3.3.3/32          // 定义 3.3.3.3/32 的前缀列表
R2(config)#route-map ruijie permit 10
R2(config-route-map)#match ip address prefix-list ruijie    // 通过 route-map 匹配 prefix-list
R2(config-route-map)#exit
R2(config)#route-map ruijie deny 20
R2(config-route-map)#exit
R2(config)#router bgp 100
R2(config-router)#network 2.2.2.2 mask 255.255.255.255
R2(config-router)#redistribute ospf 1 route-map ruijie      // 将 3.3.3.3/32 重分布到 BGP 路由表中
```

```
R2(config-router)#exit
R2(config)#
```

如下所示，在 IP 路由表中的 2.2.2.2/32 和 3.3.3.3/32 的 Metric 的值分别是 0 和 20，在 BGP 路由表中直接继承 IGP 路由信息的 Metric 的值。

```
R2#show ip route

Codes:   C - Connected, L - Local, S - Static
         R - RIP, O - OSPF, B - BGP, I - IS-IS, V - Overflow route
         N1 - OSPF NSSA external type 1, N2 - OSPF NSSA external type 2
         E1 - OSPF external type 1, E2 - OSPF external type 2
         SU - IS-IS summary, L1 - IS-IS level-1, L2 - IS-IS level-2
         IA - Inter area, EV - BGP EVPN, A - Arp to host
         LA - Local aggregate route
         * - candidate default

Gateway of last resort is no set
C     2.2.2.2/32 is local host.
O     3.3.3.3/32 [110/20] via 10.0.23.3, 00:12:20, GigabitEthernet 0/1
C     10.0.12.0/24 is directly connected, GigabitEthernet 0/0
C     10.0.12.2/32 is local host.
C     10.0.23.0/24 is directly connected, GigabitEthernet 0/1
C     10.0.23.2/32 is local host.
R2#


R2#show  ip bgp
BGP table version is 3, local router ID is 2.2.2.2
Status codes: s suppressed, d damped, h history, * valid, > best, i - internal,
              S Stale, b - backup entry, m - multipath, f Filter, a additional-path
Origin codes: i - IGP, e - EGP, ? - incomplete

     Network         Next Hop        Metric    LocPrf     Weight     Path
*>   2.2.2.2/32      0.0.0.0         0                    32768      i
*>   3.3.3.3/32      10.0.23.3       20                   32768      ?

Total number of prefixes 2
R2#
```

2. MED 属性选路

BGP 使用 MED 属性的值作为对通过 EBGP 对等体传递的路由信息进行优先级比较的依据之一，MED 属性的值越小，路径的优先级越高。如图 8-11 所示，R4 在收到 R2 和 R3 传递的路由信息时，可以通过比较 MED 属性的值来选择最优路径访问目标网段。

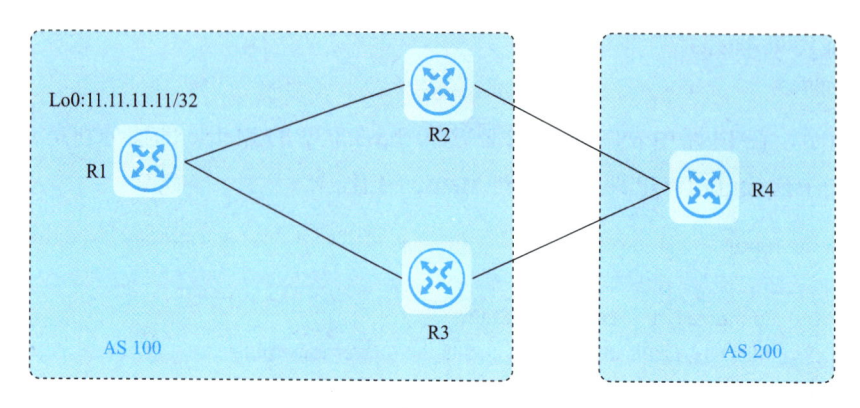

图 8-11 比较 MED 属性的值

R1 通告 11.11.11.11/32，R2 和 R3 通过 EBGP 对等体将 11.11.11.11/32 的路由信息传递给 R4，此时 R4 收到的路由信息未进行 MED 属性的值的比较。

```
R4#show ip bgp
BGP table version is 2, local router ID is 4.4.4.4
Status codes: s suppressed, d damped, h history, * valid, > best, i - internal,
              S Stale, b - backup entry, m - multipath, f Filter, a additional-path
Origin codes: i - IGP, e - EGP, ? - incomplete

     Network          Next Hop         Metric    LocPrf    Weight Path
*b   11.11.11.11/32   10.0.34.3        0                   0 100 i
*>                    10.0.24.2        0                   0 100 i

Total number of prefixes 1
R4#
```

MED 属性的选路设置方式有以下 3 种。

（1）在 BGP 路由器将 IGP 路由信息重分布到 BGP 路由表中时关联 route-map 设置 MED 属性的值。

```
R1(config)#access-list  1 permit  11.11.11.11 0.0.0.0
R1(config)#route-map MED permit 10
R1(config-route-map)#match  ip address  1
R1(config-route-map)#set metric 10
R1(config-route-map)#exit
R1(config)#

R1(config)#router  bgp  100
R1(config-router)# redistribute  connected  route-map  MED
R1(config-router)#exit
R1(config)#
```

如下所示，R2 收到的路由信息携带的 MED 属性的值为 10。

```
R2#show   ip  bgp
BGP table version is 5, local router ID is 2.2.2.2
Status codes: s suppressed, d damped, h history, * valid, > best, i - internal,
              S Stale, b - backup entry, m - multipath, f Filter, a additional-path
Origin codes: i - IGP, e - EGP, ? - incomplete

     Network              Next Hop             Metric        LocPrf       Weight Path
*>i  11.11.11.11/32       10.0.12.1              10           100            0   ?

Total number of prefixes 1
R2#
```

（2）针对 BGP 对等体应用 IN 方向的 route-map 设置 MED 属性的值。

如下所示，在 R4 上针对 EBGP 对等体 R2 和 R3 应用 IN 方向的 route-map 设置 MED 属性的值。

```
R4(config)#route-map   MED permit   10
R4(config-route-map)#set   metric 20
R4(config-route-map)#exit
R4(config)#route-map MED1 permit   20
R4(config-route-map)#set   metric 10
R4(config-route-map)#exit
R4(config)#

R4(config)#router   bgp   200
R4(config-router)#neighbor   10.0.24.2 route-map MED in
R4(config-router)#neighbor   10.0.34.3 route-map MED1 in
R4(config-router)#exit
R4(config)#exit
R4#
```

如下所示，在 R4 上针对 EBGP 对等体 R2 和 R3 应用 IN 方向的 route-map 修改 MED 属性的值，修改后，R4 优选 MED 属性的值较小的下一跳地址传递的 11.11.11.11/32 的路由信息。

```
R4#show   ip  bgp
BGP table version is 15, local router ID is 4.4.4.4
Status codes: s suppressed, d damped, h history, * valid, > best, i - internal,
              S Stale, b - backup entry, m - multipath, f Filter, a additional-path
Origin codes: i - IGP, e - EGP, ? - incomplete

     Network              Next Hop             Metric       LocPrf       Weight Path
*b   11.11.11.11/32       10.0.24.2              20                        0 100 i
*>                        10.0.34.3              10                        0 100 i
```

```
Total number of prefixes 1
R4#
```

（3）针对 BGP 对等体应用 OUT 方向的 route-map 设置 MED 属性的值。

如下所示，在 R2 和 R3 上针对 EBGP 对等体 R4 应用 OUT 方向的 route-map 设置 MED 属性的值。

```
R2(config)#route-map MED permit  10
R2(config-route-map)#set metric 20
R2(config-route-map)#exit
R2(config)#router  bgp  100
R2(config-router)#neighbor  10.0.24.4 route-map MED out
R2(config-router)#exit
R2(config)#

R3(config)#route-map MED permit  10
R3(config-route-map)#set   metric 10
R3(config-route-map)#exit
R3(config)#router  bgp  100
R3(config-router)#neighbor  10.0.34.4 route-map MED out
R3(config-router)#exit
R3(config)#
```

如下所示，R4 收到 R2 和 R3 通告的路由信息，优选 MED 属性的值较小的下一跳地址传递的 11.11.11.11/32 的路由信息。

```
R4#show   ip bgp
BGP table version is 18, local router ID is 4.4.4.4
Status codes: s suppressed, d damped, h history, * valid, > best, i - internal,
           S Stale, b - backup entry, m - multipath, f Filter, a additional-path
Origin codes: i - IGP, e - EGP, ? - incomplete

     Network          Next Hop     Metric    LocPrf      Weight Path
*b   11.11.11.11/32   10.0.24.2    20                    0 100 i
*>                    10.0.34.3    10                    0 100 i

Total number of prefixes 1
R4#
```

3. MED 属性的值

BGP 路由信息在进行选路时，只对同一个 AS 的路径比较 MED 属性的值，对 BGP 联盟内部其他成员 AS 的路径不比较 MED 属性的值。如果收到未设置 MED 属性的值的路径，那么该路径的 MED 属性的值为 0。根据 MED 属性的值越小，优先级越高可知，该路径达到了最高的优先级。对于不同 AS 的路径，不比较 MED 属性的值，将根据收到的路径的顺序进行比较。

1）比较不同 AS 的 MED 属性的值

在比较 MED 属性的值的过程中，如果收到不同 AS 的路径，那么在默认情况下不比较 MED 属性的值，只有收到同一个 AS 的路径才会比较 MED 属性的值。可以通过在 BGP 进程中配置命令，使总是比较不同 AS 的相同路径的 MED 属性的值。

```
bgp always-compare-med                    // 强制比较不同 AS 的路径的 MED 属性的值
```

如图 8-12 所示，在 R1 和 R4 上同时通告 9.9.9.9/32 的路由信息，默认 BGP 路由器不比较不同 AS 的路径的 MED 属性的值。

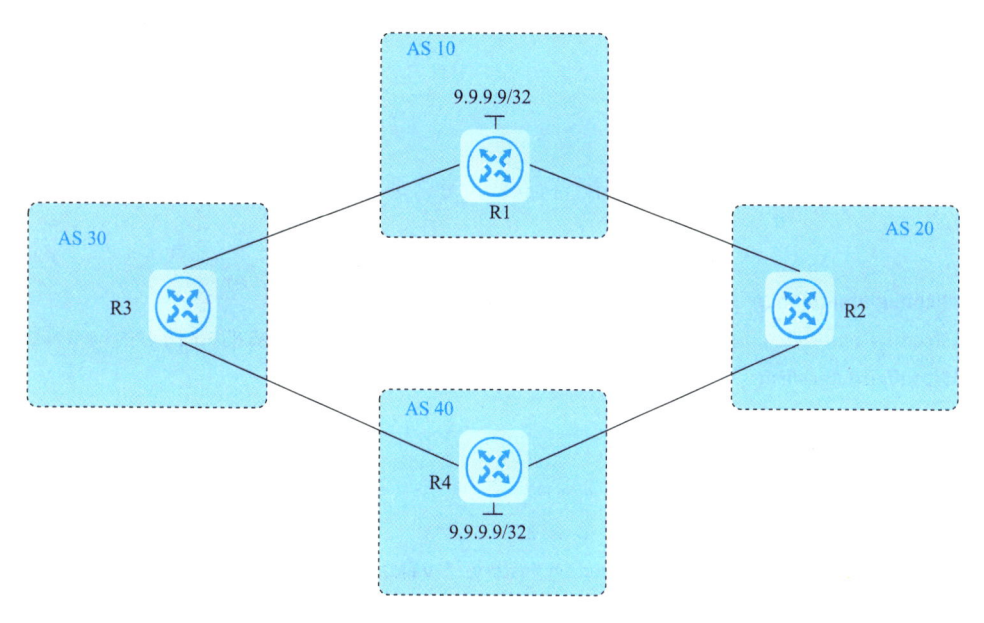

图 8-12　比较不同 AS 的路径的 MED 属性的值

如下所示，R2 或 R3 在收到 9.9.9.9/32 的路由信息时，按 BGP 选路原则优选 IP 地址较小的对等体传递的路由信息，不比较 MED 属性的值。

```
R2#show   ip bgp
BGP table version is 2, local router ID is 2.2.2.2
Status codes: s suppressed, d damped, h history, * valid, > best, i - internal,
              S Stale, b - backup entry, m - multipath, f Filter, a additional-path
Origin codes: i - IGP, e - EGP, ? - incomplete

      Network         Next Hop       Metric    LocPrf     Weight Path
 *b   9.9.9.9/32      10.1.24.4      100                       0 40 i
```

```
    *>                   10.1.12.1      200               0 10 i

Total number of prefixes 1
R2#


R3#show   ip bgp
BGP table version is 4, local router ID is 3.3.3.3
Status codes: s suppressed, d damped, h history, * valid, > best, i - internal,
              S Stale, b - backup entry, m - multipath, f Filter, a additional-path
Origin codes: i - IGP, e - EGP, ? - incomplete

     Network        Next Hop       Metric    LocPrf    Weight Path
*b   9.9.9.9/32     10.1.34.4      100                 0 40 i
*>                  10.1.13.1      200                 0 10 i

Total number of prefixes 1
R3#
```

如下所示，通过在 BGP 进程中配置命令，使总是比较不同 AS 的相同路径的 MED 属性的值。

```
R3(config)#router bgp  30
R3(config-router)#bgp  always-compare-med        // 允许比较不同 AS 的相同路径的 MED 属性的值
R3(config-router)#exit
R3(config)#


R3#show   ip bgp
BGP table version is 5, local router ID is 3.3.3.3
Status codes: s suppressed, d damped, h history, * valid, > best, i - internal,
              S Stale, b - backup entry, m - multipath, f Filter, a additional-path
Origin codes: i - IGP, e - EGP, ? - incomplete

     Network        Next Hop       Metric    LocPrf    Weight Path
*>   9.9.9.9/32     10.1.34.4      100                 0 40 i
*b                  10.1.13.1      200                 0 10 i

Total number of prefixes 1
R3#
```

2）设置 MED 属性的最大值

如果希望未设置 MED 属性的值的路径的优先级最低，那么可以通过配置 bgp bestpath med missing-as-worst 命令设置 MED 属性的值来实现，如图 8-13 所示。

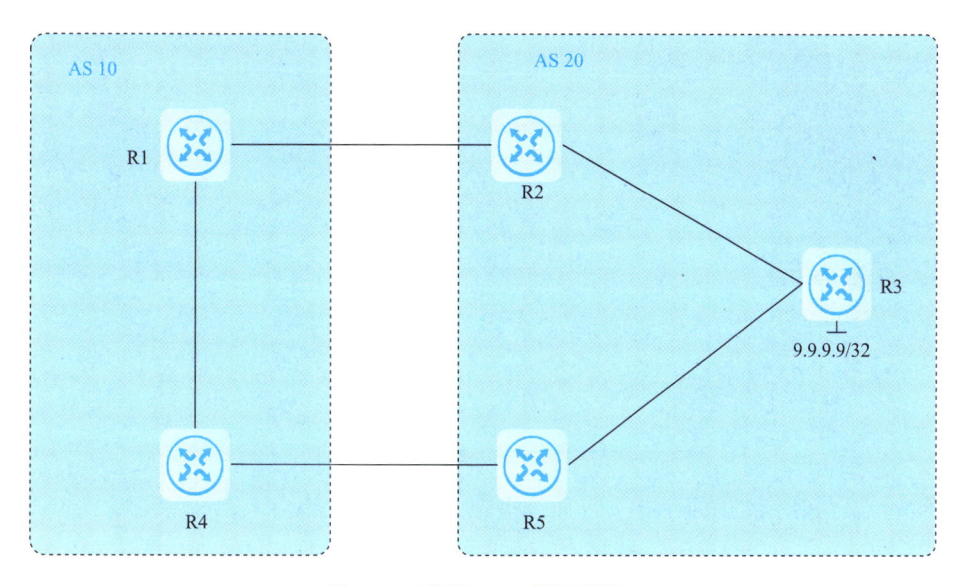

图 8-13 设置 MED 属性的值 1

R3 通告 9.9.9.9/32，R1 针对 R4 设置 MED 属性的值为 199，R5 未针对 R4 设置 MED 属性的值，MED 属性的默认值为 0 且为最优路径。此时，R4 优选 R5 传递的路由信息访问目标网段。

```
R1(config)#route-map ruijie permit  10
R1(config-route-map)#set   metric 199
R1(config-route-map)#exR1(config)#router   bgp   10
R1(config-router)#neighbor   10.1.14.4 route-map   ruijie out
R1(config-router)#exit
R1(config)#


R4#show   ip bgp                                //R4 优选 R5 传递的路由信息访问目标网段
BGP table version is 4, local router ID is 4.4.4.4
Status codes: s suppressed, d damped, h history, * valid, > best, i - internal,
              S Stale, b - backup entry, m - multipath, f Filter, a additional-path
Origin codes: i - IGP, e - EGP, ? - incomplete

    Network         Next Hop        Metric     LocPrf     Weight Path
 *> 9.9.9.9/32      10.1.45.5       0                     0 20 i
 *bi                10.1.14.1       199        100        0 20 i

Total number of prefixes 1
R4#
```

如图 8-14 所示，基于 R1 针对 R4 设置 MED 属性的值为 199，R4 按 BGP 选路原则优选 R5 传递的路由信息访问目标网段，现希望 R4 访问 9.9.9.9/32 的路径为 R4—R1—R2—R3。

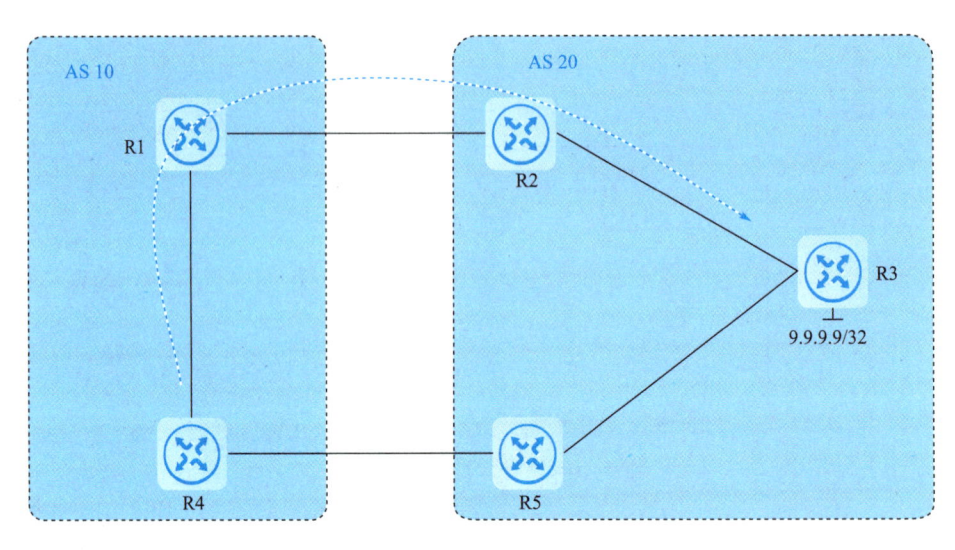

图 8-14 设置 MED 属性的值 2

在不设置 MED 属性的值的情况下，配置 bgp bestpath med missing-as-worst 命令，并将 R4 的 MED 属性的值设置为最大，将路径的优先级设置为最低，R4 会优选 R4—R1—R2—R3 访问目标网段。

```
R4(config)#router  bgp  10
R4(config-router)#bgp  bestpath  med  missing-as-worst
R4(config-router)#exit
R4(config)#

R4#show  ip bgp
BGP table version is 5, local router ID is 4.4.4.4
Status codes: s suppressed, d damped, h history, * valid, > best, i - internal,
              S Stale, b - backup entry, m - multipath, f Filter, a additional-path
Origin codes: i - IGP, e - EGP, ? - incomplete

     Network        Next Hop         Metric     LocPrf  Weight Path
*b   9.9.9.9/32     10.1.45.5        4294967295                0 20 i
*>i                 10.1.14.1        199        100            0 20 i


Total number of prefixes 1
R4#
```

MED 属性为经常使用的一个路径属性，且仅在相邻两个 AS 之间传递，收到 MED 属性的 AS 的一方不会将其通告给任何其他第三方 AS，这一特性体现了 BGP 选路原则的严谨性。

此外，还可以通过对 MED 属性的值配置相关命令来执行 BGP 选路原则，相关命令说明如下。

（1）bgp deterministic-med 命令：使用此命令后，BGP 路由表中的路由条目会以 AS 为组进行排列，先从同一个 AS 内的所有路径中选出一条最优路径，再根据 BGP 选路原则进行 BGP 选路。

（2）bgp bestpath med confed 命令：此命令只能对 AS-Path 属性中含有 BGP 联盟序列的路由信息（BGP 联盟内部的成员 AS 之间传递的路由信息）进行 MED 属性的值的比较。

8.2.6 优选 EBGP 对等体传递的路由信息

若根据 MED 属性的值无法进行 BGP 选路或不再根据 MED 属性的值进行 BGP 选路，则会选择下一跳地址为 EBGP 对等体的地址而非 IBGP 对等体的地址。BGP 的 AD（管理距离）的值分为 EBGP 路由信息的 AD 的值和 IBGP 路由信息的 AD 的值两种，EBGP 路由信息的 AD 的值为 20，而 IBGP 路由信息的 AD 的值为 200，但 BGP 并不在 EBGP 与 IBGP 之间比较 AD 的值，通过优选 EBGP 对等体传递路由信息的方式表明对等体类型才是影响 BGP 选路的关键。因为这种影响是受对等体类型影响的，不受 AD 的值的影响，所以并非通过比较 AD 的值进行 BGP 选路。

如图 8-15 所示，R1、R2 均与 R3 建立 EBGP 对等体关系，R1 与 R2 建立 IBGP 对等体关系，在 R3 上创建 Loopback 0 接口，并将该接口通告到 BGP 路由表中。

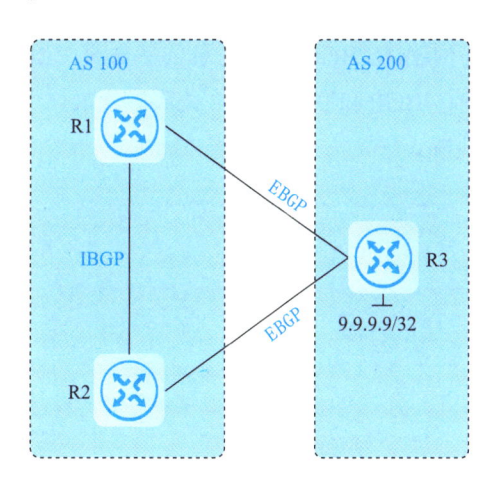

图 8-15　优选 EBGP 对等体传递的路由信息 1

由于 R1 和 R2 具有相同的 BGP 选路原则，因此通过查看 BGP 路由表能看到优选 EBGP 对等体传递的路由信息。

```
R1#show  ip bgp
BGP table version is 2, local router ID is 1.1.1.1
Status codes: s suppressed, d damped, h history, * valid, > best, i - internal,
              S Stale, b - backup entry, m - multipath, f Filter, a additional-path
Origin codes: i - IGP, e - EGP, ? - incomplete
```

```
   Network          Next Hop           Metric      LocPrf      Weight Path
*bi 9.9.9.9/32      10.1.12.2          0           100         0 200 i
*>                  10.1.13.3          0                       0 200 i

Total number of prefixes 1
R1#

R2#show   ip bgp
BGP table version is 2, local router ID is 2.2.2.2
Status codes: s suppressed, d damped, h history, * valid, > best, i - internal,
              S Stale, b - backup entry, m - multipath, f Filter, a additional-path
Origin codes: i - IGP, e - EGP, ? - incomplete

   Network          Next Hop           Metric      LocPrf      Weight Path
*bi 9.9.9.9/32      10.1.12.1          0           100         0 200 i
*>                  10.1.23.3          0                       0 200 i

Total number of prefixes 1
R2#
```

在进行 BGP 选路的过程中，也存在一些比较复杂的网络环境，如配置了 BGP 联盟。在配置了 BGP 联盟的网络环境中，BGP 路由信息依然选择 EBGP 对等体通告。如图 8-16 所示，AS 100 内存在 EBGP、IBGP 和联盟 EBGP 关系，在 R1、R6 和 R4 上通告 9.9.9.9/32，在 R2 上观察 BGP 选路的情况。

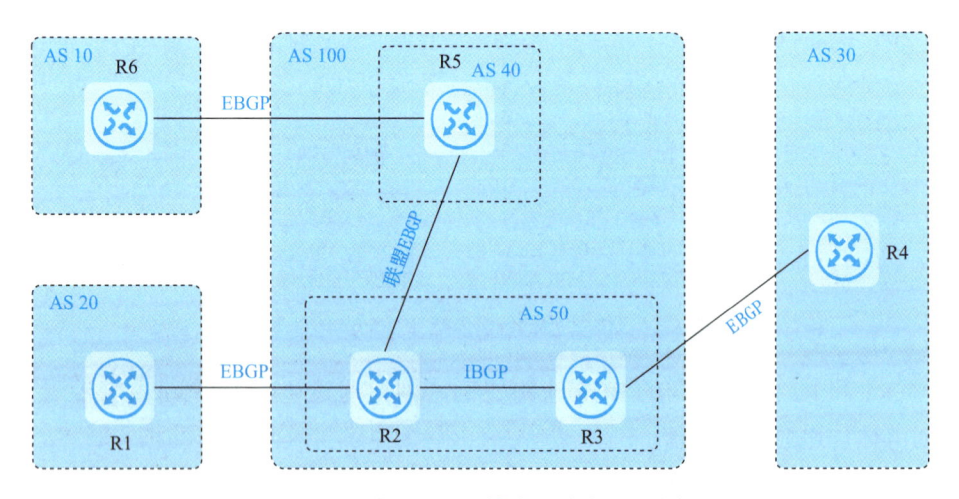

图 8-16 优选 EBGP 对等体传递的路由信息 2

R2 依然优选 EBGP 对等体传递的路由信息。

```
R2#show   ip bgp
```

```
BGP table version is 2, local router ID is 2.2.2.2
Status codes: s suppressed, d damped, h history, * valid, > best, i - internal,
              S Stale, b - backup entry, m - multipath, f Filter, a additional-path
Origin codes: i - IGP, e - EGP, ? - incomplete

   Network           Next Hop          Metric       LocPrf       Weight Path
*bi 9.9.9.9/32       3.3.3.3           0            100          0 30 i
*                    5.5.5.5           0            100          0 (40) 10 i
*>                   10.1.12.1         0                         0 20 i


Total number of prefixes 1
R2#
```

注意，此处不再赘述 BGP 联盟，在第 9 章中将对 BGP 联盟进行详细介绍。

8.2.7 优选最近的 IGP 对等体传递的路由信息

比较对等体的更新源地址在本地 IGP 路由表中的 Metric 的值，Metric 的值越小，优先级越高。Metric 的值与 MED 属性的值无关。该选路原则在项目案例中较少使用。

如图 8-17 所示，验证上述选路原则，在 AS 100 内的各设备使用 Loopback 0 接口建立 IBGP 对等体关系，在 R4 上创建 Loopback 0 接口，Loopback 0 接口的地址为 9.9.9.9/32，将该接口通告到 BGP 路由表中。

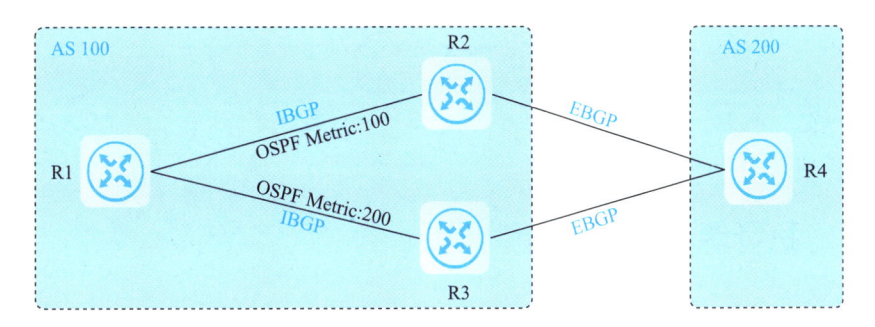

图 8-17 优选最近的 IGP 对等体传递的路由信息

根据完成配置的结果可知，R1 优选 R2 通告的路由信息。

```
R1#show ip bgp
BGP table version is 2, local router ID is 1.1.1.1
Status codes: s suppressed, d damped, h history, * valid, > best, i - internal,
              S Stale, b - backup entry, m - multipath, f Filter, a additional-path
Origin codes: i - IGP, e - EGP, ? - incomplete
   Network           Next Hop          Metric       LocPrf       Weight Path
*>i 9.9.9.9/32       2.2.2.2           0            100          0     200 i
```

```
*bi              3.3.3.3              0       100        0    200 i
Total number of prefixes 1
```

通过命令查看 R1 收到的详细路由信息，R2、R3 均与 R1 建立对等体关系，在 R1 上，Metric 的值分别是 100 和 200，根据 BGP 选路原则的第 7 条，R1 会优选最近的 IGP 对等体（也就是 R2）通告的路由信息。

```
R1#show ip route
O    2.2.2.2/32 [110/100] via 9.9.12.2, 00:00:34, GigabitEthernet 0/0
O    3.3.3.3/32 [110/200] via 9.9.13.3, 00:00:29, GigabitEthernet 0/1

R1#sh ip bgp 9.9.9.9
BGP routing table entry for 9.9.9.9/32(#0x7ffac7382cf0)
Paths: (2 available, best #1, table Default-IP-Routing-Table)
Not advertised to any peer

200

2.2.2.2 (metric 100) from 2.2.2.2 (2.2.2.2)
    Origin IGP, metric 0, localpref 100, valid, internal, best
    Last update: Thu Oct 28 13:55:52 2021
    RX ID: 0,TX ID: 0
200

3.3.3.3 (metric 200) from 3.3.3.3 (3.3.3.3)
    Origin IGP, metric 0, localpref 100, valid, internal, backup
    Last update: Thu Oct 28 13:55:59 2021
    RX ID: 0,TX ID: 0
```

8.2.8　执行等价负载均衡

BGP 默认不执行等价负载均衡，如果使用之前介绍的属性都无法选出最优路径，那么执行等价负载均衡，要求之前介绍的所有属性均完全相同，缺一不可。需要注意的是，只有开启了负载均衡功能，BGP 才会执行等价负载均衡，否则，继续比较下一个属性的值。

在使用前面介绍的 BGP 选路原则无法选出最优路径时，可以在 BGP 进程中配置 maximum-paths[ibgp/ebgp]n 命令，其中 n 的取值范围为 2～32，执行等价负载均衡。

如图 8-18 所示，R1 分别与 R2、R3 建立 EBGP 对等体关系，R4 分别与 R2、R3 建立 IBGP 对等体关系，在 R1 和 R4 上分别创建 Loopback 0 接口，R1 的 Loopback 0 接口的地址为 10.1.1.1/32，R4 的 Loopback 0 接口的地址为 40.1.1.1/32，并将各 Loopback 0 接口通告到 BGP 路由表中。

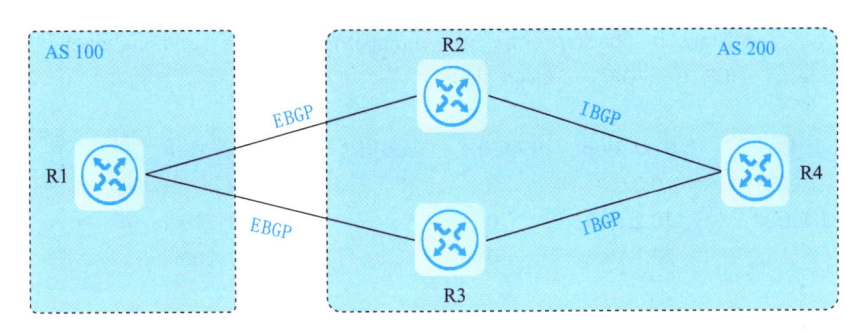

图 8-18　执行等价负载均衡

如下所示，根据 BGP 选路原则优选 BGP 对等体的 IP 地址小的路由器传递的路由信息。

```
R1#show   ip bgp
BGP table version is 3, local router ID is 1.1.1.1
Status codes: s suppressed, d damped, h history, * valid, > best, i - internal,
              S Stale, b - backup entry, m - multipath, f Filter, a additional-path
Origin codes: i - IGP, e - EGP, ? - incomplete

     Network          Next Hop         Metric     LocPrf     Weight Path
*>   10.1.1.1/32      0.0.0.0          0                     32768     i
*b   40.1.1.1/32      10.1.13.3        0                         0 200 i
*>                    10.1.12.2        0                         0 200 i

Total number of prefixes 2
R1#

R1#show   ip route bgp
B     40.1.1.1/32 [20/0] via 10.1.12.2, 00:03:09
R1
```

如下所示，通过配置命令关联关键字，针对 EBGP 对等体传递的路由信息执行等价负载均衡。

```
R1(config)#router   bgp   100
R1(config-router)#maximum-paths ebgp 2
R1(config-router)#exit
R1(config)#
```

如下所示，在 R1 上收到的 40.1.1.1/32 的路由信息显示为多条路径，且在将路由信息加载到全局 IP 路由表中时为负载路径，针对 EBGP 对等体传递的路由信息执行等价负载均衡。

```
R1#show   ip bgp
BGP table version is 3, local router ID is 1.1.1.1
Status codes: s suppressed, d damped, h history, * valid, > best, i - internal,
```

S Stale, b - backup entry, m - multipath, f Filter, a additional-path
Origin codes: i - IGP, e - EGP, ? - incomplete

	Network	Next Hop	Metric	LocPrf	Weight	Path
*>	10.1.1.1/32	0.0.0.0	0		32768	i
*m	40.1.1.1/32	10.1.13.3	0		0	200 i
*>		10.1.12.2	0		0	200 i

Total number of prefixes 2
R1#

R1#show ip bgp 40.1.1.1
BGP routing table entry for 40.1.1.1/32(#0x7fe597becd98)
Paths: (2 available, best #2, table Default-IP-Routing-Table)
  Advertised to update-groups:
   1

  200
    10.1.13.3 from 10.1.13.3 (3.3.3.3)
      Origin IGP, metric 0, localpref 100, valid, external, multipath
      Last update: Tue Jan 23 02:29:37 2024
      RX ID: 0,TX ID: 0

  200
    10.1.12.2 from 10.1.12.2 (2.2.2.2)
      Origin IGP, metric 0, localpref 100, valid, external, multipath, best
      Last update: Tue Jan 23 02:29:40 2024
      RX ID: 0,TX ID: 0
R1#

R1#show ip route bgp
B   40.1.1.1/32 [20/0] via 10.1.12.2, 00:06:28
                 [20/0] via 10.1.13.3, 00:06:28
R1#

如下所示，通过配置命令关联关键字，针对 IBGP 对等体传递的路由信息执行等价负载均衡。

R4(config)#router bgp 200
R4(config-router)#maximum-paths ibgp 2
R4(config-router)#exit
R4(config)#

如下所示，在 R4 上配置针对 IBGP 对等体传递的路由信息执行的等价负载均衡，在 R4 上收到的 10.1.1.1/32 的路由信息显示为多条路径，且在将路由信息加载到全局 IP 路由表中时为负载路径，针对 IBGP 对等体传递的路由信息执行等价负载均衡。

```
R4#show  ip bgp
BGP table version is 3, local router ID is 4.4.4.4
Status codes: s suppressed, d damped, h history, * valid, > best, i - internal,
              S Stale, b - backup entry, m - multipath, f Filter, a additional-path
Origin codes: i - IGP, e - EGP, ? - incomplete


     Network           Next Hop        Metric      LocPrf       Weight Path
*>i 10.1.1.1/32        10.1.24.2       0           100          0 100 i
*mi                    10.1.34.3       0           100          0 100 i
*>  40.1.1.1/32        0.0.0.0         0                        32768    i


Total number of prefixes 2
R4#


R4#show  ip bgp   10.1.1.1
BGP routing table entry for 10.1.1.1/32(#0x7f100dfeeeb0)
Paths: (2 available, best #1, table Default-IP-Routing-Table)
  Not advertised to any peer

  100
     10.1.24.2 from 10.1.24.2 (2.2.2.2)
        Origin IGP, metric 0, localpref 100, valid, internal, multipath, best
        Last update: Tue Jan 23 02:30:24 2024
        RX ID: 0,TX ID: 0

  100
     10.1.34.3 from 10.1.34.3 (3.3.3.3)
        Origin IGP, metric 0, localpref 100, valid, internal, multipath
        Last update: Tue Jan 23 02:30:32 2024
        RX ID: 0,TX ID: 0
R4#


R4#show  ip route  bgp
B    10.1.1.1/32 [200/0] via 10.1.24.2, 00:01:09
                 [200/0] via 10.1.34.3, 00:01:09
R4#
```

8.2.9　优选 Router ID 较小的对等体传递的路由信息

在使用前面介绍的 BGP 选路原则无法比较出最优路径，且 BGP 未执行等价负载均衡时，会继续使用下一条 BGP 选路原则进行比较，前面介绍的 BGP 选路原则主要以 EBGP 对等体之间的选路为主，Router ID 较小的对等体传递的路由信息以 IBGP 对等体之间的选路为主。

如图 8-19 所示，分别在 R2 和 R3 上创建 Loopback 0 接口，并将该接口通告到 BGP 路由表中。

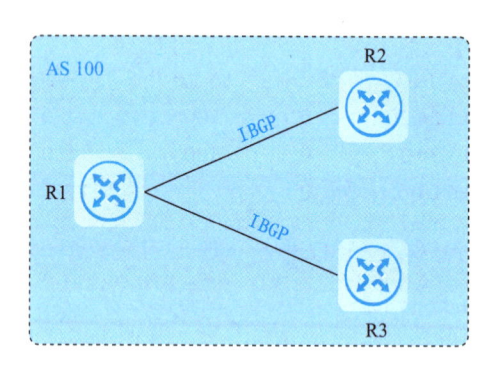

图 8-19　优选 Router ID 较小的对等体传递的路由信息

如下所示，将 R2 的 Router ID 配置为 20.1.1.1，将 R3 的 Router ID 配置为 3.3.3.3，按 BGP 选路原则，优选 Router ID 较小的对等体传递的路由信息。

```
R1#show ip bgp
BGP table version is 2, local router ID is 1.1.1.1
Status codes: s suppressed, d damped, h history, * valid, > best, i - internal,
              S Stale, b - backup entry, m - multipath, f Filter, a additional-path
Origin codes: i - IGP, e - EGP, ? - incomplete

     Network          Next Hop      Metric    LocPrf    Weight  Path
  *bi 9.9.9.9/32      10.1.12.2     0         100       0       i
  *>i                 10.1.13.3     0         100       0       i


Total number of prefixes 1
R1#

R1#show  ip bgp  9.9.9.9
BGP routing table entry for 9.9.9.9/32(#0x7f2efabefcf0)
Paths: (2 available, best #2, table Default-IP-Routing-Table)
  Not advertised to any peer


  Local
    10.1.12.2 from 10.1.12.2 (20.1.1.1)
      Origin IGP, metric 0, localpref 100, valid, internal, backup
      Last update: Tue Jan 23 03:10:23 2024
      RX ID: 0,TX ID: 0
```

```
  Local
    10.1.13.3 from 10.1.13.3 (9.9.9.9)
      Origin IGP, metric 0, localpref 100, valid, internal, best
      Last update: Tue Jan 23 03:10:00 2024
      RX ID: 0,TX ID: 0
R1#
```

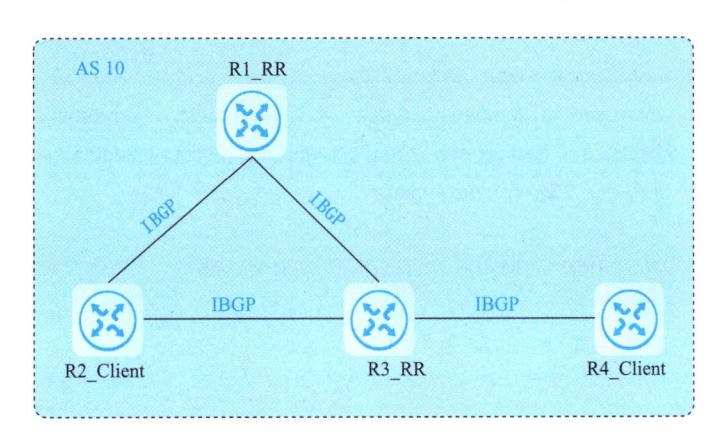

8.2.10　优选 Cluster List 属性较短的路由信息

BGP 路由反射器和客户端组成一个 Cluster（集群），Cluster ID 作为 AS 内的唯一标识，为了防止 Cluster 之间产生环路，BGP 路由反射器使用 Cluster List 属性，记录经过的所有 Cluster ID。

BGP 选路原则的第 10 条只在 BGP 路由反射环境中应用，只有在 BGP 路由反射环境中才会比较 Cluster List 属性的长度，BGP 路由反射器在执行路由反射动作时会将自己的 Cluster ID 添加到 Cluster List 属性中，Cluster List 属性越短，路径的优先级越高。

如图 8-20 所示，R1_RR 和 R3_RR 作为 BGP 路由反射器，R2_Client 和 R4_Client 作为客户端，在 R4_Client 上创建 Loopback 1 接口，Loopback 1 接口的地址为 9.9.9.9/32，并将该接口通告到 BGP 路由表中。

图 8-20　优选 Cluster List 属性较短的路由信息

R3 收到 R4 传递的 9.9.9.9/32 的路由信息。

```
R3#show  ip bgp
BGP table version is 4, local router ID is 3.3.3.3
Status codes: s suppressed, d damped, h history, * valid, > best, i - internal,
              S Stale, b - backup entry, m - multipath, f Filter, a additional-path
Origin codes: i - IGP, e - EGP, ? - incomplete
```

```
     Network          Next Hop           Metric      LocPrf      Weight  Path
*>i 9.9.9.9/32        10.1.4.4           0           100         0       i
```

Total number of prefixes 1
R3#

根据 BGP 路由反射器的反射规则，R3_RR 收到 R4_Client 发送的 9.9.9.9/32 的路由信息，并将该路由信息反射给 R2_Client 和 R1_RR。

```
R1#show  ip bgp
BGP table version is 2, local router ID is 1.1.1.1
Status codes: s suppressed, d damped, h history, * valid, > best, i - internal,
              S Stale, b - backup entry, m - multipath, f Filter, a additional-path
Origin codes: i - IGP, e - EGP, ? - incomplete

     Network          Next Hop           Metric      LocPrf      Weight  Path
*>i 9.9.9.9/32        10.1.4.4           0           100         0       i
```

Total number of prefixes 1
R1#

R1_RR 将路由信息反射给 R2_Client，此时 R2_Client 收到 R1_RR 和 R3_RR 发送的路由信息，R2_Client 根据 BGP 选路原则选择 Cluster List 属性较短的路径访问 9.9.9.9/32。

```
R2#show  ip bgp
BGP table version is 2, local router ID is 2.2.2.2
Status codes: s suppressed, d damped, h history, * valid, > best, i - internal,
              S Stale, b - backup entry, m - multipath, f Filter, a additional-path
Origin codes: i - IGP, e - EGP, ? - incomplete

     Network     Next Hop    Metric   LocPrf    Weight Path
*  i 9.9.9.9/32  10.1.4.4    0        100       0      i
*>i             10.1.4.4    0        100       0      i
```

Total number of prefixes 1
R2#

```
R2#show  ip bgp  9.9.9.9
BGP routing table entry for 9.9.9.9/32(#0x7f871ffecd98)
Paths: (2 available, best #2, table Default-IP-Routing-Table)
  Not advertised to any peer

  Local
    10.1.4.4 (metric 2) from 10.1.1.1 (4.4.4.4)
```

第 8 章　BGP 选路

```
                Origin IGP, metric 0, localpref 100, valid, internal
                Originator: 4.4.4.4, Cluster list: 1.1.1.1 3.3.3.3
                Last update: Fri Dec 22 08:45:09 2023
                RX ID: 0,TX ID: 0

    Local
        10.1.4.4 (metric 2) from 10.1.3.3 (4.4.4.4)
            Origin IGP, metric 0, localpref 100, valid, internal, best
            Originator: 4.4.4.4, Cluster list: 3.3.3.3
            Last update: Fri Dec 22 08:45:09 2023
            RX ID: 0,TX ID: 0
R2#
```

8.2.11　优选较小的对等体地址路由器传递的路由信息

BGP 选路原则的第 11 条是最后一条，该原则在使用前 10 条原则都无法选择最优路径时使用，这时选择下一跳的对等体地址最小的路由信息，该地址是在建立 BGP 对等体关系时使用的地址，也是对等体和自己建立 TCP 连接使用的源地址。因为建立不同的对等体关系需要使用不同的地址，所以不同路径的对等体地址也不相同。

如图 8-21 所示，R1 分别与 R2、R3 建立 IBGP 对等体关系，在 R2 和 R3 上分别创建 Loopback 0 接口，Loopback 0 接口的地址均为 9.9.9.9/32，并将该接口通告到 BGP 路由表中。

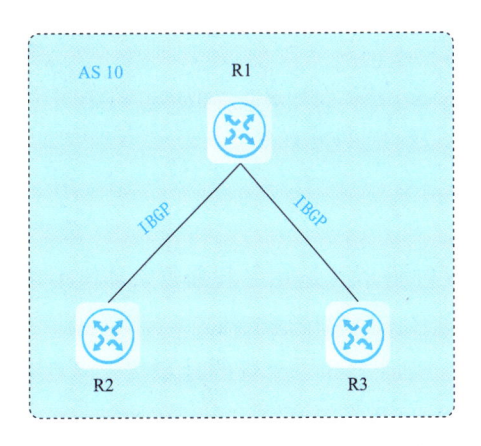

图 8-21　优选较小的对等体地址路由器传递的路由信息

如下所示，R1 收到的路由信息此时根据 BGP 选路原则的第 9 条优选。

```
R1#show  ip bgp
BGP table version is 2, local router ID is 1.1.1.1
Status codes: s suppressed, d damped, h history, * valid, > best, i - internal,
```

```
                    S Stale, b - backup entry, m - multipath, f Filter, a additional-path
Origin codes: i - IGP, e - EGP, ? - incomplete

      Network      Next Hop      Metric     LocPrf     Weight  Path
  *bi 9.9.9.9/32   10.1.13.3      0          100        0      i
  *>i              10.1.12.2      0          100        0      i


Total number of prefixes 1
R1#
```

如果需要使用 BGP 选路原则的最后一条选择最优路径，那么应设置对等体的 Router ID 相同，将 R2 和 R3 的 Router ID 设置为相同的值，R1 收到的路由信息优选在较小的对等体地址的 R2 上接收。

```
R1#show  ip bgp  9.9.9.9
BGP routing table entry for 9.9.9.9/32(#0x7f6eeb7eccb8)
Paths: (2 available, best #2, table Default-IP-Routing-Table)
  Not advertised to any peer

  Local
    10.1.13.3 from 10.1.13.3 (2.2.2.2)
      Origin IGP, metric 0, localpref 100, valid, internal, backup
      Last update: Fri Dec 22 09:45:09 2023
      RX ID: 0,TX ID: 0

  Local
    10.1.12.2 from 10.1.12.2 (2.2.2.2)
      Origin IGP, metric 0, localpref 100, valid, internal, best
      Last update: Fri Dec 22 09:45:09 2023
      RX ID: 0,TX ID: 0
R1#
```

注意，Router ID 相同仅对图 8-21 适用，其余复杂环境不允许设置 Router ID 相同，如果 Router ID 相同那么会导致路由信息传递失败。

BGP 路由信息只有下一跳地址可达及有效且最优，才能被加载到全局 IP 路由表中。在进行 BGP 选路时，要确保 BGP 路由信息的下一跳地址可达。BGP 路由信息若下一跳地址不可达则不会成为有效路由信息，也就无法进行 BGP 选路。

BGP 默认在到达同一个目的地时只走单条路径，并不希望在多条路径之间执行等价负载均衡。当 BGP 路由表中有多条路径可以到达同一个目的地时，需要执行比较路由条目中的路径属性。通过比较多条路由条目的路径属性，决定选择哪条路径为最优路径。

问题与思考

1. BGP 路由器建立 IBGP 对等体后，在 IBGP 对等体之间更多使用（　　）属性进行 BGP 选路。

    A．Local-Preference　　　　B．Router ID

    C．AS-Path　　　　　　　　D．MED

2. 以下关于 MED 属性的说法错误的是（　　）。

    A．MED 属性的优选原则为，MED 属性的值越小，路径的优先级越高

    B．在将一条本地始发的 BGP 路由信息传递给 EBGP 对等体时，会携带相应的 MED 属性的值

    C．如果一台路由器收到一条携带 MED 属性的值的 BGP 路由信息，那么该路由器在将其传递给其他 IBGP 对等体时，MED 属性的值不会被发送给该对等体

    D．在默认情况下，BGP 路由器只会比较来自同一个 AS 路由信息的 MED 属性的值

3. 如图 8-22 所示，R1 可以通过 R2 和 R3 访问 R4 的 Loopback 0 接口，R1 和 R2 建立对等体关系，R1 和 R3 建立对等体关系，R2、R3、R4 属于同一个 AS，R4 通过 BGP 发布路由信息，R1 访问 R4 的 Loopback 0 接口的流量优选 R2，以下做法可以实现的是（　　）。

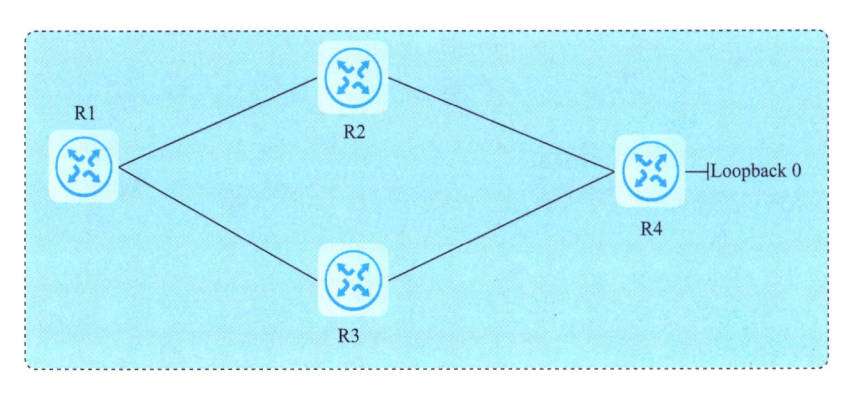

图 8-22　路径选择

　　A．R1 指定对等体 R2 在 IN 方向上设置 MED 属性的值为 200

　　B．R2 指定对等体 R1 在 OUT 方向上设置 Local-Preference 属性的值为 200

　　C．R2 指定对等体 R1 在 OUT 方向上设置 MED 属性的值为 200

　　D．R1 指定对等体 R2 在 IN 方向上设置 Local-Preference 属性的值为 200

4. "一台路由器上能配置多个 BGP 进程"的说法是（　　）的。

    A．正确　　　　　B．错误

5．在进行 BGP 选路时若未执行等价负载均衡，则下一条要遵循的原则是（   ）。

    A．优选 MED 属性的值较小的路由信息

    B．优选 Origin 属性为 EGP 的路由信息

    C．优选 Router ID 较小的对等体传递的路由信息

    D．优选 Router ID 较大的对等体传递的路由信息

6．在 R1 和 R2 上运行 BGP，这两台路由器都在 AS 100 内。假设 R2 的路由信息在 R1 的 BGP 路由表中，但是没有在 R1 的 IP 路由表中，导致该问题发生的原因是（   ）。

    A．同步被关闭　　　　　　　　　　B．BGP 对等体处于 Down 状态

    C．R1 没有配置参数 Multi-hop　　　D．不是最优路径

第 9 章　BGP 特性

> 【学习目标】

在 BGP 的实际部署中，经常会产生路由黑洞，解决路由黑洞的技术手段之一便是建立全互联的 IBGP 对等体关系，而 BGP 路由反射器和 BGP 联盟是建立全互联的 IBGP 对等体关系的两大技术手段。

大型网络的对等体数量众多，需要很多重复的配置，此时就需要使用对等体组简化配置及提升运维效率。面对数量众多的路由条目，网络设备的压力会比较大，此时就需要通过汇总 BGP 路由信息来减少路由条目的数量。因此，BGP 路由信息汇总是关键技术。

学习完本章内容应能够：
- 了解 BGP 路由反射器
- 了解 BGP 联盟
- 了解 BGP 路由反射器和 BGP 联盟对比
- 掌握对等体组
- 掌握 BGP 路由信息汇总和 BGP 默认路由信息
- 掌握 BGP 安全特性

> 【知识结构】

本章主要介绍 BGP 特性，内容包括 BGP 路由反射器、BGP 联盟、BGP 路由反射器和 BGP 联盟对比、对等体组、BGP 路由信息汇总和 BGP 默认路由信息、BGP 安全特性。

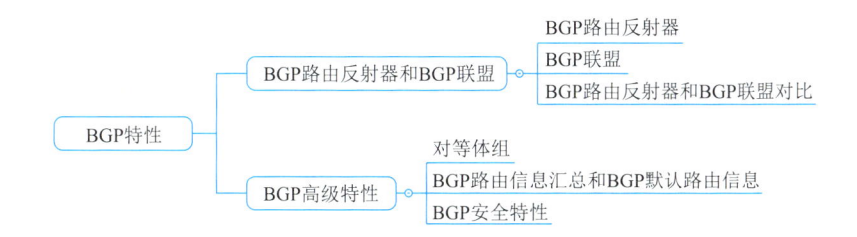

```
                                    ┌── BGP路由反射器
                ┌── BGP路由反射器和BGP联盟 ──┼── BGP联盟
                │                   └── BGP路由反射器和BGP联盟对比
BGP特性 ────────┤
                │                   ┌── 对等体组
                └── BGP高级特性 ─────┼── BGP路由信息汇总和BGP默认路由信息
                                    └── BGP安全特性
```

9.1 BGP 路由反射器和 BGP 联盟

在 AS 内可以跨设备建立 IBGP 对等体关系，这会使路径上的某些设备未运行 BGP 的情况出现，而这些未运行 BGP 的路由器设备不会收到 BGP 传递的路由信息。在经过这些设备时，由于数据包中不存在路由信息，因此数据包将会被丢弃，以致产生路由黑洞。

如图 9-1 所示，AS 200 内的 R3、R4 未运行 BGP，R2 和 R5 跨设备建立 IBGP 对等体关系，若正常建立 IBGP 对等体关系则能够通告 BGP 路由信息，R6 正常接收 R5 传递的 BGP 路由信息。

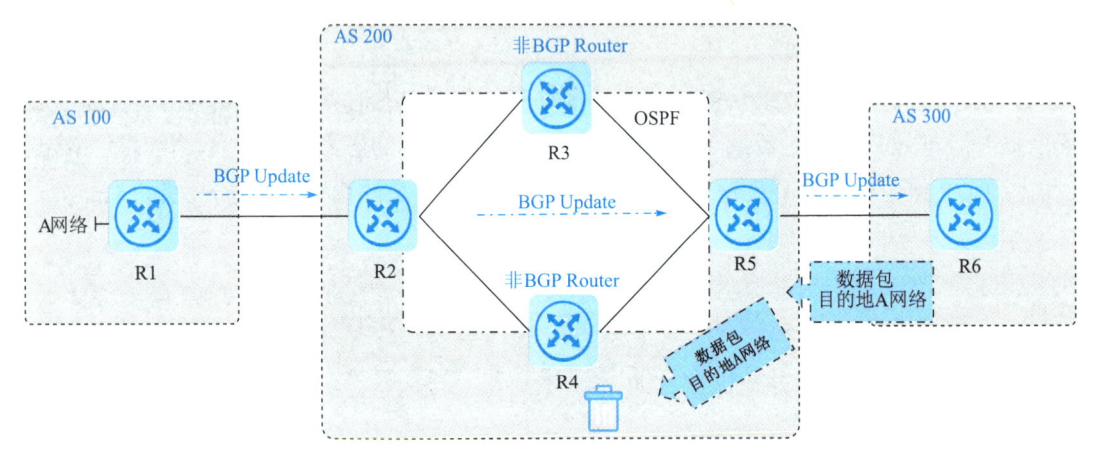

图 9-1 路由黑洞的拓扑结构

R6 将访问 A 网络的数据包发送给 R5，R5 根据收到的 BGP 路由信息的下一跳地址查找到达 R2 的下一跳地址，R5 将数据包的下一跳地址迭代到 R3 或 R4 上。由于 R3 和 R4 未运行 BGP，因此数据包在传递给 R3 或 R4 时会被丢弃，导致无法访问目标网络，进而产生路由黑洞。

路由黑洞的解决方案如下。

（1）AS 200 内的所有 BGP 路由器建立全互联的 IBGP 对等体关系，N 个 IBGP 对等体就要建立 $N(N-1)/2$ 对 IBGP 对等体关系，以增加网络的维护量。

（2）使用 BGP 路由反射器建立全互联的 IBGP 对等体关系。

（3）使用 BGP 联盟建立全互联的 IBGP 对等体关系。

（4）将 BGP 路由信息重分布到 IGP 路由表中。

（5）部署 MPLS（多协议标签交换）。

对于以上几种解决方案，使用较多的是第（2）种和第（3）种。

9.1.1 BGP 路由反射器

BGP 为了加快路由信息的收敛速度，通常一个 AS 内的所有 BGP 路由器都将建立全互联的对等体关系（每两个 BGP 路由器之间都建立对等体关系）。当 AS 内的 BGP 路由器过多时，将增加 BGP 路由器资源的开销，同时给管理员增加配置任务的工作量，并提高复杂度，降低网络的扩展性。

对此，提出了使用 BGP 路由反射器和使用 BGP 联盟两种方法来减少 AS 内 IBGP 对等体的连接数量。将一台 BGP 路由器设置为 BGP 路由反射器，其将 AS 内的 IBGP 对等体分为两类，即客户端和非客户端。

在同一个 AS 内，其中一台路由器作为 BGP 路由反射器，其他路由器作为客户端。客户端与 BGP 路由反射器之间建立 IBGP 对等体关系。BGP 路由反射器和客户端组成一个 Cluster。BGP 路由反射器在客户端之间反射路由信息，客户端之间不需要建立 IBGP 对等体关系，如图 9-2 所示。

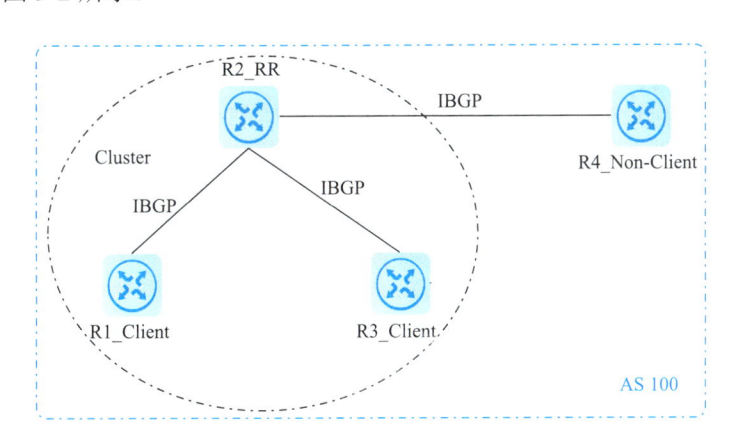

图 9-2 BGP 路由反射器的拓扑结构

BGP 路由反射器的关键术语如下。

路由反射器（Router Reflector，RR）：允许把通过 IBGP 对等体传递的路由信息反射到其他 IBGP 对等体的 BGP 路由器上。例如，图 9-2 中的 R2_RR 作为 BGP 路由反射器。

客户端（Client）：与 BGP 路由反射器形成反射对等体关系的 IBGP 设备，在 AS 内客户端只需要与 BGP 路由反射器直连。

非客户端（Non-Client）：既不是 BGP 路由反射器又不是客户端的 IBGP 设备。在 AS 内非客户端与 BGP 路由反射器之间，以及所有非客户端之间必须建立全互联的 IBGP 对等体关系。

Cluster：BGP 路由反射器与客户端的集合。Cluster List 属性用于防止在 Cluster 之间产生环路。

始发者（Originator）：在 AS 内始发路由信息的设备。Originator ID 属性用于防止在 Cluster 内产生环路。

BGP 路由反射器会将传递的路由信息反射出去，从而使得 IBGP 路由信息在 AS 内传播时无须建立全互联的 IBGP 对等体关系。在配置 BGP 路由反射器时，需将 AS 内的某台 BGP 路由器指定为 BGP 路由反射器，同时还需指定客户端，无须对客户端进行任何配置，客户端对网络中是否存在 BGP 路由反射器并不知情。

BGP 路由反射器的反射规则如下。

（1）BGP 路由反射器从客户端收到路由信息，将路由信息反射给客户端和非客户端，同时将路由信息发送给 EBGP 对等体。

（2）BGP 路由反射器从非客户端收到路由信息，只将路由信息反射给客户端，同时将路由信息发送给 EBGP 对等体。

（3）BGP 路由反射器从 EBGP 对等体收到路由信息，将路由信息发送给所有客户端和非客户端。

BGP 路由反射器在反射过程中，没有对 BGP 路径属性进行任何修改，如路由信息本身已经携带了 Local-Preference 属性，在反射过程中，也将携带的该属性反射给客户端或非客户端。

如图 9-3 所示，在 AS 100 内，将 R1_RR 指定为 BGP 路由反射器，将 R2_Client 和 R3_Client 指定为客户端，将 R4_Non-Client 指定为非客户端，通过传递路由信息验证 BGP 路由反射器的反射规则，通过 Loopback 0 接口配置 IBGP 对等体关系。

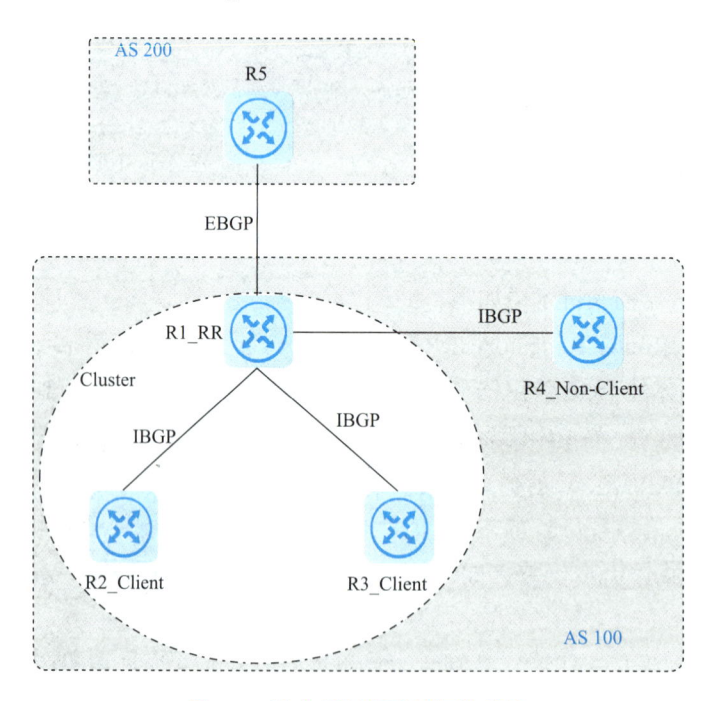

图 9-3 路由反射规则的拓扑结构

R1_RR 与 R5 建立 EBGP 对等体关系，R1_RR 分别与 R2_Client、R3_Client、R4_Non-Client 建立 IBGP 对等体关系。

```
R1#show  ip  bgp  summary
For address family: IPv4 Unicast
BGP router identifier 1.1.1.1, local AS number 100
BGP table version is 1
0 BGP AS-PATH entries
0 BGP Community entries
0 BGP Prefix entries (Maximum-prefix:4294967295)

Neighbor        V    AS  MsgRcvd MsgSent  TblVer  InQ OutQ Up/Down   State/PfxRcd
10.1.2.2        4    100      6       8       1    0    0 00:03:04        0
10.1.3.3        4    100      5       5       1    0    0 00:02:57        0
10.1.4.4        4    100      5       4       1    0    0 00:02:16        0
10.1.15.5       4    200      4       3       1    0    0 00:00:55        0

Total number of neighbors 4, established neighbors 4

R1#
```

将 R1_RR 配置为 BGP 路由反射器，指定 R2_Client 和 R3_Client 为客户端。

```
R1(config)#router  bgp  100
R1(config-router)#neighbor  10.1.2.2 route-reflector-client
R1(config-router)# neighbor  10.1.3.3 route-reflector-client
R1(config-router)#exit
R1(config)#
```

（1）根据 BGP 路由反射器的反射规则可知，BGP 路由反射器从 EBGP 对等体收到的路由信息会被发送给客户端和非客户端。EBGP 对等体通告路由信息如图 9-4 所示。

在 R5 上创建 Loopback 0 接口，Loopback 0 接口的地址为 9.9.9.9/32，并将该接口通告到 BGP 路由表中。

```
R5(config)#router  bgp  200
R5(config-router)#network  9.9.9.9  mask  255.255.255.255
R5(config-router)#exit
R5(config)#
```

R2_Client 接收 R1_RR 反射的 9.9.9.9/32 的路由信息，R4_Non-Client 接收 9.9.9.9/32 的路由信息。

```
R2#show ip bgp
BGP table version is 2, local router ID is 2.2.2.2
Status codes: s suppressed, d damped, h history, * valid, > best, i - internal,
```

          S Stale, b - backup entry, m - multipath, f Filter, a additional-path
Origin codes: i - IGP, e - EGP, ? - incomplete

   Network   Next Hop   Metric   LocPrf   Weight Path
*>i 9.9.9.9/32   10.1.1.1   0   100   0 200 i

Total number of prefixes 1
R2#

R4#show   ip bgp
BGP table version is 2, local router ID is 4.4.4.4
Status codes: s suppressed, d damped, h history, * valid, > best, i - internal,
          S Stale, b - backup entry, m - multipath, f Filter, a additional-path
Origin codes: i - IGP, e - EGP, ? - incomplete

   Network   Next Hop   Metric   LocPrf   Weight Path
*>i 9.9.9.9/32   10.1.1.1   0   100   0 200 i

Total number of prefixes 1
R4#

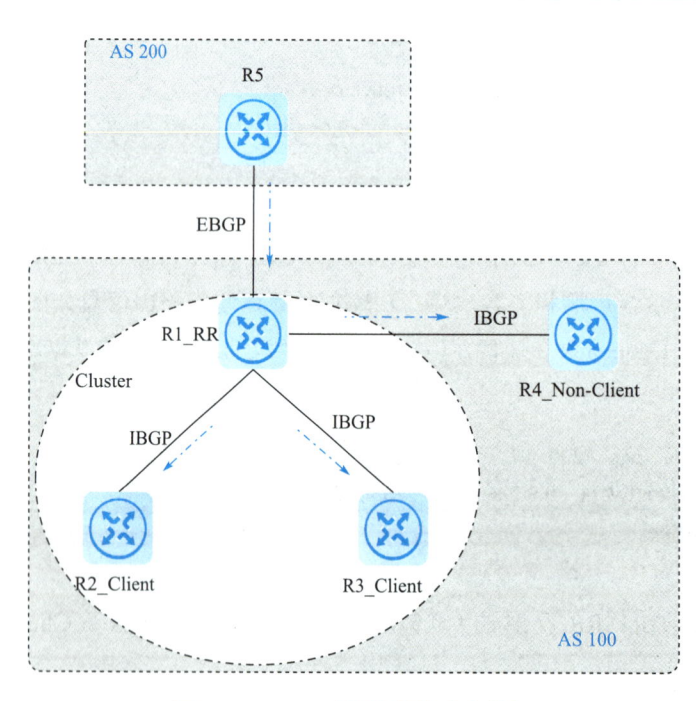

图 9-4　EBGP 对等体通告路由信息

（2）BGP 路由反射器将从非客户端收到的路由信息反射给客户端，同时发送给 EBGP 对等体。非客户端通告路由信息如图 9-5 所示。

第 9 章 BGP 特性

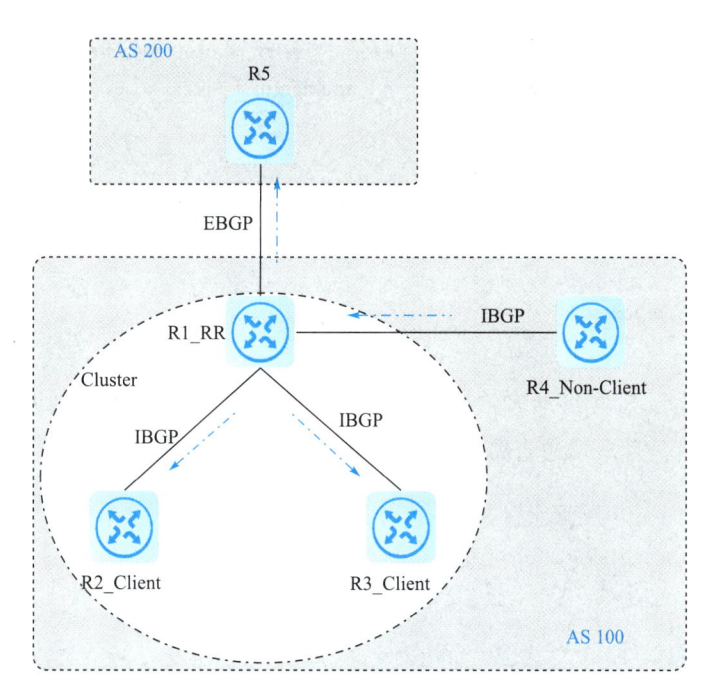

图 9-5 非客户端通告路由信息

在 R4 上创建 Loopback 1 接口，Loopback 1 接口的地址为 40.1.1.1/32，并将该接口通告到 BGP 路由表中。

```
R4(config)#router  bgp  100
R4(config-router)#network  40.1.1.1 mask  255.255.255.255
R4(config-router)#exit
R4(config)#
```

R2_Client 收到 R1_RR 反射的 40.1.1.1/32 的路由信息，R5 也收到 R1_RR 反射的 40.1.1.1/32 的路由信息。

```
R2#show   ip  bgp
BGP table version is 2, local router ID is 2.2.2.2
Status codes: s suppressed, d damped, h history, * valid, > best, i - internal,
              S Stale, b - backup entry, m - multipath, f Filter, a additional-path
Origin codes: i - IGP, e - EGP, ? - incomplete

     Network          Next Hop              Metric      LocPrf      Weight Path
*>i 40.1.1.1/32       10.1.4.4              0           100         0      i


Total number of prefixes 1
R2#


R5#show   ip  bgp
BGP table version is 4, local router ID is 5.5.5.5
```

· 191 ·

```
Status codes: s suppressed, d damped, h history, * valid, > best, i - internal,
              S Stale, b - backup entry, m - multipath, f Filter, a additional-path
Origin codes: i - IGP, e - EGP, ? - incomplete

     Network          Next Hop          Metric       LocPrf       Weight Path
*>   40.1.1.1/32      10.1.15.1         0                         0 100 i

Total number of prefixes 1
R5#
```

（3）BGP 路由反射器将从客户端收到的路由信息反射给客户端和非客户端，同时发送给 EBGP 对等体。客户端通告路由信息如图 9-6 所示。

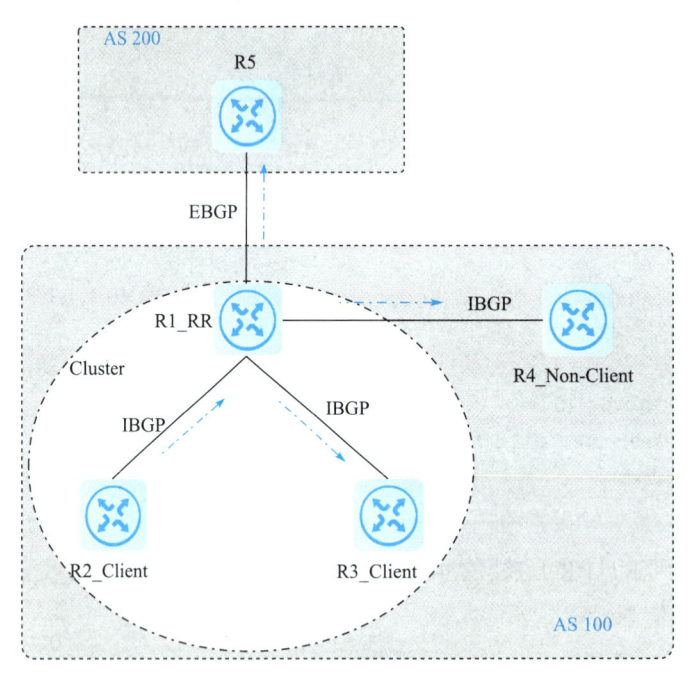

图 9-6 客户端通告路由信息

在 R2 上创建 Loopback 1 接口，Loopback 1 接口的地址为 20.1.1.1/32，并将该接口通告到 BGP 路由表中。

```
R2(config)#router  bgp  100
R2(config-router)#network  20.1.1.1 mask 255.255.255.255
R2(config-router)#ex
R2(config)#
```

R3_Client 收到 R1_RR 反射的 20.1.1.1/32 的路由信息，R4_Non-Client 也收到 R1_RR 反射的 20.1.1.1/32 的路由信息。

```
R3#show  ip  bgp
```

```
BGP table version is 2, local router ID is 3.3.3.3
Status codes: s suppressed, d damped, h history, * valid, > best, i - internal,
              S Stale, b - backup entry, m - multipath, f Filter, a additional-path
Origin codes: i - IGP, e - EGP, ? - incomplete

    Network           Next Hop          Metric      LocPrf      Weight Path
*>i 20.1.1.1/32       10.1.2.2          0           100         0      i

Total number of prefixes 1
R3#

R4#show  ip bgp
BGP table version is 4, local router ID is 4.4.4.4
Status codes: s suppressed, d damped, h history, * valid, > best, i - internal,
              S Stale, b - backup entry, m - multipath, f Filter, a additional-path
Origin codes: i - IGP, e - EGP, ? - incomplete

    Network           Next Hop          Metric      LocPrf      Weight Path
*>i 20.1.1.1/32       10.1.2.2          0           100         0      i

Total number of prefixes 1
R4#
```

BGP 路由反射器的反射规则是打破"AS 内 IBGP 水平分割原则",因此当存在 BGP 路由反射器时可能会产生环路。为了防止当存在 BGP 路由反射器时产生环路,BGP 引入了两个可选不可传递属性,即 Originator ID 属性和 Cluster List 属性。

1. Originator ID 属性

BGP 路由反射器在反射路由信息时会在反射的路由信息中增加 Originator ID 属性,Originator ID 属性为本地 AS 通告该路由信息的路由器的 Router ID。

若 AS 内存在多个 BGP 路由反射器,则 Originator ID 属性由第一个 BGP 路由反射器创建,且不被后续的 BGP 路由反射器更改;若 BGP 路由反射器收到一条携带 Originator ID 属性的 IBGP 路由信息,且 Originator ID 属性的值与自身的 Router ID 相同,则 BGP 路由反射器会忽略关于该路由信息的更新。

如图 9-7 所示,R2_Client 通告 20.1.1.1/32 的路由信息,R3_RR 接收 R2_Client 发送过来的 20.1.1.1/32 的路由信息,在将其反射给 R1_RR 时会加上 Originator ID 属性的值 10.1.2.2,R1_RR 收到路由信息后,再次将其反射给 R2_Client 时会携带 Originator ID 属性。R2 在收到路由信息后,若发现该路由信息的 Originator ID 属性的值与自身的 Router ID 相同,则忽略该路由信息的更新,以防止产生环路。

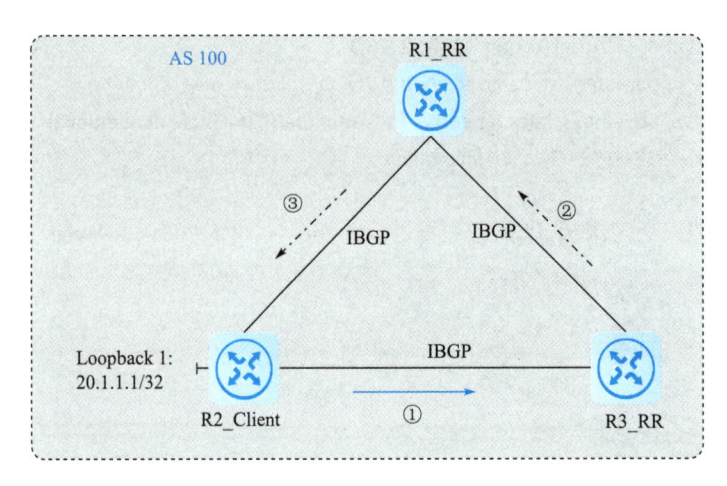

图 9-7　Originator ID 属性的拓扑结构

R2_Client 通告的路由信息经过传递由 BGP 路由反射器反射给 R2_Client，R2_Client 收到路由信息后，因检查发现该路由信息的 Originator ID 属性的值与自身的 Router ID 相同，故忽略该路由信息的更新，以防止产生环路。

```
R2#show   ip bgp
BGP table version is 2, local router ID is 2.2.2.2
Status codes: s suppressed, d damped, h history, * valid, > best, i - internal,
              S Stale, b - backup entry, m - multipath, f Filter, a additional-path
Origin codes: i - IGP, e - EGP, ? - incomplete

     Network          Next Hop          Metric      LocPrf     Weight Path
*>   20.1.1.1/32      0.0.0.0             0                     32768    i


Total number of prefixes 1
R2#

R3#show   ip bgp   20.1.1.1
BGP routing table entry for 20.1.1.1/32(#0x7f856a3edd98)
Paths: (2 available, best #2, table Default-IP-Routing-Table)
  Advertised to update-groups:
   1 3

  Local
    10.1.2.2 (metric 1) from 10.1.1.1 (2.2.2.2)
      Origin IGP, metric 0, localpref 100, valid, internal
      Originator: 2.2.2.2, Cluster list: 1.1.1.1
      Last update: Feb Dec 23  09:40:09 2023
      RX ID: 0,TX ID: 0
```

```
   Local, (Received from a RR-client)
      10.1.2.2 (metric 1) from 10.1.2.2 (2.2.2.2)
         Origin IGP, metric 0, localpref 100, valid, internal, best
         Last update: Feb Dec 23 09:40:09 2023
         RX ID: 0,TX ID: 0
R3#


R1#show   ip bgp   20.1.1.1
BGP routing table entry for 20.1.1.1/32(#0x7feaf43ece08)
Paths: (2 available, best #2, table Default-IP-Routing-Table)
   Advertised to update-groups:
   1 3

   Local
      10.1.2.2 (metric 1) from 10.1.3.3 (2.2.2.2)
         Origin IGP, metric 0, localpref 100, valid, internal
         Originator: 2.2.2.2, Cluster list: 3.3.3.3
         Last update: Feb Dec 23 09:40:09 2023
         RX ID: 0,TX ID: 0

   Local, (Received from a RR-client)
      10.1.2.2 (metric 1) from 10.1.2.2 (2.2.2.2)
         Origin IGP, metric 0, localpref 100, valid, internal, best
         Last update: Feb Dec 23 09:40:09 2023
         RX ID: 0,TX ID: 0
R1#
```

2. Cluster List 属性

如图 9-8 所示，BGP 路由反射簇包括 BGP 路由反射器及其客户端，一个 AS 内允许存在多个 BGP 路由反射簇，每个 BGP 路由反射簇都有唯一的簇 ID（Cluster ID，默认为 BGP 路由反射器的 Router ID）。

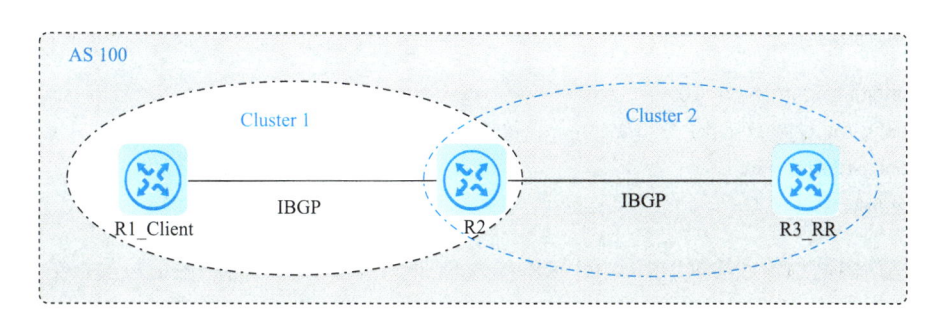

图 9-8 BGP 路由反射簇的拓扑结构

当一条路由信息被 BGP 路由反射器反射后，该 BGP 路由反射器的 Cluster ID 就会被添加到路由信息的 Cluster ID 属性中。

```
R3#show   ip bgp   1.1.1.1
BGP routing table entry for 1.1.1.1/32(#0x7fb49e7ecd98)
Paths: (1 available, best #1, table Default-IP-Routing-Table)
  Advertised to update-groups:
  3

  Local
    10.1.2.2 (metric 2) from 10.1.1.1 (10.1.2.2)
      Origin IGP, metric 0, localpref 100, valid, internal, best
      Originator: 10.1.2.2, Cluster list: 10.1.1.1
      Last update: Tue Dec 23 11:51:43 2023
      RX ID: 0,TX ID: 0
R3#
```

如图 9-9 所示，若 BGP 路由反射器收到一条携带 Cluster ID 属性的路由信息，且该属性的值中包含 BGP 路由反射簇的 Cluster ID，则认为其存在环路，此时将忽略该条路由信息的更新。

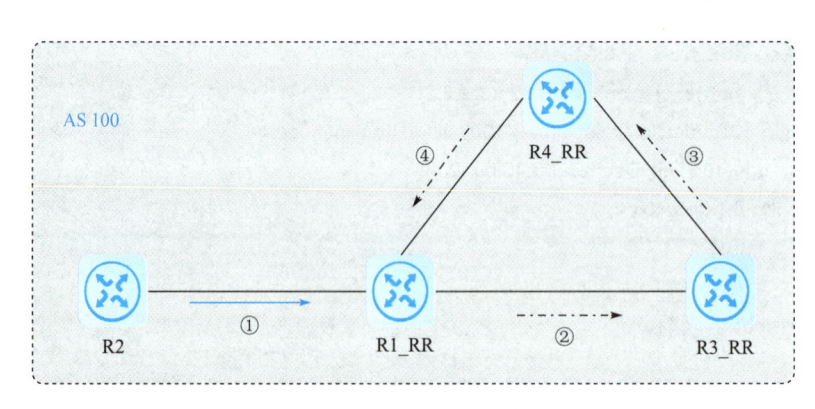

图 9-9   Cluster List 属性的拓扑结构

在 R2 上创建 Loopback 0 接口，Loopback 0 接口的地址为 20.1.1.1/32，并将该接口通告到 BGP 路由表中。

```
R2(config)#router   bgp   100
R2(config-router)#network   20.1.1.1 mask   255.255.255.255
R2(config-router)#exit
R2(config)#
```

R2 将路由信息传递给 R1_RR，R1_RR 作为 BGP 路由反射器，将路由信息反射给 R3_RR。

```
R2#show   ip bgp                              // 始发 BGP 路由信息
BGP table version is 2, local router ID is 10.1.2.2
```

```
Status codes: s suppressed, d damped, h history, * valid, > best, i - internal,
              S Stale, b - backup entry, m - multipath, f Filter, a additional-path
Origin codes: i - IGP, e - EGP, ? - incomplete

     Network          Next Hop         Metric      LocPrf      Weight  Path
*>   20.1.1.1/32      0.0.0.0          0                       32768   i

Total number of prefixes 1
R2#


R1#show  ip  bgp                                // 收到 R2 发送的 BGP 路由信息
BGP table version is 2, local router ID is 10.1.1.1
Status codes: s suppressed, d damped, h history, * valid, > best, i - internal,
              S Stale, b - backup entry, m - multipath, f Filter, a additional-path
Origin codes: i - IGP, e - EGP, ? - incomplete

     Network          Next Hop         Metric      LocPrf      Weight  Path
*>i  20.1.1.1/32      10.1.2.2         0           100         0       i

Total number of prefixes 1
R1#
```

在经过 R1_RR 将路由信息反射给 R3_RR 时，除会添加 Originator ID 属性的值外，还会添加 Cluster List 属性的值 10.1.1.1，当 R3_RR 将路由信息反射给 R4_RR 时，Cluster List 属性的值为 10.1.3.3、10.1.1.1。

```
R3#show  ip  bgp  20.1.1.1
BGP routing table entry for 20.1.1.1/32(#0x7fb49e7ecd98)
Paths: (1 available, best #1, table Default-IP-Routing-Table)
  Advertised to update-groups:
  3

  Local
    10.1.2.2 (metric 2) from 10.1.1.1 (10.1.2.2)
      Origin IGP, metric 0, localpref 100, valid, internal, best
      Originator: 10.1.2.2, Cluster list: 10.1.1.1
      Last update: Tue Dec 23 11:51:43 2023
      RX ID: 0,TX ID: 0
R3#


R4#show  ip  bgp  20.1.1.1
BGP routing table entry for 20.1.1.1/32(#0x7f0b13fecd98)
```

```
Paths: (1 available, best #1, table Default-IP-Routing-Table)
  Advertised to update-groups:
  3

  Local
    10.1.2.2 (metric 2) from 10.1.3.3 (10.1.2.2)
      Origin IGP, metric 0, localpref 100, valid, internal, best
      Originator: 10.1.2.2, Cluster list: 10.1.3.3 10.1.1.1
      Last update: Tue Dec 23 11:51:43 2023
      RX ID: 0,TX ID: 0
R4#
```

当 R4_RR 将路由信息反射给 R1_RR 时，Cluster List 属性的值为 10.4.4.4、10.1.3.3、10.1.1.1。基于 Cluster List 属性的防环机制，R1_RR 检测到路由信息携带了自身的 Cluster ID 属性，可以判断出存在环路，此时将忽略路由信息的更新。因此，在 R1_RR 上只能看到路由信息是由 R2 通告的。

```
R1#show  ip bgp
BGP table version is 2, local router ID is 10.1.1.1
Status codes: s suppressed, d damped, h history, * valid, > best, i - internal,
              S Stale, b - backup entry, m - multipath, f Filter, a additional-path
Origin codes: i - IGP, e - EGP, ? - incomplete

     Network          Next Hop          Metric    LocPrf    Weight Path
*>i 20.1.1.1/32       10.1.2.2          0         100       0 i


Total number of prefixes 1
R1#
```

BGP 路由反射器较多应用在复杂环境中，通过 Originator ID 和 Cluster List 来防止产生环路。

9.1.2 BGP 联盟

BGP 联盟是另一种减少 AS 内 IBGP 对等体连接数量的方法。将一个 AS 划分成多个成员，并通过设置一个统一的 BGP 联盟 ID（BGP 联盟的 AS 编号）将这些成员组成一个 BGP 联盟。

对 BGP 联盟外部来说，整个 BGP 联盟仍然被认作一个 AS，且只有 BGP 联盟的 AS 编号对外可见。如图 9-10 所示，AS 200 连接的是联盟 AS 100 而不是成员 AS 65012。

在 BGP 联盟内部，成员 AS 内的 BGP 路由器之间仍然建立 IBGP 对等体关系。如

图 9-11 所示，R1、R2、R3 两两之间建立 IBGP 对等体关系。

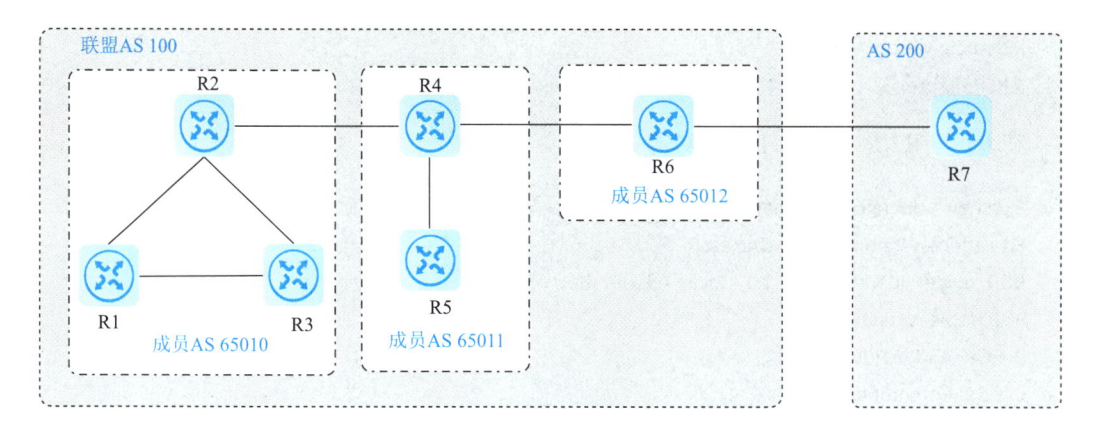

图 9-10　BGP 联盟的拓扑结构

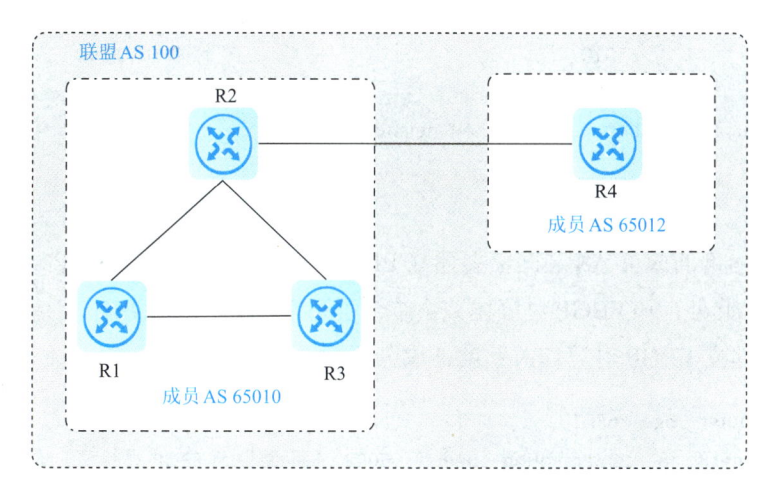

图 9-11　成员 AS 内的 BGP 路由器之间建立 IBGP 对等体关系

在成员 AS 65010 内建立 IBGP 对等体关系，配置 BGP 联盟的 AS 编号，指定成员 AS 内的 IBGP 对等体地址。

```
R1(config)#router  bgp  65010
R1(config-router)#bgp  router-id  1.1.1.1
R1(config-router)#bgp  confederation  identifier  100      // 配置 BGP 联盟的 AS 编号
R1(config-router)#neighbor  10.1.2.2 remote-as  65010      // 在 BGP 路由器之间建立 IBGP 对等体关系
R1(config-router)#neighbor  10.1.2.2 update-source  loopback 0
R1(config-router)#exit
R1(config)#


R2(config)#router  bgp  65010
R2(config-router)#bgp  router-id  2.2.2.2
R2(config-router)#bgp  confederation  identifier  100
```

```
1R2(config-router)#neighbor   10.1.1.1 remote-as   65010
R2(config-router)#neighbor   10.1.1.1 update-source   loopback 0
R2(config-router)#exit
R2(config)#
```

在 R1 与 R2 之间建立 IBGP 对等体关系。

```
R1#show  ip bgp  summary
For address family: IPv4 Unicast
BGP router identifier 1.1.1.1, local AS number 65010
BGP table version is 1
0 BGP AS-PATH entries
0 BGP Community entries
0 BGP Prefix entries (Maximum-prefix:4294967295)

Neighbor        V      AS MsgRcvd MsgSent    TblVer  InQ OutQ Up/Down   State/PfxRcd
10.1.2.2        4   65010       3       2         1    0    0 00:00:40            0

Total number of neighbors 1, established neighbors 1

R1#
```

BGP 联盟内部的成员 AS 之间需要建立 EBGP 对等体关系，该 EBGP 对等体关系被称为联盟 EBGP。此外，该 EBGP 对等体关系结合了正常的 EBGP 和 IBGP 的特征。在图 9-11 中，R2 与 R4 建立 EBGP 对等体关系就被称为联盟 EBGP。

```
R2(config)#router  bgp  65010
R2(config-router)#bgp  confederation  peers  65012  // 配置联盟 EBGP 对等体的成员 AS 编号
R2(config-router)#neighbor   10.1.4.4 remote-as   65012
R2(config-router)#neighbor   10.1.4.4 update-source   loopback 0
R2(config-router)#exit
R2(config)#


R4(config)#router  bgp  65012
R4(config-router)#bgp  router-id  4.4.4.4
R4(config-router)#bgp  confederation  identifier  100
R4(config-router)#bgp  confederation  peers  65010
R4(config-router)#neighbor   10.1.2.2 remote-as   65010
R4(config-router)#neighbor   10.1.2.2 update-source   loopback 0
R4(config-router)#exit
R4(config)#
```

在成员 AS 之间建立联盟 EBGP，这样就打破了 IBGP 水平分割原则，从而可以在有效地避免路由黑洞的同时，减少 AS 内 IBGP 网络连接数量激增的问题。

```
R4#show  ip bgp  summary
For address family: IPv4 Unicast
BGP router identifier 4.4.4.4, local AS number 65012
BGP table version is 1
0 BGP AS-PATH entries
0 BGP Community entries
0 BGP Prefix entries (Maximum-prefix:4294967295)


Neighbor      V    AS MsgRcvd   MsgSent    TblVer  InQ OutQ Up/Down   State/PfxRcd
10.1.2.2      4    65010        3          2       1    0    0 00:00:29    0


Total number of neighbors 1, established neighbors 1

R4#
```

虽然在成员 AS 之间建立的是 EBGP 对等体关系，但是在交换信息时，Next Hop、MED 及 Local-Preference 等属性仍然保持不变。

如图 9-11 所示，R2 将收到的 R1 通告的路由信息传递给 R4，该路由信息携带的属性保持不变，若把该路由信息发送到 BGP 联盟外部的 AS 内，则会自动删除 BGP 联盟的 AS 编号。

```
R4#show  ip bgp
BGP table version is 5, local router ID is 4.4.4.4
Status codes: s suppressed, d damped, h history, * valid, > best, i - internal,
              S Stale, b - backup entry, m - multipath, f Filter, a additional-path
Origin codes: i - IGP, e - EGP, ? - incomplete

    Network          Next Hop        Metric     LocPrf     Weight Path
*>  9.9.9.9/32       10.1.1.1        0          100        0 (65010) i


Total number of prefixes 1
R4#
```

BGP 联盟的防环机制比 BGP 路由信息的反射机制简单一些，BGP 联盟直接通过 AS-Path 属性防环。

AS-Path 属性被定义为公认必遵属性，由 AS 编号组成。AS-Path 属性包含 4 种不同的类型，分别是 as-set、AS_SEQUENCE、AS_CONFED_SEQUENCE、AS_CONFED_SET。其中，AS_CONFED_SEQUENCE、AS_CONFED_SET 在 BGP 联盟内部使用。

（1）AS_CONFED_SEQUENCE：在本地联盟内部由一系列成员 AS 编号有序地组成，被包含在 Update 报文中，与 AS_SEQUENCE 的用法类似，但只能在本地联盟内部传递，如图 9-12 所示。

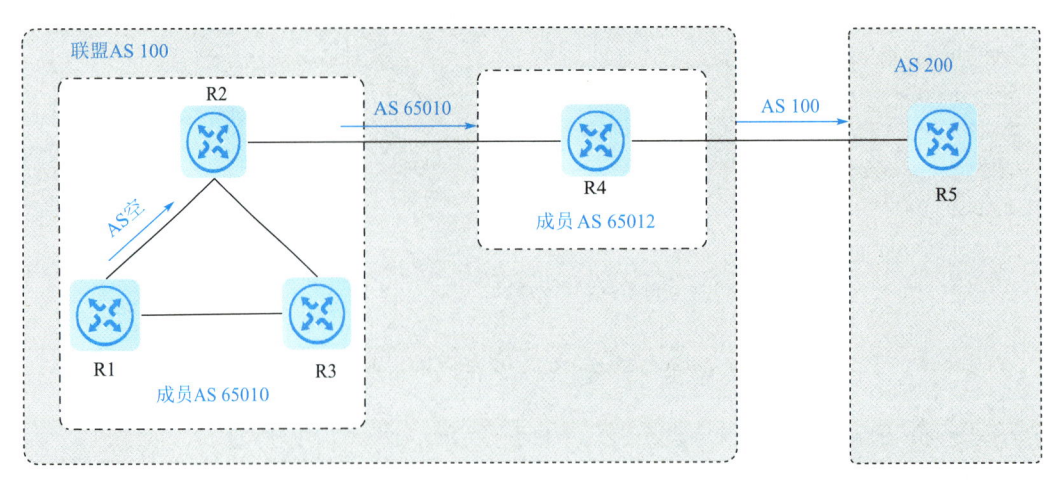

图 9-12 AS_CONFED_SEQUENCE 的拓扑结构

在联盟 AS 100 内，R1 通告 9.9.9.9/32，R4 收到的路由信息携带成员 AS 65010，当将路由信息传递到联盟 AS 外时，在 AS 200 内只显示联盟 AS 100。

```
R4#show   ip bgp
BGP table version is 2, local router ID is 4.4.4.4
Status codes: s suppressed, d damped, h history, * valid, > best, i - internal,
              S Stale, b - backup entry, m - multipath, f Filter, a additional-path
Origin codes: i - IGP, e - EGP, ? - incomplete

      Network          Next Hop         Metric      LocPrf      Weight Path
*>    9.9.9.9/32       10.1.1.1         0           100         0 (65010) i

Total number of prefixes 1
R4#

R5(config)#show   ip bgp
BGP table version is 2, local router ID is 10.1.45.5
Status codes: s suppressed, d damped, h history, * valid, > best, i - internal,
              S Stale, b - backup entry, m - multipath, f Filter, a additional-path
Origin codes: i - IGP, e - EGP, ? - incomplete

      Network          Next Hop         Metric      LocPrf      Weight Path
*>    9.9.9.9/32       10.1.45.4        0                       0 100 i

Total number of prefixes 1
R5(config)#
```

如图 9-13 所示，在 AS 200 内，R5 通告 8.8.8.8/32，R1 收到的路由信息携带 AS 200 和成员 AS 65012。

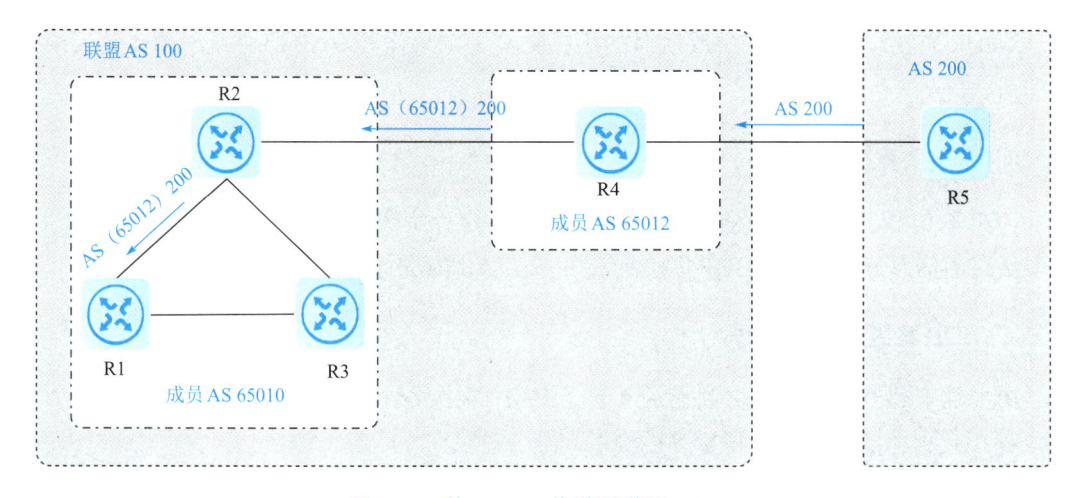

图 9-13　从 AS 200 传递到联盟 AS 100

```
R1#show ip bgp
BGP table version is 3, local router ID is 1.1.1.1
Status codes: s suppressed, d damped, h history, * valid, > best, i - internal,
              S Stale, b - backup entry, m - multipath, f Filter, a additional-path
Origin codes: i - IGP, e - EGP, ? - incomplete

    Network          Next Hop           Metric      LocPrf     Weight  Path
*>i 8.8.8.8/32       10.1.4.4           0           100        0 (65012) 200 i

Total number of prefixes 1
R1#
```

（2）AS_CONFED_SET：在本地联盟内部由一系列成员 AS 无序地组成，被包含在 Update 报文中，与 as-set 的用法类似，但只能在本地联盟内部传递。

9.1.3　BGP 路由反射器和 BGP 联盟对比

1. 网络拓扑逻辑变更

BGP 路由反射器反射路由信息迁移的复杂性非常低，这是因为总体网络配置几乎不发生改变。但若从 IBGP 到 BGP 联盟迁移则需要对网络配置做出很大的改变，BGP 默认一台路由器只能创建一个 AS 编号。若配置 BGP 联盟，则只能把原有的 AS 编号删除，只有这样才能创建新的 AS 编号。

2. 配置能力支持

BGP 联盟内部的所有路由信息都必须支持配置能力，这是因为所有路由器都需要支持 AS-Path 属性。在 BGP 路由反射器的拓扑结构中，只需要 BGP 路由反射器支持反射能力即可。

3. 多层次支持

BGP 联盟和 BGP 路由反射器都支持多层次以进一步提高扩展性。BGP 路由反射器支持多级路由信息反射结构。BGP 联盟允许在成员 AS 内进行路由信息反射。

4. BGP 路由反射器部署

由于越来越多的服务提供商已经部署了 BGP 路由反射器而非 BGP 联盟，因此可以从 BGP 路由反射器的部署中获得更多的经验。

5. IGP 扩展

BGP 路由反射器在 AS 内需要单一的 IGP，而 BGP 联盟支持单一的或分开的 IGP。这可能是 BGP 联盟与 BGP 路由反射器相比明显的优势。如果 IGP 达到了扩展性限制，或因范围太大而处理管理任务，那么可以使用 BGP 联盟减小 IGP 路由表的大小。

9.2 BGP 高级特性

9.2.1 对等体组

从 BGP 的配置中可以看到，在建立对等体时，需要使用多个命令指定多个参数，如 AS 编号、更新源地址、TTL 等，而 BGP 是在大型网络中使用的，这就意味着一台 BGP 路由器将使用多个命令来完成对等体的建立，而这其中必定会有许多对等体拥有相同的配置参数。如图 9-14 所示，在 AS 100 内，R2 分别和 R1、R3、R4 建立 IBGP 对等体关系，在此处就需要多次配置更新源地址，只有这样才能满足 IBGP 对等体关系建立的条件。

为了简化 BGP 对等体参数的配置，BGP 使用了对等体组的概念，对等体组就相当于一个容器，这个容器拥有参数和策略，只要将 BGP 对等体放入这个容器，该 BGP 对等体即可获得这个容器拥有的所有参数和策略。从简化了 BGP 对等体相同参数和策略的重复配置。

对等体组是一些具有某些相同策略对等体的集合。当一个对等体加入对等体组时，对等体将获得与所在对等体组相同的配置。当对等体组的配置发生改变时，组内成员的配置也会相应发生改变。对等体组的出现不影响实际的对等体关系的建立与路由信息的传递方式。

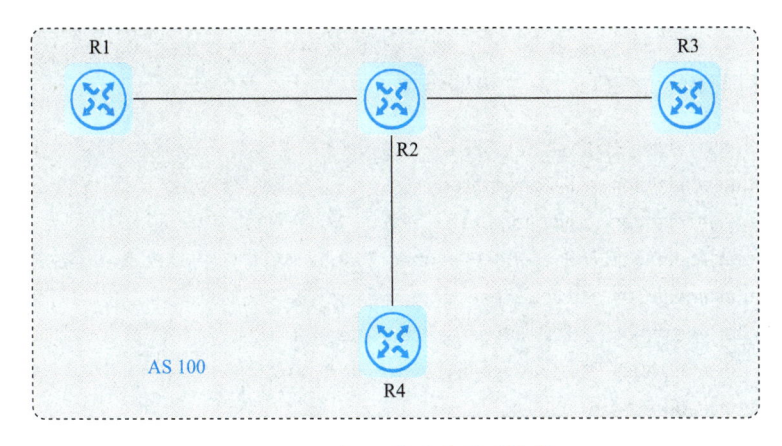

图 9-14　为 R2 指定多个对等体

在使用普通方式配置 BGP 对等体参数时，假如配置一个对等体需要 3 个命令，那么配置 10 个对等体就需要 30 个命令。在使用对等体组配置 BGP 对等体参数时，先创建对等体组，需要使用 1 个命令；再为对等体组配置参数，需要使用 3 个命令；最后将 10 个对等体全部划入对等体组，需要使用 10 个命令。可以看出，使用对等体组配置 10 个对等体时使用的 14 个命令，远远少于使用普通方式配置 10 个对等体时使用的 30 个命令。因此，使用对等体组配置 BGP 对等体参数的工作量远远少于使用普通方式配置 BGP 对等体参数的工作量。

如图 9-15 所示，在 AS 100 内的 R2 上使用对等体组配置 BGP 对等体参数。

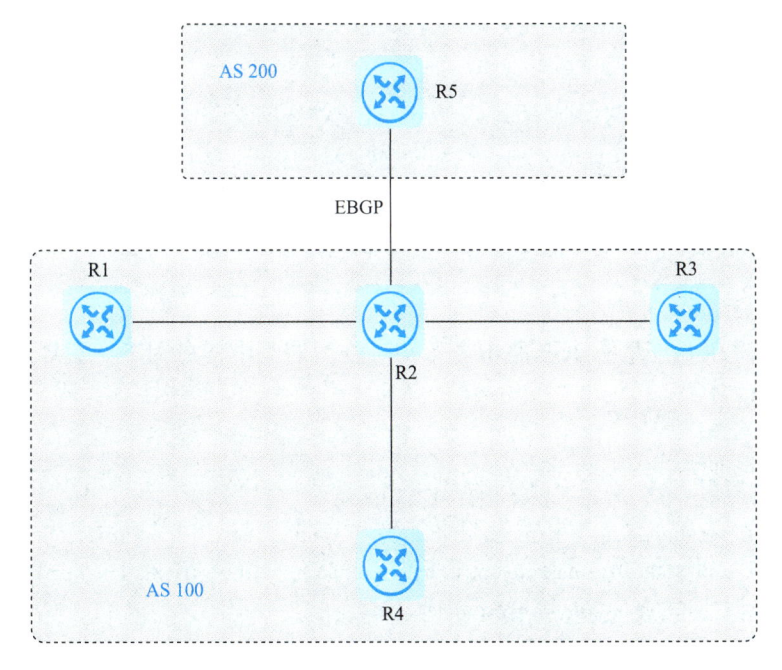

图 9-15　使用对等体组配置 BGP 对等体参数

首先创建一个对等体组，其次为对等体组指定 AS 编号，再次配置对等体组的更新源地址，最后将对应的设备 R1 加入对等体组中。

```
R2(config)#router  bgp  100
R2(config-router)#neighbor   ruijie peer-group           // 创建对等体组
R2(config-router)#neighbor   ruijie remote-as  100       // 为对等体组指定 AS 编号
R2(config-router)#neighbor   ruijie update-source  loopback 0    // 配置对等体组的更新源地址
R2(config-router)#neighbor   10.1.1.1 peer-group ruijie  // 将对应的设备 R1 加入对等体组中
R2(config-router)#neighbor   10.1.3.3 peer-group ruijie
R2(config-router)#neighbor   10.1.4.4 peer-group ruijie
R2(config-router)#address-family ipv4
R2(config-router-af)#neighbor  ruijie activate           // 进入到 IPv4 地址族下激活对等体组
R2(config-router)#exit
R2(config)#
```

R2 与 R5 建立 EBGP 对等体关系，在 R5 上创建 Loopback 0 接口，Loopback 0 接口的地址为 9.9.9.9/32，并将该接口通告到 BGP 路由表中。

```
R2(config)#router  bgp  100
R2(config-router)#neighbor   10.1.25.5 remote-as   200
R2(config-router)#exit
R2(config)#


R5(config)#router  bgp  200
R5(config-router)#neighbor   10.1.25.2 remote-as   100
R5(config-router)#exit
R5(config)#


R5(config)#router bgp  200
R5(config-router)#network   9.9.9.9 mask  255.255.255.255
R5(config-router)#exit
R5(config)#
```

在 R1、R3、R4 上查看 BGP 路由表可知，收到的路由信息因下一跳地址不可达而显示为无效路由信息。

```
R1#show  ip bgp
BGP table version is 1, local router ID is 1.1.1.1
Status codes: s suppressed, d damped, h history, * valid, > best, i - internal,
              S Stale, b - backup entry, m - multipath, f Filter, a additional-path
Origin codes: i - IGP, e - EGP, ? - incomplete

     Network          Next Hop            Metric     LocPrf     Weight Path
 * i 9.9.9.9/32       10.1.25.5             0         100         0 200 i
```

```
Total number of prefixes 1
R1#
```

在 R2 上针对对等体组修改下一跳地址，针对所有 IBGP 对等体修改对等体组的配置。

```
R2(config)#router  bgp  100
R2(config-router)#neighbor   ruijie next-hop-self        // 针对对等体组修改下一跳地址
R2(config-router)#exit
R2(config)#
```

配置对等体组的下一跳地址后，在对等体组内的对等体收到路由信息后直接修改下一跳地址。

```
R1#show   ip bgp
BGP table version is 2, local router ID is 1.1.1.1
Status codes: s suppressed, d damped, h history, * valid, > best, i - internal,
              S Stale, b - backup entry, m - multipath, f Filter, a additional-path
Origin codes: i - IGP, e - EGP, ? - incomplete

    Network            Next Hop          Metric       LocPrf       Weight Path
*>i 9.9.9.9/32         10.1.2.2          0            100          0 200 i

Total number of prefixes 1
R1#


R3#show   ip bgp
BGP table version is 2, local router ID is 3.3.3.3
Status codes: s suppressed, d damped, h history, * valid, > best, i - internal,
              S Stale, b - backup entry, m - multipath, f Filter, a additional-path
Origin codes: i - IGP, e - EGP, ? - incomplete

    Network            Next Hop          Metric       LocPrf       Weight Path
*>i 9.9.9.9/32         10.1.2.2          0            100          0 200 i

Total number of prefixes 1
R3#
```

从以上配置过程可以看出，对等体组存在唯一的限制，即同一个对等体组中的所有对等体必须全部为 IBGP 对等体或 EBGP 对等体，也就是说，不能将 IBGP 对等体和 EBGP 对等体同时混杂在同一个对等体组中。如果对等体组中的全部对等体都为 EBGP 对等体，那么这些对等体可以位于任意不同 AS 内，而不必位于同一个 AS 内。

可以对对等体组配置参数和策略，也可以对对等体组中的单个对等体配置参数和策略。如果对单个对等体和对等体组同时配置了某个功能，那么优先对单个对等体的配置生效。因此，使用对等体组配置既能减少工作量，又能保证策略的多样化。

9.2.2 BGP 路由信息汇总和 BGP 默认路由信息

1. BGP 路由信息汇总

在大规模的网络中，路由表十分庞大，会给设备造成很大的负担，同时也会提高路由振荡的概率。面对众多的路由条目，需要通过 BGP 路由信息汇总来减少路由条目。

通常通过 BGP 路由信息汇总降低发生路由振荡的概率，保证网络的稳定性，BGP 支持手动进行路由信息汇总。当配置了 BGP 路由信息汇总后，并不表示一定能够缩小路由表。因为在创建汇总路由信息后，被汇总的明细路由信息默认依然会被通告给对等体，所以路由条目没有减少，路由表也就没有缩小。对于被汇总的明细路由信息是否需要被通告给对等体，是可以自定义的，可以控制汇总路由信息的属性，并决定是否向 BGP 对等体发送明细路由信息。

BGP 路由信息汇总有两种手动汇总方式，分别如下。

（1）使用 network 命令：先手动配置指向 Null 0 的静态路由信息，再使用 network 命令将静态路由信息通告到 BGP 路由表中。如图 9-16 所示，在 R3 上配置汇总路由信息。

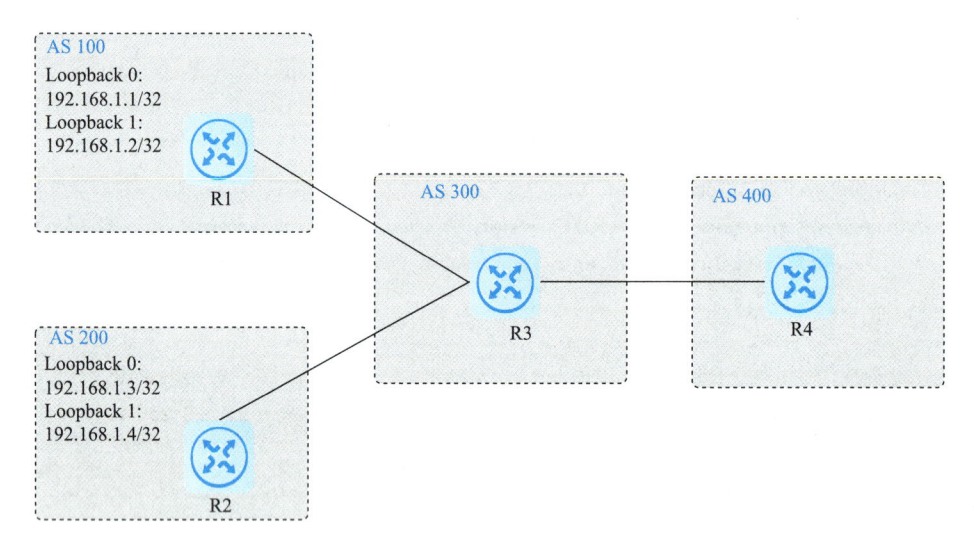

图 9-16 在 R3 上配置汇总路由信息

在 R1 和 R2 上分别创建 Loopback 0 和 Loopback 1 两个接口，将这两个接口均通告到 BGP 路由表中，R3 接收通过 R1 和 R2 传递的 BGP 路由信息。

```
R3#show ip bgp
BGP table version is 6, local router ID is 3.3.3.3
Status codes: s suppressed, d damped, h history, * valid, > best, i - internal,
              S Stale, b - backup entry, m - multipath, f Filter, a additional-path
```

```
Origin codes: i - IGP, e - EGP, ? - incomplete

     Network          Next Hop            Metric      LocPrf     Weight Path
 *>  192.168.1.1/32   10.1.13.1           0                      0 100 i
 *>  192.168.1.2/32   10.1.13.1           0                      0 100 i
 *>  192.168.1.3/32   10.1.23.2           0                      0 200 i
 *>  192.168.1.4/32   10.1.23.2           0                      0 200 i

Total number of prefixes 4
R3#
```

在 R3 上配置静态路由信息指向 Null 0，并使用 network 命令将该静态路由信息通告到 BGP 路由表中。

```
R3(config)#ip route 192.168.1.0   255.255.255.0   null   0     // 配置静态路由信息指向 Null 0

R3(config)#router   bgp   300
R3(config-router)#network   192.168.1.0   mask   255.255.255.0     // 通告静态路由信息
R3(config-router)#exit
R3(config)#
```

配置静态路由信息，并将该静态路由信息通告到 BGP 路由表中，此时会同时通告明细路由信息和汇总路由信息。

```
R3#show   ip bgp
BGP table version is 7, local router ID is 3.3.3.3
Status codes: s suppressed, d damped, h history, * valid, > best, i - internal,
              S Stale, b - backup entry, m - multipath, f Filter, a additional-path
Origin codes: i - IGP, e - EGP, ? - incomplete

     Network          Next Hop            Metric      LocPrf     Weight Path
 *>  192.168.1.0      0.0.0.0             0                      32768   i
 *>  192.168.1.1/32   10.1.13.1           0                      0 100 i
 *>  192.168.1.2/32   10.1.13.1           0                      0 100 i
 *>  192.168.1.3/32   10.1.23.2           0                      0 200 i
 *>  192.168.1.4/32   10.1.23.2           0                      0 200 i

Total number of prefixes 5
R3#


R4#show   ip bgp
BGP table version is 7, local router ID is 4.4.4.4
Status codes: s suppressed, d damped, h history, * valid, > best, i - internal,
              S Stale, b - backup entry, m - multipath, f Filter, a additional-path
```

```
Origin codes: i - IGP, e - EGP, ? - incomplete

   Network            Next Hop          Metric     LocPrf     Weight Path
*> 192.168.1.0        10.1.34.3         0                     0 300 i
*> 192.168.1.1/32     10.1.34.3         0                     0 300 100 i
*> 192.168.1.2/32     10.1.34.3         0                     0 300 100 i
*> 192.168.1.3/32     10.1.34.3         0                     0 300 200 i
*> 192.168.1.4/32     10.1.34.3         0                     0 300 200 i

Total number of prefixes 5
R4#
```

可以看出，通过手动静态汇总，将静态路由信息通告到 BGP 路由表中的配置比较烦琐，且体现不出 BGP 路由信息汇总的特性，因此手动静态汇总方式较少使用。

（2）使用 aggregate-address 命令：在 BGP 进程中进行 BGP 路由信息汇总。

基于图 9-16，在 R3 上通过 aggregate-address 命令配置 BGP 路由信息汇总。使用 aggregate-address 命令在进行 BGP 路由信息汇总时若不添加任何控制策略，则汇总效果和使用 network 命令的汇总效果一样，会同时通告明细路由信息和汇总路由信息。

```
R3(config)#router bgp 300
R3(config-router)#aggregate-address 192.168.1.0 255.255.255.0
R3(config-router)#exit
R3(config)#
```

R4 同时接收明细路由信息和汇总路由信息。

```
R4#show ip bgp
BGP table version is 9, local router ID is 4.4.4.4
Status codes: s suppressed, d damped, h history, * valid, > best, i - internal,
              S Stale, b - backup entry, m - multipath, f Filter, a additional-path
Origin codes: i - IGP, e - EGP, ? - incomplete

   Network            Next Hop          Metric     LocPrf     Weight Path
*> 192.168.1.0        10.1.34.3         0                     0 300 i
*> 192.168.1.1/32     10.1.34.3         0                     0 300 100 i
*> 192.168.1.2/32     10.1.34.3         0                     0 300 100 i
*> 192.168.1.3/32     10.1.34.3         0                     0 300 200 i
*> 192.168.1.4/32     10.1.34.3         0                     0 300 200 i

Total number of prefixes 5
R4#
```

在进行 BGP 路由信息汇总时，往往包含多条明细路由信息，而这些明细路由信息可能拥有各不相同的 AS-Path 属性。在默认情况下，汇总路由信息会将所有明细路由信息拥有的 AS-Path 属性都去掉,将汇总路由信息发给其他对等体后,可能因 AS-Path 属性丢失而产生环路。因此,BGP 会在汇总路由信息中附加属性以提示存在路径属性丢失的情况,这个附加的属性就是 Atomic-Aggregate 属性。

```
R4#show  ip bgp  192.168.1.0
BGP routing table entry for 192.168.1.0/24(#0x7f291fbeea18)
Paths: (1 available, best #1, table Default-IP-Routing-Table)
  Advertised to update-groups:
  1

  300, (aggregated by 300 3.3.3.3)
    10.1.34.3 from 10.1.34.3 (3.3.3.3)
      Origin IGP, metric 0, localpref 100, valid, external, atomic-aggregate, best
      Last update: Tue Dec 24 11:30:54 2023
      RX ID: 0,TX ID: 0
R4#
```

- 汇总路由信息扩展参数 summary-only。

如下所示,在进行 BGP 路由信息汇总时添加 summary-only,仅将汇总路由信息通告给 BGP 对等体,不再将明细路由信息通告给 BGP 对等体。

```
R3(config)#router  bgp  300
R3(config-router)#aggregate-address 192.168.1.0 255.255.255.0 summary-only
R3(config-router)#exit
R3(config)#
```

如下所示,仅收到 192.168.1.0/24 的汇总路由信息,而明细路由信息被抑制。

```
R4#show  ip bgp
BGP table version is 12, local router ID is 4.4.4.4
Status codes: s suppressed, d damped, h history, * valid, > best, i - internal,
              S Stale, b - backup entry, m - multipath, f Filter, a additional-path
Origin codes: i - IGP, e - EGP, ? - incomplete

    Network          Next Hop         Metric    LocPrf      Weight Path
*>  192.168.1.0      10.1.34.3        0                     0 300 i

Total number of prefixes 1
R4#
```

如下所示,明细路由信息最前端有一个 S 字段,该字段表示抑制路由信息。

```
R3#show  ip bgp
BGP table version is 11, local router ID is 3.3.3.3
Status codes: s suppressed, d damped, h history, * valid, > best, i - internal,
```

```
              S Stale, b - backup entry, m - multipath, f Filter, a additional-path
Origin codes: i - IGP, e - EGP, ? - incomplete

    Network            Next Hop          Metric      LocPrf      Weight Path
*>  192.168.1.0        0.0.0.0                                   32768      i
s>  192.168.1.1/32     10.1.13.1         0                       0 100      i
s>  192.168.1.2/32     10.1.13.1         0                       0 100      i
s>  192.168.1.3/32     10.1.23.2         0                       0 200      i
s>  192.168.1.4/32     10.1.23.2         0                       0 200      i

Total number of prefixes 5
R3#
```

- 汇总路由信息扩展参数 as-set。

查看上述 BGP 路由表可以发现，配置汇总路由信息之后，默认会丢失明细路由信息中的 AS-Path 属性。因此，在传递汇总路由信息的过程中会将汇总路由信息发送给明细路由信息通告者，这时可能会产生环路，如图 9-17 所示。

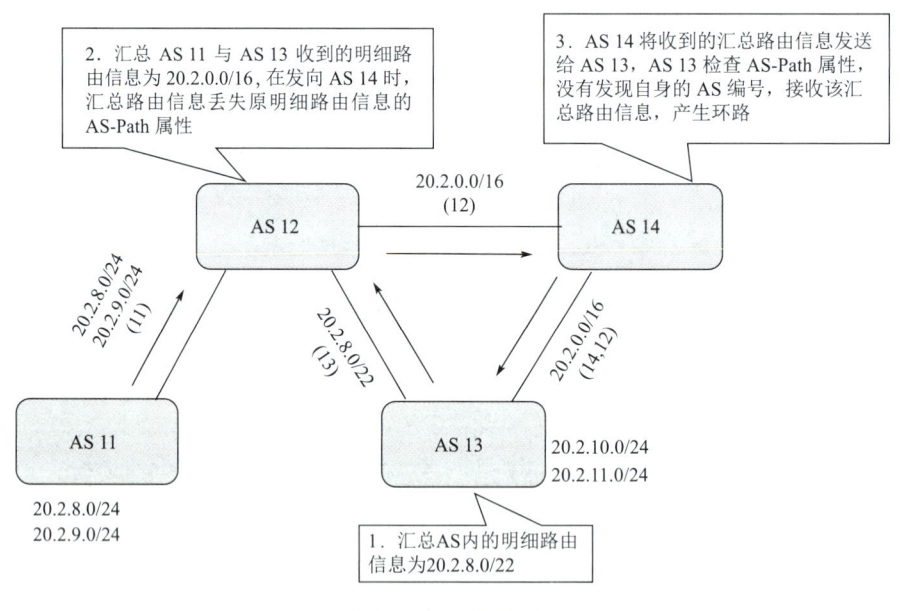

图 9-17　产生环路

为了保留明细路由信息的 AS-Path 属性，在汇总路由信息时应添加 as-set，as-set 包含了所有明细路由信息的 AS-Path 属性，当汇总路由信息重新进入 as-set 中列出的任何一个 AS 时，BGP 检测到汇总路由信息携带自身的 AS 编号，丢弃该汇总路由信息，即可避免产生环路，如图 9-18 所示。

重新进入 as-set 的 AS-Path 属性的值的排列没有固定顺序，被放在圆括号内。如下所示，即使一个 as-set 中有多个 AS，但在计算 AS-Path 属性的值时，也只计算一个 AS。

第 9 章 BGP 特性

```
                              ┌─────────────────────────┐
                              │ 2. 汇总 AS 11与 AS 13收到的明细路由 │
                              │ 信息，设置AS-Path属性携带明细路由 │
                              │ 信息                     │
                              └─────────────────────────┘
```

┌───┐
│ 3. AS 14将收到的汇总路由信息发送给 AS │
│ 13，AS 13检查AS-Path属性，发现存在自身 │
│ 的AS编号，丢弃该汇总路由信息，避免产 │
│ 生环路 │
└───┘

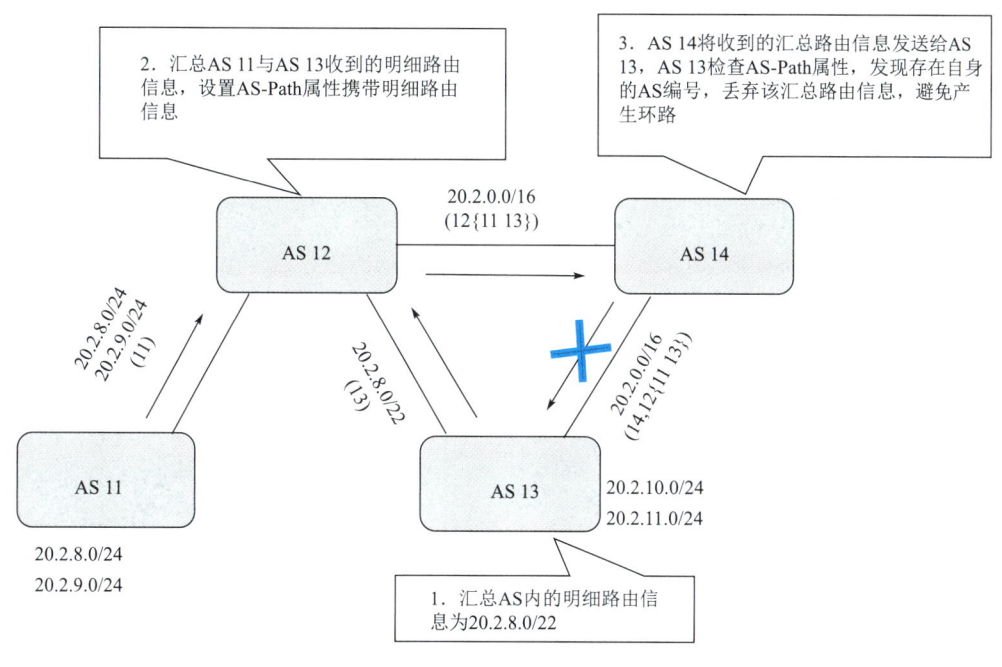

```
              AS 12        20.2.0.0/16      AS 14
                           (12{11 13})
```

(AS 11 → AS 12: 20.2.8.0/24, 20.2.9.0/24 (11))
(AS 13 → AS 12: 20.2.8.0/22 (13))
(AS 14 → AS 13: 20.2.0.0/16 (14,12{11 13})) ✗

AS 13: 20.2.10.0/24, 20.2.11.0/24

AS 11: 20.2.8.0/24, 20.2.9.0/24

1. 汇总AS内的明细路由信息为20.2.8.0/22

图 9-18 避免产生环路

配置 BGP 路由信息汇总后添加 as-set，继承明细路由信息的 AS 编号，产生环路。

```
R3(config)#router  bgp  300
R3(config-router)#aggregate-address  192.168.1.0  255.255.255.0  summary-only  as-set
R3(config-router)#exit
R3(config)#
```

R4 收到的汇总路由信息携带明细路由信息的 AS 编号。

```
R4#show  ip bgp
BGP table version is 13, local router ID is 4.4.4.4
Status codes: s suppressed, d damped, h history, * valid, > best, i - internal,
              S Stale, b - backup entry, m - multipath, f Filter, a additional-path
Origin codes: i - IGP, e - EGP, ? - incomplete

     Network          Next Hop           Metric     LocPrf     Weight Path
*>   192.168.1.0      10.1.34.3          0                     0 300 {100,200} i

Total number of prefixes 1
R4#
```

- 汇总路由信息扩展参数 suppress-map。

在汇总路由信息时使用 summary-only 可以使所有明细路由信息不被发送，但在一些场景下希望将部分明细路由信息和汇总路由信息一起通告，这时可以通过 suppress-map，有选择地抑制某部分明细路由信息而不将其通告给对等体。

```
R3(config)#ip prefix-list   ruijie  permit   192.168.1.1/32
R3(config)#ip prefix-list   ruijie  permit   192.168.1.3/32
R3(config)#route-map ruijie permit   10              // 配置路由图匹配 prefix-list
R3(config-route-map)#match   ip address prefix-list   ruijie
R3(config-route-map)#exit
R3(config)#route-map ruijie deny   20
R3(config-route-map)#exit
R3(config)#

R3(config)#router   bgp   300
R3(config-router)#aggregate-address  192.168.1.0  255.255.255.0  as-set  summary-only  suppress-map  ruijie
R3(config-router)#exit
R3(config)#
```

通过配置 suppress-map，在 R4 上查看 BGP 路由表，显示汇总路由信息和部分明细路由信息都已收到；在 R3 上查看 BGP 路由表，显示匹配 prefix-list 的路由信息因被抑制而未被通告，其余明细路由信息被通告给对等体。

```
R4#show   ip bgp
BGP table version is 17, local router ID is 4.4.4.4
Status codes: s suppressed, d damped, h history, * valid, > best, i - internal,
              S Stale, b - backup entry, m - multipath, f Filter, a additional-path
Origin codes: i - IGP, e - EGP, ? - incomplete

     Network          Next Hop          Metric      LocPrf       Weight Path
*>   192.168.1.0      10.1.34.3         0                         0 300 {100,200} i
*>   192.168.1.2/32   10.1.34.3         0                         0 300 100 i
*>   192.168.1.4/32   10.1.34.3         0                         0 300 200 i

Total number of prefixes 3
R4#


R3#show   ip bgp
BGP table version is 14, local router ID is 3.3.3.3
Status codes: s suppressed, d damped, h history, * valid, > best, i - internal,
              S Stale, b - backup entry, m - multipath, f Filter, a additional-path
Origin codes: i - IGP, e - EGP, ? - incomplete

     Network          Next Hop          Metric      LocPrf       Weight Path
*>   192.168.1.0      0.0.0.0                                    32768 {100,200} i
s>   192.168.1.1/32   10.1.13.1         0                         0 100 i
*>   192.168.1.2/32   10.1.13.1         0                         0 100 i
s>   192.168.1.3/32   10.1.23.2         0                         0 200 i
```

```
  *>   192.168.1.4/32      10.1.23.2                 0                        0 200 i

Total number of prefixes 545
R3#
```

- 汇总路由信息扩展参数 attribute-map。

通过 attribute-map 可以设置汇总路由信息的相关属性。例如，将汇总路由信息的 Origin 属性由 i（IGP）改为 e（EGP）。

```
R3(config)#ip prefix-list  ruijie1 permit  192.168.1.0/24
R3(config)#route-map ruijie1 permit  10
R3(config-route-map)#match  ip address  prefix-list  ruijie1
R3(config-route-map)#set  origin egp
R3(config-route-map)#exit
R3(config)#route-map ruijie1 deny  20
R3(config-route-map)#exit
R3(config)#

R3(config)#router  bgp  300
R3(config-router)#aggregate-address  192.168.1.0  255.255.255.0  as-set  summary-only  attribute-map ruijie1
R3(config-router)#exit
R3(config)#
```

在 R3 上进行 BGP 路由信息汇总并修改 Origin 属性为 e（EGP），在 R4 上收到汇总路由信息。除能通过修改 Origin 属性来达到汇总效果外，还能通过修改其他路径属性来达到汇总效果。

```
R4#show  ip bgp
BGP table version is 24, local router ID is 4.4.4.4
Status codes: s suppressed, d damped, h history, * valid, > best, i - internal,
              S Stale, b - backup entry, m - multipath, f Filter, a additional-path
Origin codes: i - IGP, e - EGP, ? - incomplete

    Network           Next Hop         Metric       LocPrf     Weight Path
 *>  192.168.1.0      10.1.34.3            0                      0 300 {100,200} e

Total number of prefixes 1
R4#
```

2. BGP 默认路由信息

BGP 默认路由信息只能手动配置，不能通过静态重分布实现。针对某个对等体配置发布 BGP 默认路由信息，其他 AS 也能收到该 BGP 默认路由信息。如图 9-19 所示，在 R1 上创建 Loopback 0 接口，Loopback 0 接口的地址为 9.9.9.9/32，并将该接口通告到 BGP 路由表中，在 R3 上向对等体 R2 配置 BGP 默认路由信息。

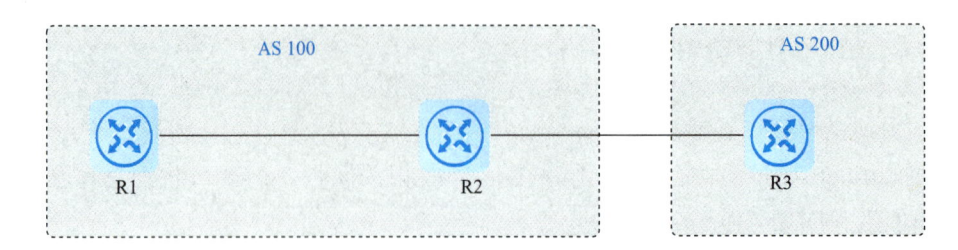

图 9-19　配置 BGP 默认路由信息

如下所示，R1 通告 Loopback 0 接口的地址，在 R3 上向对等体 R2 配置 BGP 默认路由信息。

```
R1(config)#router  bgp  100
R1(config-router)#network  9.9.9.9 mask  255.255.255.255
R1(config-router)#exit
R1(config)#


R3(config)#router  bgp  200
R3(config-router)#neighbor  10.1.23.2 default-originate      // 指定对等体，配置 BGP 默认路由信息
R3(config-router)#exit
R3(config)#
```

如下所示，R2 收到 R3 通告的 BGP 默认路由信息，该 BGP 默认路由信息是针对对等体发送的。

```
R2#show   ip bgp
BGP table version is 3, local router ID is 2.2.2.2
Status codes: s suppressed, d damped, h history, * valid, > best, i - internal,
              S Stale, b - backup entry, m - multipath, f Filter, a additional-path
Origin codes: i - IGP, e - EGP, ? - incomplete

     Network          Next Hop          Metric      LocPrf       Weight Path
*>   0.0.0.0/0        10.1.23.3         0                        0 200 i
*>i  9.9.9.9/32       10.1.12.1         0           100          0 i


Total number of prefixes 2
R2#
```

如下所示，根据 R1 通告的 9.9.9.9/32 和 R3 配置的 BGP 默认路由信息，通过 ping 10.1.23.3 的地址测试使用 BGP 默认路由信息访问目标地址（R3 的物理接口地址）。

```
R1#show   ip bgp
BGP table version is 3, local router ID is 1.1.1.1
Status codes: s suppressed, d damped, h history, * valid, > best, i - internal,
```

```
               S Stale, b - backup entry, m - multipath, f Filter, a additional-path
Origin codes: i - IGP, e - EGP, ? - incomplete

     Network           Next Hop              Metric       LocPrf      Weight Path
*>i 0.0.0.0/0          10.1.12.2             0            100              0 200 i
*>  9.9.9.9/32         0.0.0.0               0                         32768     i

Total number of prefixes 2
R1#

R1#ping  10.1.23.3 source  9.9.9.9
Sending 5, 100-byte ICMP Echoes to 10.1.23.3, timeout is 2 seconds:
  < press Ctrl+C to break >
!!!!!
Success rate is 100 percent (5/5), round-trip min/avg/max = 4/6/11 ms.
R1#
```

9.2.3 BGP 安全特性

BGP 安全特性是为了确保 BGP 安全而出现的。由于 BGP 是适用于在网络中交换路由信息的协议，因此 BGP 安全特性对于确保网络的稳定性和可靠性非常重要。为了确保 BGP 的安全，可以采取以下几种措施。

1. MD5 认证

BGP 使用 TCP 作为传输层协议。为了确保 BGP 的安全，可以在建立 TCP 连接时进行 MD5 认证。但进行 MD5 认证并不能认证 BGP 报文，只是为 TCP 连接设置 MD5 认证密码，由 TCP 完成。如果认证失败，那么不建立 TCP 连接。

MD5 认证是指通过在 BGP 对等体之间共享预先配置的 MD5 密码来验证对等体之间的身份。这种方法使用简单，但存在密钥分发和管理的问题。

如图 9-20 所示，两台路由器之间进行 MD5 认证，若一端不配置认证，则无法建立 TCP 连接，进而不会建立 BGP 对等体关系。

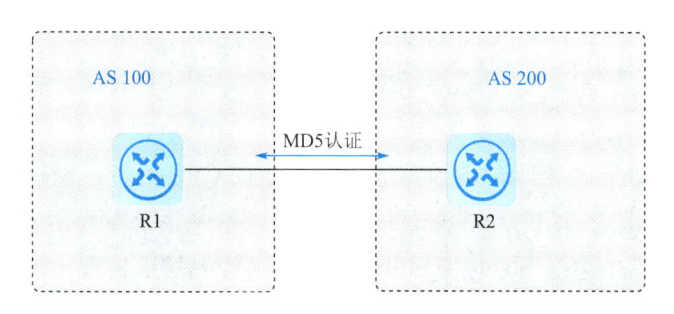

图 9-20 进行 MD5 认证

在 R1 上配置 MD5 认证。

```
R1(config)#router bgp   100
R1(config-router)#neighbor   10.1.12.2 password 7 ruijie
```

一端配置 MD5 认证，另一端未配置 MD5 认证，路由器会发送告警信息，提示因 MD5 认证失败而无法建立 TCP 连接。

```
*Dec 26 03:39:20: %TCP-4-BADAUTH_MD5_NOT_FOUND: Unable to find expected MD5 option from (10.1.12.2, 33839) to (10.1.12.1, 179).
*Dec 26 03:41:06: %TCP-4-BADAUTH_MD5_NOT_FOUND: Unable to find expected MD5 option from (10.1.12.2, 33839) to (10.1.12.1, 179).
```

双方都必须配置 MD5 认证，只有密码验证通过后，才能建立 BGP 对等体关系。

```
R2(config)#router   bgp   200
R2(config-router)#neighbor   10.1.12.1 password   7 ruijie

*Jan 26 03:44:15: %BGP-5-ADJCHANGE: Neighbor 10.1.12.1 Up.

R1#show   ip bgp   summary
For address family: IPv4 Unicast
BGP router identifier 1.1.1.1, local AS number 100
BGP table version is 1
0 BGP AS-PATH entries
0 BGP Community entries
0 BGP Prefix entries (Maximum-prefix:4294967295)

Neighbor      V      AS MsgRcvd MsgSent    TblVer  InQ OutQ Up/Down  State/PfxRcd
10.1.12.2     4      200    188     186         1    0    0 03:05:27         0

Total number of neighbors 1, established neighbors 1

R1#
```

2. GTSM

GTSM（Generalized TTL Security Mechanism，通用 TTL 安全机制）是指通过检测 IP 报文头中 TTL 的值是否在一个预先定义好的范围内，对网络层以上业务进行保护，进而确保系统的安全。

网络设备在控制层面处理 IP 报文时会消耗一定的 CPU 资源。例如，攻击者向一台设备不间断地发送伪造的 BGP 报文，该设备收到这些报文后，发现是发送给本机的报文，在未辨别其是否合法的情况下直接将这些报文上传至控制层面处理，该设备将会因处理这些报文而消耗一定的 CPU 资源。

配置 GTSM，可以保护设备不受 CPU 利用类型的攻击。GTSM 将会确认 IP 报文头中 TTL 的值是否在预先定义好的范围内。如果不在预先定义好的范围内，那么认为报文是非法的，设备将直接丢弃该报文。GTSM 与 EBGP 多跳互斥（配置了 EBGP 多跳将不能使用 GTSM）。

```
R2(config)#router  bgp  200
R2(config-router)#neighbor  10.1.12.1 ttl-security hops  10  // 预先定义好的 TTL 的值为 10
R2(config-router)#exit
R2(config)#
```

3. 限制 BGP 路由条目的数量

要限制 BGP 路由条目的数量可以通过限制 BGP 地址族下路由条目的数量和 BGP 对等体的路由条目的数量实现，防止出现资源耗尽性攻击。如图 9-21 所示，R1 通告多条 BGP 路由条目，在 R2 上针对 R1 设置限制 BGP 路由条目的数量。

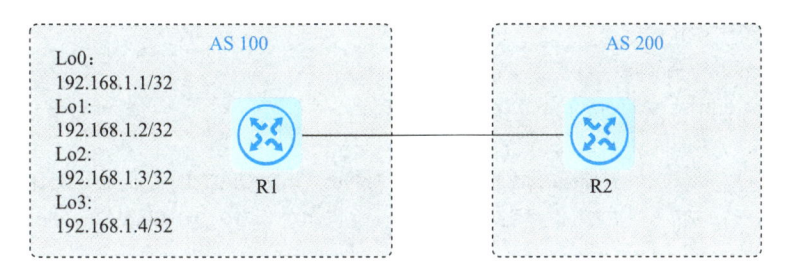

图 9-21　限制 BGP 路由条目的数量

R2 默认接收 4 条 BGP 路由条目。

```
R2#show  ip bgp
BGP table version is 3, local router ID is 2.2.2.2
Status codes: s suppressed, d damped, h history, * valid, > best, i - internal,
              S Stale, b - backup entry, m - multipath, f Filter, a additional-path
Origin codes: i - IGP, e - EGP, ? - incomplete

    Network          Next Hop            Metric     LocPrf     Weight Path
 *> 192.168.1.1/32   10.1.12.1                0                     0 100 i
 *> 192.168.1.2/32   10.1.12.1                0                     0 100 i
 *> 192.168.1.3/32   10.1.12.1                0                     0 100 i
 *> 192.168.1.4/32   10.1.12.1                0                     0 100 i

Total number of prefixes 4
R2#
```

R2 通过配置命令限制接收 BGP 路由条目的数量为 2 条，也就是说只能接收 2 条 BGP 路由条目，当 R1 通告的 BGP 路由条目的数量超过限制时，会断开 BGP 对等体关系。

```
R2(config)#router  bgp  200
R2(config-router)#neighbor  10.1.12.1 maximum-prefix  2
R2(config-router)#exit
R2(config-router)#
```

R2 收到的 BGP 路由条目的数量超过所能接收的 BGP 路由条目的数量，发送信息，提示 BGP 路由条目的最多接收数量已达到。

```
*Jan 26 07:45:41: %BGP-3-NOTIFICATION: Sent to neighbor 10.1.12.1 6/1 (Cease/Maximum Number of Prefixes Reached.) 7 bytes. Error Data: 00 01 01 00 00 00 02
```

BGP 对等体关系会随着 BGP 路由条目的数量超过限制而断开。

```
R2#show  ip bgp  summary
For address family: IPv4 Unicast
BGP router identifier 2.2.2.2, local AS number 200
BGP table version is 4
0 BGP AS-PATH entries
0 BGP Community entries
0 BGP Prefix entries (Maximum-prefix:4294967295)

Neighbor        V    AS  MsgRcvd MsgSent   TblVer  InQ OutQ Up/Down  State/PfxRcd
10.1.12.1       4    100    13      11        0    0    0  00:05:26 Idle (PfxCt)

Total number of neighbors 1, established neighbors 0

R2#
```

若需开启 BGP 对等体关系，则应先检查 BGP 路由条目的数量是否超过限制。若超过限制，且接收的 BGP 路由条目都是合法的，则需要把 BGP 路由条目的数量再次调多（必须确保收到的路由条目是合法的），否则 BGP 对等体关系一直处于断开状态。

```
R2(config-router)#neighbor  10.1.12.1 maximum-prefix  5  // 接收的 BGP 路由条目的数量多于
// 通告的 BGP 路由条目的数量

*Jan 26 08:02:25: %BGP-5-ADJCHANGE: Neighbor 10.1.12.1 Up.    //BGP 对等体关系已建立
```

问题与思考

1. 请写出 BGP 路由反射器的反射规则。

2. 以下不是产生 BGP 路由黑洞原因的是（　　）。
   A．在 AS 内，BGP 可以跨设备建立 IBGP 对等体关系
   B．在存在跨设备的 IBGP 对等体关系时，未运行 BGP 的路由器不会接收 BGP 更新的路由信息
   C．数据包在经过设备时，通常情况下可以通过匹配 IGP 进行转发
   D．数据包在经过设备时，通常情况下会因没有相关的路由信息而被丢弃
3. 若在 aggregate-address{ ipv4-addressmask|prefix}[advertise-maproute-map-name|as-set| attribute-maproute-map-name| summary-only| suppress-maproute-map-name] 命令中，有多个参数可以来影响汇总路由信息及其结果，则（　　）。
   A．如果配置了 as-set，那么汇总路由信息的 AS-Path 属性包含所有明细路由信息的 AS 的路由信息，以避免产生环路
   B．如果配置了 suppress-map，那么也会产生汇总路由信息，在 route-map 中通过 match 语句抑制明细路由信息，匹配 route-map 的明细路由信息仍然会被通告给其他 BGP 对等体
   C．如果配置了 attribute-map，那么可以修改汇总路由信息的属性
   D．如果配置了 summary-only，那么汇总路由信息和明细路由信息都会被发送给对等体
4. BGP 路由反射器使用（　　）来实现防环。
   A．IBGP 水平分割原则　　　　　　B．Originator ID 属性
   C．As-Path 属性　　　　　　　　　D．Cluster List 属性
5. 以下关于 BGP 联盟的说法正确的是（　　）。
   A．BGP 联盟内部的 AS 不能避免产生环路
   B．BGP 联盟内部可以划分若干个成员，成员不仅能防环，而且能作为 BGP 选路中 As-Path 属性长短的依据
   C．在 BGP 联盟外部不存在成员 AS
   D．BGP 联盟更适合被部署在大型网络中
6. BGP 认证信息被封装在（　　）报文中。
   A．TCP　　　　　B．Open　　　　　C．Keepalive　　　　　D．Update

第 10 章　IP 组播基础

> 【学习目标】

IP 组播解决了单播和广播在点到多点应用中的问题。组播源只发送一份数据，数据在网络节点之间被复制、分发，且数据只被发送给有需要的组成员。

学习完本章内容应能够：
- 了解传统点到点应用
- 了解广播部署点到多点应用
- 了解组播部署点到多点应用
- 了解组播服务模型
- 掌握组播地址分类
- 掌握 IGMP 工作原理
- 掌握 IGMP Snooping 工作原理
- 掌握 IGMP Snooping 接口分类
- 掌握 IGMP 工作模式

> 【知识结构】

本章主要介绍 IP 组播基础，内容包括传统点到点应用、广播部署点到多点应用、组播部署点到多点应用、组播服务模型、组播地址分类、IGMP 工作原理、IGMP Snooping 等。

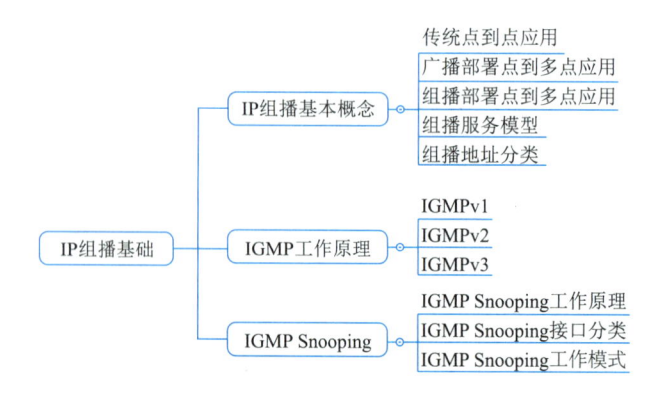

```
                           ┌─ 传统点到点应用
                           ├─ 广播部署点到多点应用
              ┌─ IP组播基本概念 ─┼─ 组播部署点到多点应用
              │                ├─ 组播服务模型
              │                └─ 组播地址分类
              │
              │                ┌─ IGMPv1
IP组播基础 ───┼─ IGMP工作原理 ─┼─ IGMPv2
              │                └─ IGMPv3
              │
              │                ┌─ IGMP Snooping工作原理
              └─ IGMP Snooping ┼─ IGMP Snooping接口分类
                               └─ IGMP Snooping工作模式
```

10.1 IP 组播基本概念

传统的 IP 报文传输只允许一台主机向单台主机（单播通信）或所有主机（广播通信）发送报文，IP 组播则提供另一种选择，即允许一台主机向某些主机发送报文。这些用于接收报文的主机被称为组成员。发送到组成员的报文的目的地址是某个 D 类地址（224.0.0.0～239.255.255.255）。组播报文的传输类似于用户数据报协议（User Datagram Protocol，UDP），只是一种尽力保证的服务，不提供类似于 TCP 的可靠传输和差错控制功能。

构成组播的应用需要发送者和接收者，发送者无须加入某个组播组即可发送组播报文，而接收者必须事先加入某个组播组才能接收组播报文。

10.1.1 传统点到点应用

单播是在一台源 IP 主机和一台目的 IP 主机之间进行的。网络中的大部分数据都是通过单播传输的。例如，电子邮件收发、网上银行等。单播传输如图 10-1 所示。

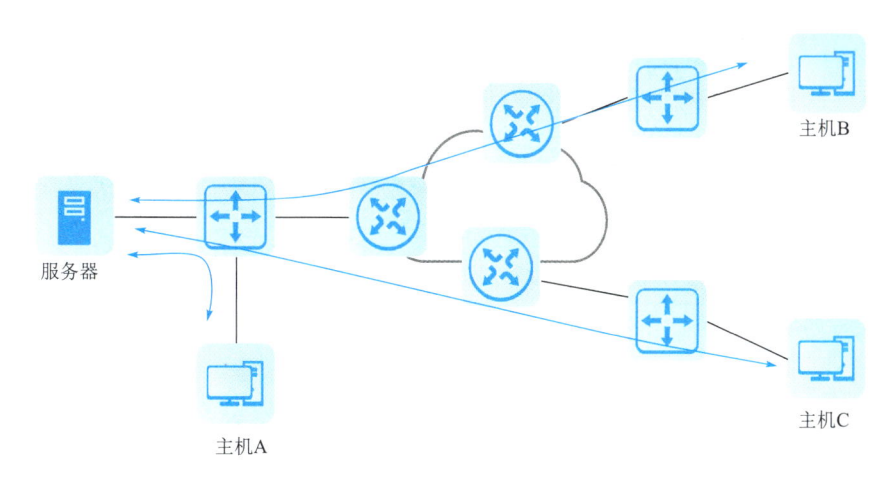

图 10-1 单播传输

单播的优点如下。

（1）一份单播报文使用一个单播地址作为目的地址。服务器向每个接收者各发送一份独立的单播报文。如果网络中存在 N 个接收者，那么服务器需要发送 N 份单播报文。

（2）网络为每份单播报文执行独立的数据转发功能，形成一条独立的传输路径。N 份单播报文形成 N 条独立的传输路径。

单播的缺点如下。

（1）使用单播，网络中传输的信息量和对相应信息有需求的用户量成正比，当对相应信息有需求的用户量较大时，网络中将出现多份相同的信息流，这样不仅占用 CPU 资源，还浪费带宽。

（2）单播比较适合用于用户量稀少的网络，当用户量较大时很难保证网络传输质量。

10.1.2 广播部署点到多点应用

广播是在一台源 IP 主机和网络中所有其他 IP 主机之间进行的，属于一对所有的通信方式，不管是否需要所有主机都可以收到广播传输的报文。广播传输如图 10-2 所示。

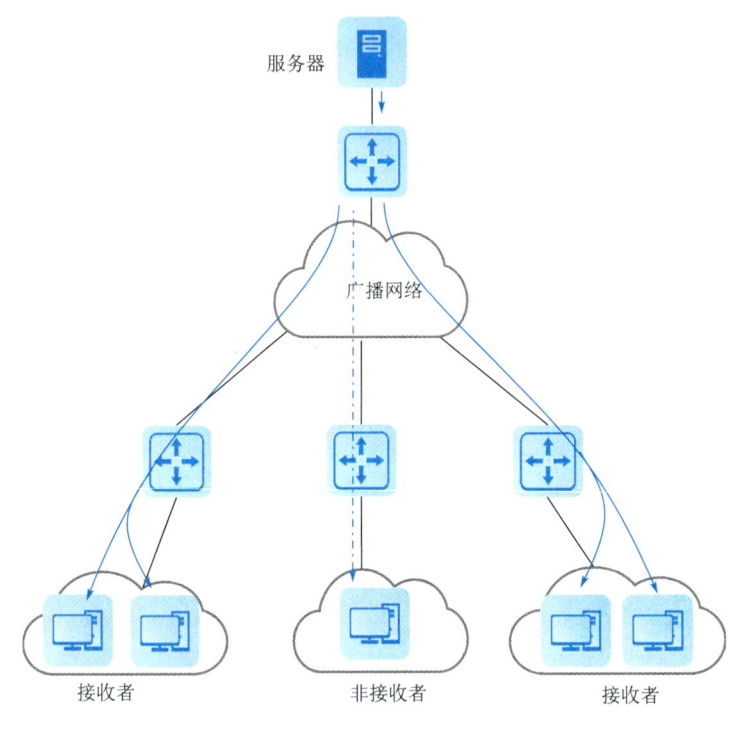

图 10-2 广播传输

广播的优点如下。

（1）一份广播报文使用一个广播地址作为目的地址，服务器向本网段对应的广播地址仅发送一份报文。

（2）不管是否有需求，均应保证报文被网段中的所有主机接收。

广播的缺点如下。

（1）使用广播，信息发送者与主机被限制在一个共享网段中，且该网段中的所有主机都能收到传输的信息。

（2）广播只适合用于共享网段，信息安全性和有偿服务得不到保障。

10.1.3 组播部署点到多点应用

组播是在一台源 IP 主机和多台（一组）目的 IP 主机之间进行的。对于中间的交换机和路由器，接收者根据需要有选择地对数据进行复制和转发。组播传输如图 10-3 所示。

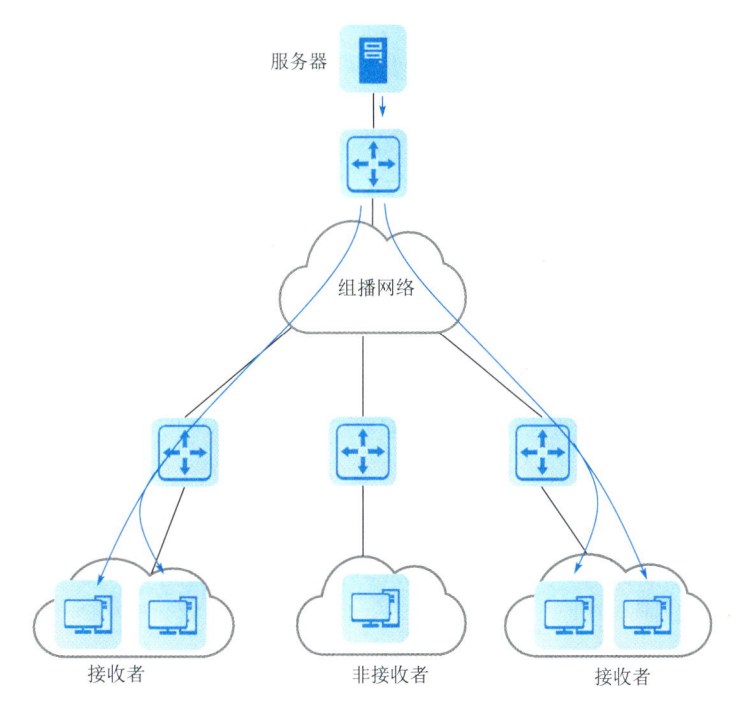

图 10-3 组播传输

组播的优点如下。

（1）使用组播，单一的信息流沿组播分发树（Multiple Distribute Tree）被同时发送给一组主机，相同的组播数据流在每条链路上最多仅有一份。

（2）相比单播，组播由于被传递的信息只有在距信息源尽可能远的网络节点上才开始被复制和转发，因此用户量的增加不会导致信息源负载加重，以及网络资源消耗量显著增加。

（3）相比广播，组播由于被传递的信息只会发送给需要该信息的接收者，因此不会造成网络资源的浪费，且能提高信息传输的安全性。另外，广播传输只能在同一网段中进行，而组播传输可以跨网段进行。

组播的应用如下。

组播有效地满足了单点发送、多点接收的需求，实现了网络中点到多点的高效数据传送，能够大大节约网络带宽、降低网络负载。通过组播，可以很方便地提供在线直播、网络电视、远程教育等服务。

10.1.4 组播服务模型

组播服务模型的分类是针对接收者主机的，对组播源没有区别。组播源发送的组播报文中总是以组播源自己的 IP 地址作为报文源地址的，组播地址为目的地址。由于接收者主机在接收数据时可以对组播源进行选择，因此产生了 ASM（Any-Source Multicast，任意源组播）模型和 SSM（Source-Specific Multicast，指定源组播）模型。这两种组播服务模型默认使用不同的组播地址范围。

1. ASM 模型

ASM 模型只针对组播组发送组播报文。组播地址作为网络服务标识，任何组播源都可以向组播地址发送信息，接收者通过加入组播组接收发送该组播组的组播报文。

ASM 模型的组播地址在整个组播网络中是唯一的。这里的"唯一"指的是同一时刻同一个 ASM 地址只能被一种组播应用使用。如果有两种不同的组播应用使用了同一个 ASM 地址发送组播报文，那么接收者会同时收到来自两个不同的组播源发送的组播报文。这样会导致网络流量堵塞且会给接收者主机造成困扰。如图 10-4 所示，组成员可以接收来自到不同组播源发送的组播报文。

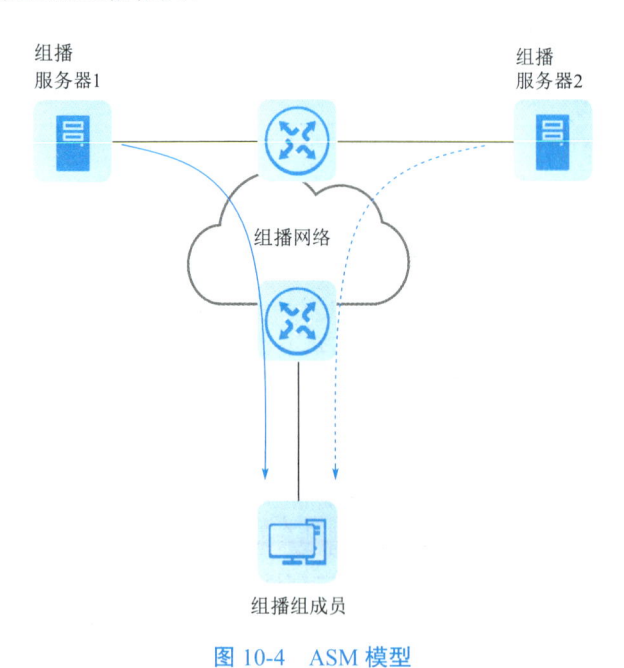

图 10-4 ASM 模型

2. SSM 模型

SSM 模型针对特定组播源和组播组发送组播报文。组播组成员在加入组播组时，可以指定接收或不接收哪些组播源发送的组播报文。加入组播组后，成员主机只会收到特定组播源发送到该组播组的组播报文。在 SSM 模型中，不同的组播源之间可以使用相同的组播地址。

SSM 模型对组播地址不再要求全网唯一，只需要每个组播源保持唯一即可。这里的"唯一"指的是同一个组播源上不同的组播应用必须使用不同的 SSM 地址。不同的组播源之间可以使用相同的组播地址。这是因为 SSM 模型中针对每个组播源和组播组都会生成表项。这样一方面可以节省组播地址的使用量，另一方面也不会造成网络堵塞。如图 10-5 所示，组播组成员只能接收特定组播源发送的组播报文。

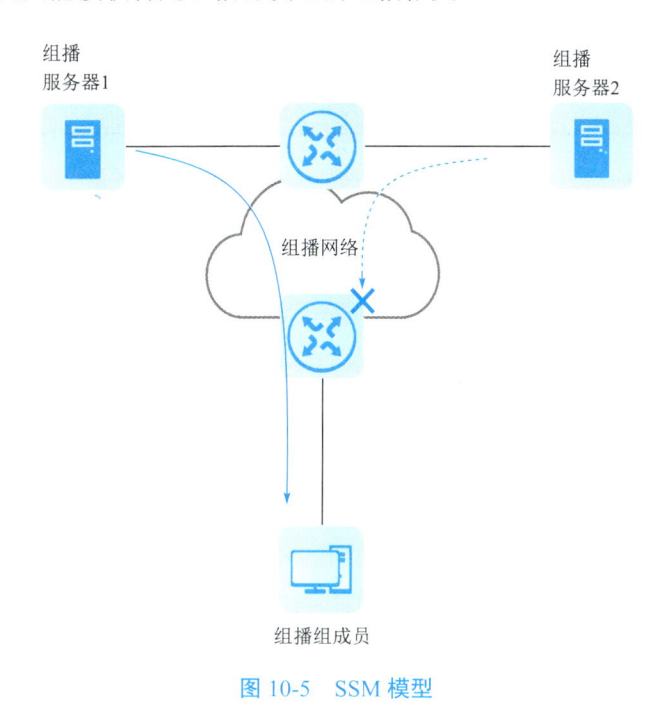

图 10-5　SSM 模型

10.1.5　组播地址分类

使用组播 IPv4 地址可以为组播源和组播组成员之间的通信提供网络层组播。同时，使用组播 MAC 地址可以实现组播报文在本地物理网络中的正确传输。在传输组播报文时，由于目的地址是一个成员不确定的组，因此需要将组播 IPv4 地址和组播 MAC 地址进行映射。

1. 组播 IPv4 地址

组播 IPv4 地址使用 IPv4 的 D 类地址空间，高 4 位为 1110，地址范围为 224.0.0.0～239.255.255.255，由 IANA 分配给 IPv4 组播使用。组播 IPv4 地址范围及其含义如表 10-1 所示。

表 10-1 组播 IPv4 地址范围

组播 IPv4 地址范围	含义
224.0.0.0～224.0.0.255	永久组地址
224.0.1.0～231.255.255.255 233.0.0.0～238.255.255.255	ASM 地址
232.0.0.0～232.255.255.255	默认情况下的 SSM 地址
239.0.0.0～239.255.255.255	本地管理组地址

组播 IPv4 地址的永久组播地址即已经分配给部分协议使用的组播地址。部分永久组播地址及其含义如表 10-2 所示。

表 10-2 部分永久组播地址

永久组播地址	含义
224.0.0.0	地址未分配
224.0.0.1	所有主机和路由器
224.0.0.2	所有组播设备
224.0.0.3	地址未分配
224.0.0.4	DVMRP（Distance Vector Multicast Routing Protocol，距离矢量多播路由协议）路由器
224.0.0.5	OSPF 路由器
224.0.0.6	OSPF 指定路由器
224.0.0.7	RPT 路由器
224.0.0.8	RPT 主机
224.0.0.9	RIPv2（Routing Information Protocol version 2，路由信息协议版本 2）路由器
224.0.0.11	移动代理
224.0.0.12	DHCP（Dynamic Host Configuration Protocol，动态主机配置协议）服务器 / 中继代理
224.0.0.13	所有 PIM 设备
224.0.0.14	RSVP（Resource Reservation Protocol，资源预留协议）
224.0.0.15	所有 CBT（Core-Based Tree，基于核树）路由器
224.0.0.16	指定 SBM（Subnetwork Bandwidth Management，子网带宽管理）
224.0.0.17	所有 SBM
224.0.0.18	VRRP（Virtual Router Redundancy Protocol，虚拟路由器冗余协议）

2. 组播 MAC 地址

以太网 IPv4 单播报文的目的地址使用的是接收者的 MAC 地址，但是在传输组播报文时，其目的地址不再是一个具体的接收者的 MAC 地址，而是一个成员不确定的组播地址，这时要使用组播 MAC 地址，即将组播 IPv4 地址映射到数据链路层的地址。

IANA 规定，组播 MAC 地址的高 24 位为 0x01005e，第 25 位固定为 0，低 23 位为组播 IPv4 地址的低 23 位。组播 IPv4 地址和组播 MAC 地址的映射关系如图 10-6 所示。组播 IPv4 地址的高 4 位为 1110，对应组播 MAC 地址的高 25 位。例如，组播 IPv4 地址 224.0.1.1 对应组播 MAC 地址 01-00-5e-00-01-01。

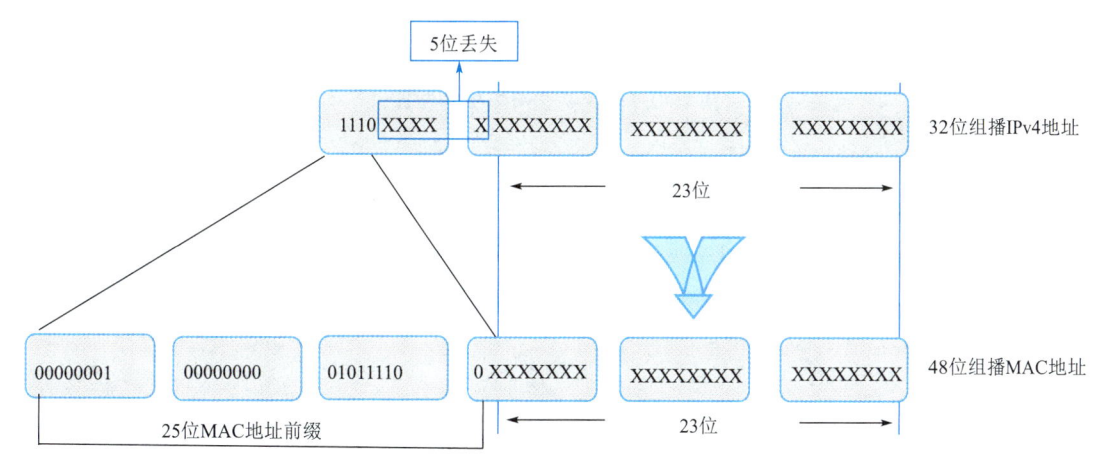

图 10-6　组播 IPv4 地址和组播 MAC 地址的映射关系

因为组播 IPv4 地址的后 28 位中只有 23 位被映射到组播 MAC 地址上，所以丢失了 5 位地址信息，结果是 32 位组播 IPv4 地址被直接映射到同一个组播 MAC 地址上。

例如，组播 IPv4 地址为 224.0.1.1、224.128.1.1、225.0.1.1、239.138.1.1 等的组播 MAC 地址都为 01-00-5e-00-01-01。管理员在分配地址时必须考虑这种情况。

10.2　IGMP 工作原理

组播报文传递的特点是从一个组播源发出，转发给一组特定组播组成员。在组播传输模型中，组播源不关注接收者的位置，转发组播报文依赖于组播网络。

组播报文在进行传递时，组播网络为了将组播报文转发给组播组成员，需要知道组播组成员的位置和所加入的组播组。要将组播报文准确地转发给组播组成员，必须先确定哪些网络的哪些主机是组播组成员。只有先确定了组播组成员的位置，才能正确地转发组播报文。确定组播组成员的位置如图 10-7 所示。若组播源无法感知到组播组成员的位置，则组播组成员无法接收组播源发送的组播报文。

当组播组成员不再需要接收组播报文时，应该停止向组播组成员发送组播报文。要确定组播组成员何时不再需要接收组播报文，就必须在组播组成员退出时明确通告发送者。组播网络感知组播组成员有如下两种方式。

图 10-7 确定组播组成员的位置

1. 手动静态配置

在组播路由器上手动静态配置组播组成员所在接口及组播组成员加组。手动静态配置的灵活性比较差，工作量比较大，但相对比较稳定，对于新上线的组播组成员来说能够快速建立组播转发表项。

2. 动态感知

通过 IGMP（Internet Group Management Protocol，因特网组管理协议）通知组播网络，组播网络根据 IGMP 动态感知组播组成员所在接口及组播组成员加组信息。现网一般使用动态感知方式。通过动态感知方式确定组播组成员，有以下两种方式。

1）查询

一台组播路由器向网络中发送查询消息，查询主机是否要加入组播组，如果有主机应答，那么请求上游路由器把组播流量转发到这个子网中；如果没有主机应答，那么请求上游路由器停止转发组播流量。

2）报告

主机也可以不必等待路由器发送查询消息，主动向组播路由器请求加入某个组播组，在退出时也应向组播路由器发送退出消息，让组播路由器停止转发组播流量。

在组播网络中，组播设备需要维护与自身处于同一直连网段的组播组成员信息，主机也需要动态加入组播组，使得一份组播报文能被正确地传输到一组需要该组播报文的主机中。随着组播应用的发展和组播网络规模的日益扩大，需要有一个专门的协议来管理组播组成员。

在网络中，要确定组播组成员，需要使用一种协议，即 IGMP。IGMP 在组播路由器和主机之间运行，因为当组播发送者和组播组成员处于不同网络中时，需要组播路由器为组播报文提供转发功能，所以组播路由器必须确认自己直连的网络中是否存在组播组成员，可以使用查询和报告来发现组播组成员。如图 10-8 所示，为连接组播组成员的接口配置 IGMP，使组播组成员自主加入组播组。

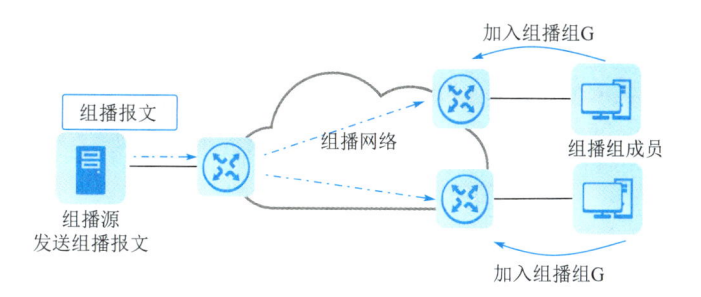

图 10-8　配置 IGMP

IGMPv1 是管理 IPv4 组播组成员的 TCP/IP，运行在组播网络末梢的组播路由器与主机上。连接组播组成员的设备为组播路由器，用于主机和其直连的组播路由器建立并维护组播组成员关系。

目前，IGMP 演进出了 3 个版本，即 IGMPv1、IGMPv2 和 IGMPv3，不同版本对 ASM 模型和 SSM 模型的支持情况如下。

所有版本的 IGMP 都支持 ASM 模型，IGMPv3 可以直接应用于 SSM 模型上，IGMPv1 和 IGMPv2 只有在 IGMP SSM Mapping 技术的支持下才能应用于 SSM 模型上。

10.2.1　IGMPv1

IGMPv1 在组播路由器和主机上运行，通过二者交互来共同管理组播组成员。运行在组播路由器上的 IGMP 用来维护组播组成员关系，运行在主机上的 IGMP 用来向组播路由器通告组播组成员关系。如图 10-9 所示，在组播路由器和主机之间发送 IGMPv1 报文。

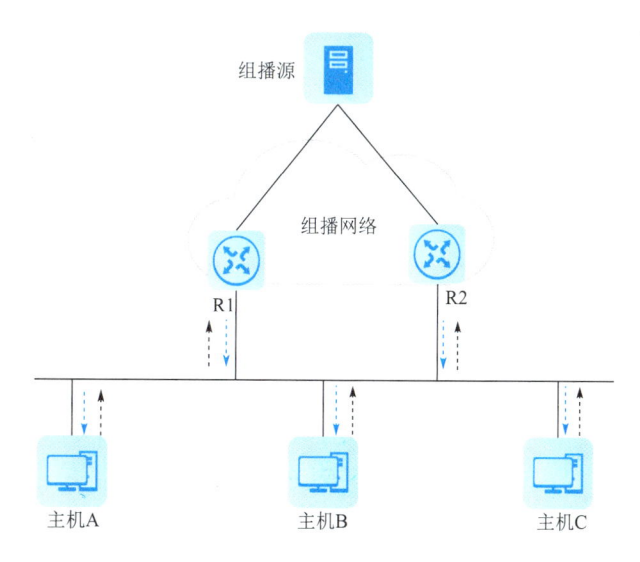

图 10-19　在组播路由器和主机之间发送 IGMPv1 报文

1. IGMPv1 报文

IGMPv1 定义了基本的组播组成员查询和报告过程，查询是由组播路由器向主机发送查询报文实现的，报告是由主机向组播路由器发送报告报文实现的。IGMPv1 报文格式如图 10-10 所示。

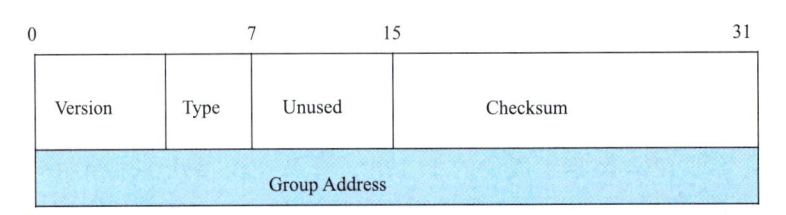

```
 0            7         15                              31
┌──────────┬─────────┬──────────┬────────────────────────┐
│ Version  │  Type   │  Unused  │       Checksum         │
├──────────┴─────────┴──────────┴────────────────────────┤
│                   Group Address                        │
└────────────────────────────────────────────────────────┘
```

图 10-10　IGMPv1 报文格式

IGMPv1 报文各字段的含义如下。

（1）Version：版本。Version 字段的值为 1。

（2）Type：类型。Type 字段有两个取值。其中，0x1 表示普遍组查询（Membership Query）报文。0x2 表示组成员报告（Membership Report）报文。

普遍组查询报文是查询器向共享网络中的所有主机和路由器发送的查询报文，用于查询哪些组播组存在组播组成员。

因为 IGMPv1 没有基于 IGMP 的查询器选举机制，所以 IGMPv1 依赖 PIM 完成基于 IGMP 的查询器的选举，IGMPv1 将通过 PIM 选举出唯一的组播信息转发者（DR 或 Assert Winner）作为查询器，负责组播组成员关系的查询。

配置 IGMPv1 信息，查看查询器选举情况，如图 10-11 所示。

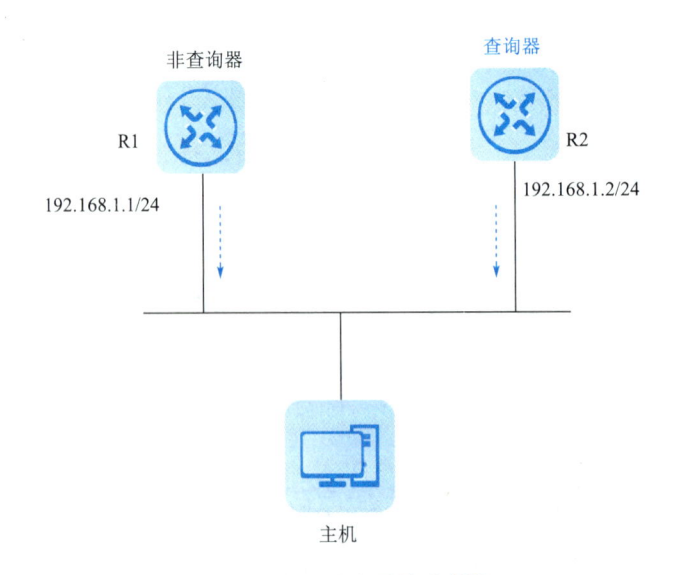

图 10-11　查看查询器的选举情况

路由器开启组播路由功能，在接口处配置 PIM，并配置 IGMP 的版本。

```
R1(config)#ip multicast-routing                    // 开启组播路由功能
R1(config)#interface  gigabitEthernet 0/0
R1(config-if-GigabitEthernet 0/0)#ip pim  dense-mode // 配置 PIM
R1(config-if-GigabitEthernet 0/0)#ip igmp  version  1 // 配置 IGMP 的版本
R1(config-if-GigabitEthernet 0/0)#exit
R1(config)#

R2(config)#ip multicast-routing
R2(config)#interface  gigabitEthernet 0/1
R2(config-if-GigabitEthernet 0/1)#ip pim  dense-mode
R2(config-if-GigabitEthernet 0/1)#ip igmp  version  1
R2(config-if-GigabitEthernet 0/1)#ex
R2(config)#
```

IGMPv1 的查询器选举依赖 PIM，选举 IPv4 地址大的组播路由器，这里 R2 作为查询器。

```
R1#show  ip igmp  interface gigabitEthernet 0/0
Interface GigabitEthernet 0/0 (Index 1)
 IGMP Enabled, Active, Non-Querier, Version 1
 Internet address is 192.168.1.1
 IGMP interface limit is 2000
 IGMP interface has 1 group-record states
 IGMP interface has 0 static-group records
 IGMP activity: 7 joins, 0 leaves
 IGMP querying router is 192.168.1.2
 IGMP query interval is 125 seconds
 IGMP querier timeout is 255 seconds
 IGMP max query response time is 10 seconds
 Last member query response interval is 10
 Last member query count is 2
 Group Membership interval is 260 seconds
 Robustness Variable is 2
R1#
```

组成员报告报文是主机向查询器发送的报告报文，用于申请加入某个组播组或应答查询报文。

（3）Unused：未使用。在 IGMPv1 中发送报文时，Unused 字段的值被设置为 0，并在接收时被忽略。

（4）Checksum：校验和。校验和是指对 IGMP 报文长度（即 IP 报文的整个有效载荷）进行 16 位检测，表示 IGMP 信息补码之和的补码。在进行校验和计算时，Checksum 字段的值被设置为 0。当发送报文时，必须计算校验和并将计算结果插入到 Checksum 字段中；当接收报文时，校验和在处理该报文之前进行校验。

（5）Group Address：组播地址。在普遍组查询报文中，Group Address 字段的值被设置为 0；在组成员报告报文中，Group Address 字段的值表示组播组成员加入的组播地址（因为组播组成员加入的组播地址是 239.1.1.1，所以 Group Address 字段的值被设置为 239.1.1.1）。

2. IGMPv1 路由器

运行 IGMPv1 路由器的目的是确定哪些主机是组播组成员，主要依靠发送查询报文来确定，路由器周期（60s）性地向 224.0.0.1 发送查询报文，当有主机回复应答报文时，便认为网络中存在组播组成员，此时将组播报文发送给组播组成员。

若连续 3 次周期性地发送查询报文都没有收到主机的应答报文，那么路由器便认为网络中的组播组成员已经离开，进而停止向网络中发送组播数据。如图 10-12 所示，R1 周期性地向主机发送查询报文。

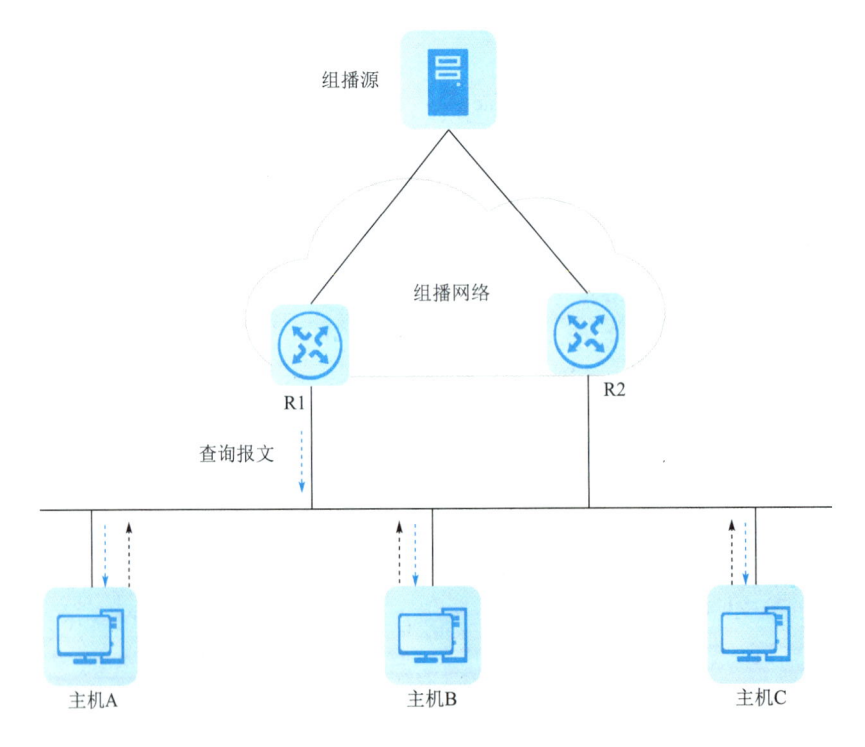

图 10-12　R1 周期性地向主机发送查询报文

3. IGMPv1 主机

IGMPv1 主机通过发送报告报文来通告自己是组播组成员，同时报告报文也可以用来回复路由器发送的查询报文。因为发送报告报文的目的是让组播组成员加入组播组的组播

IPv4 地址,所以其他路由器和主机都能收到此数据包。在共享网络中,因为存在一个组播组成员时,路由器就需要向该网络中发送一次组播数据,所以当一个网络中存在多台主机需要成为组播组成员时,并不需要每台主机都向路由器发送报告报文。

为了减少共享网络中出现过多的协议流量,若有多台主机属于同一个组播组,则需要其中一台主机向路由器发送报告报文,其他主机不向路由器发送报告报文。一台主机向路由器发送报告报文之后,其他需要接收组播报文的主机也能正常接收报告报文。如图 10-13 所示,主机 A 和主机 B 都加入了 G1,主机 C 加入了 G2,其中加入了 G1 的两台主机只需要其中一台发送报告报文即可。

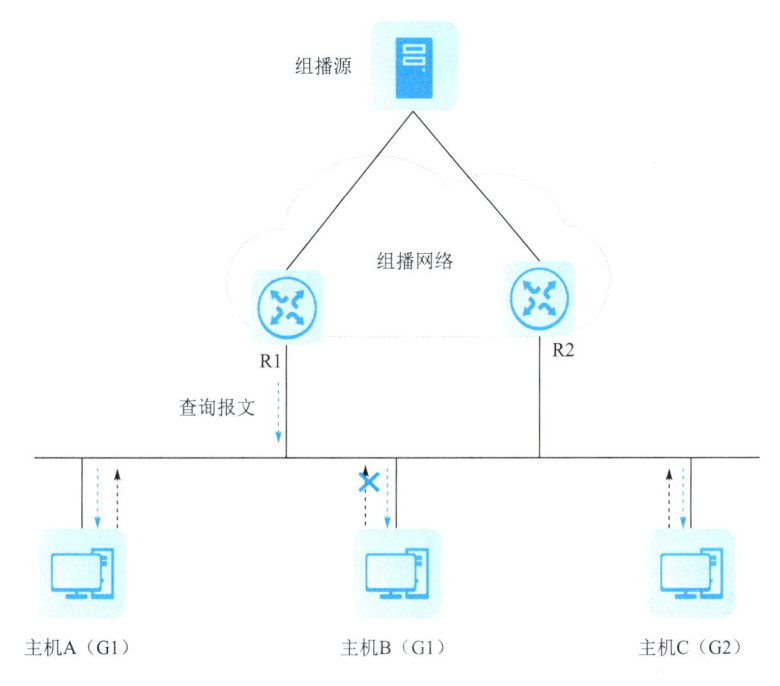

图 10-13 发送报告报文

要确定是主机 A 发送报告报文还是主机 B 发送报告报文,需要在主机收到查询器发送的查询报文后,启动定时器(定时器的时间范围为 0～10s),哪个主机的定时器先超时,哪个主机就先发送报告报文,申请加入组播组。若主机 A 的定时器先超时,则主机 A 先发送报告报文,从而减少协议流量。

4. IGMPv1 组播组成员离开

IGMPv1 没有特定机制用于通知组播组成员离开。当主机离开组播组时,不会再对查询报文进行响应。如图 10-14 所示,若所有主机都退出组播组,则主机不再对查询报文进行响应。由于网络中不存在其他组播组成员,因此 R1 不会收到任何报告报文,3 分钟后若没有收到组播组成员的响应,则会停止向网络中发送组播数据。若有其他主机还需要继续接收组播数据,则需要再次向查询器发送报告报文,重新加入组播组,通告自己的存在。

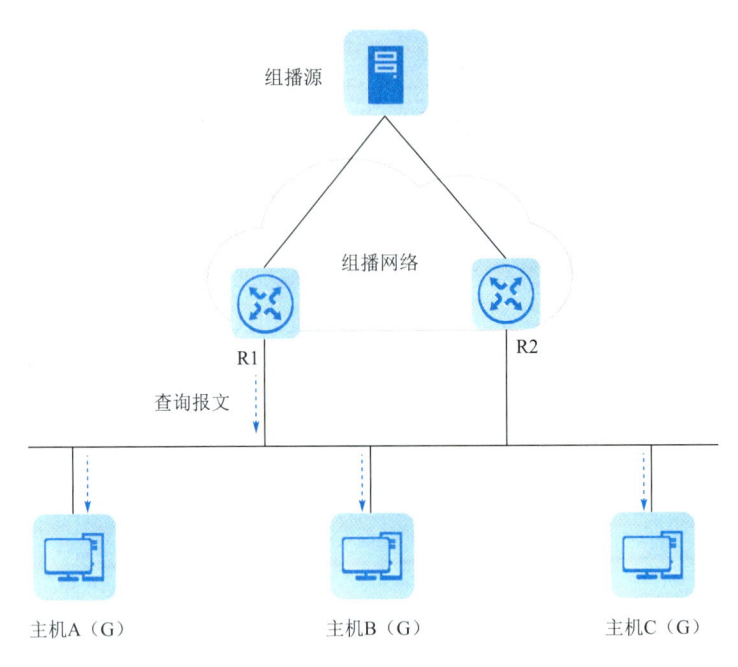

图 10-14　组播组成员离开

10.2.2　IGMPv2

IGMPv2 的工作原理和 IGMPv1 的工作原理基本相同，IGMPv2 在 IGMPv1 的基础上引入了查询器选举机制和离开组播组机制，IGMPv2 兼容 IGMPv1 的功能。

1. 查询器选举机制

IGMPv1 中没有查询器选举机制，而是使用 PIM 选举出的唯一的组播信息转发者作为查询器。与 IGMPv1 相比，IGMPv2 增加了支持特定组查询功能，并专门制定了查询器选举机制。查询器选举机制如图 10-15 所示。

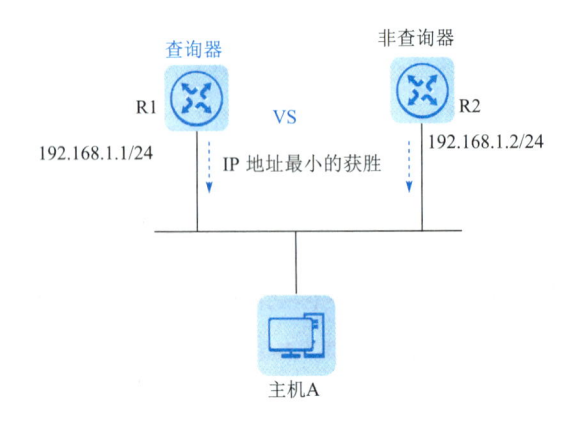

图 10-15　查询器选举机制

（1）运行 IGMPv2 的组播设备默认本机是查询器，并向直连网段发送普遍组查询报文（目的地址为 224.0.0.1）。

（2）任意一个组播设备收到该查询报文后，若报文源 IP 地址比本机 IP 地址小，则该组播设备转变为非查询器，最终整个直连网段上只有一个查询器。

在组播路由器接口（Multicast Router Port）处配置 IGMP 的版本为 2。

```
R1(config)#interface  gigabitEthernet 0/0
R1(config-if-GigabitEthernet 0/0)#ip pim  dense-mode
R1(config-if-GigabitEthernet 0/0)#ip igmp  version  2
R1(config-if-GigabitEthernet 0/0)#exit
R1(config)#


R2(config)#interface  gigabitEthernet 0/1
R2(config-if-GigabitEthernet 0/1)#ip pim  dense-mode
R2(config-if-GigabitEthernet 0/1)#ip igmp  version  2
R2(config-if-GigabitEthernet 0/1)#exit
R2(config)#
```

IGMPv2 使用普遍组查询报文选举查询器，比较报文源 IP 地址。由于把 IP 地址小的组播设备当作查询器，因此这里把 R1 当作查询器。

```
R1#show  ip igmp   interface gigabitEthernet 0/0
Interface GigabitEthernet 0/0 (Index 1)
 IGMP Enabled, Active, Querier, Version 2 (default)
 Internet address is 192.168.1.1
 IGMP interface limit is 2000
 IGMP interface has 1 group-record states
 IGMP interface has 0 static-group records
 IGMP activity: 3 joins, 0 leaves
 IGMP query interval is 125 seconds
 IGMP querier timeout is 255 seconds
 IGMP max query response time is 10 seconds
 Last member query response interval is 10
 Last member query count is 2
 Group Membership interval is 260 seconds
 Robustness Variable is 2
R1#


R2#show  ip igmp   interface  gigabitEthernet 0/1
Interface GigabitEthernet 0/1 (Index 2)
 IGMP Active, Non-Querier, Version 2 (default)
 Internet address is 192.168.1.2
 IGMP interface limit is 2000
```

```
IGMP interface has 1 group-record states
IGMP interface has 0 static-group records
IGMP activity: 6 joins, 0 leaves
IGMP querying router is 192.168.1.1
IGMP query interval is 125 seconds
IGMP querier timeout is 255 seconds
IGMP max query response time is 10 seconds
Last member query response interval is 10
Last member query count is 2
Group Membership interval is 260 seconds
Robustness Variable is 2
R2#
```

（3）组播设备转为非查询器后，启动定时器，定时器的超时时间成为"其他查询器存活时间"。若定时器超时，则默认把本机当作查询器，重新发起查询器选举机制。若定时器超时前收到查询器发送的普遍组查询报文，则重置定时器的超时时间。

2. 离开组播组机制

在 IGMPv1 中，若主机离开组播组时未通知组播设备，则组播设备只能被动地等待定时器超时后，才会感知到主机退出组播组。IGMPv2 对此引入离开组播组机制，主机离开组播组时会通过发送离开报文来告知组播设备。离开组播组机制如图 10-16 所示。

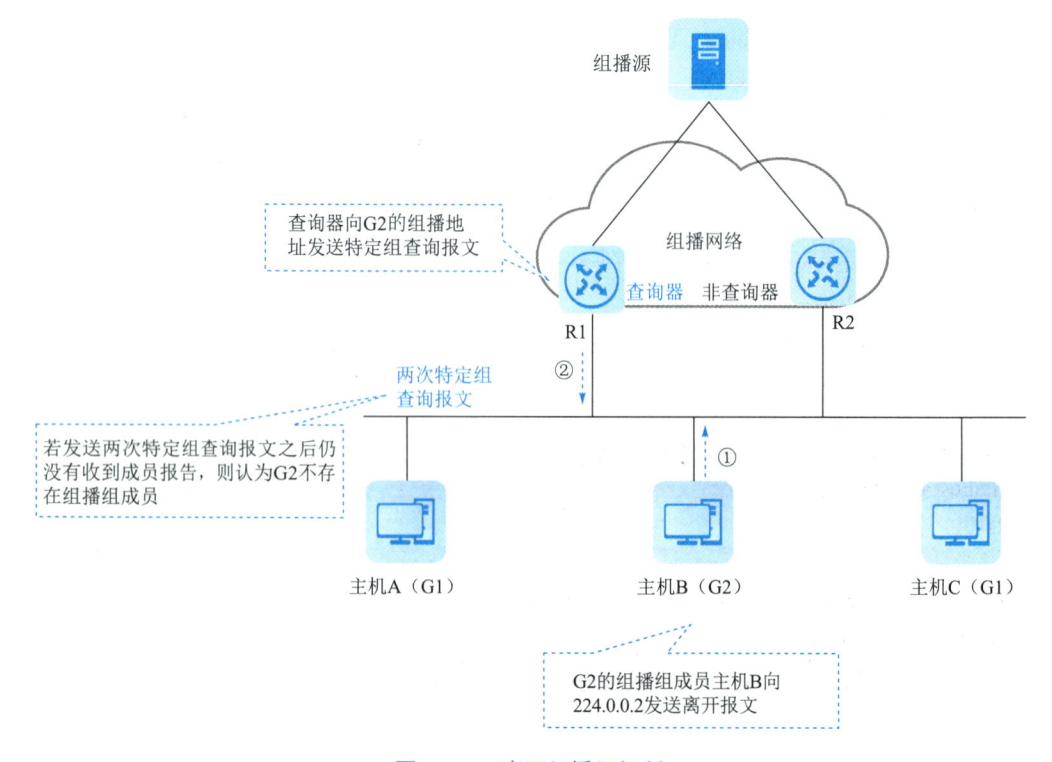

图 10-16　离开组播组机制

（1）主机离开组播组时，向直连网段的所有组播设备（目的地址为 224.0.0.2）发送离开报文。

（2）查询器收到离开报文后，向直连网段发送该主机对应组播组的特定组查询报文（目的地址为对应主机的组播地址），连续发送两次，默认间隔 1s 发送一次。

（3）若直连网段内还存在属于该组播组的主机，则主机收到特定组查询报文后，会在该报文中设定的最大响应时间内向查询器回复一个加入报文。若直连网段内不存在其他组播组成员，则不会收到组播组成员的报告报文。

（4）若查询器在最大响应时间内收到该组播组的主机的回复，则说明直连网段内仍存在该组播组用户，此时应继续维护该组播组的转发表项，否则清除该组播组的转发表项。

10.2.3 IGMPv3

IGMPv3 主要是为了配合 SSM 模型而出现发展起来的，提供了在报文中携带组播源信息的功能，即组播组成员可以只选择接收特定组播源发送的组播数据。组播组成员需要告知组播网络，接收哪些特定组播源的组播流量。指定组播源如图 10-17 所示。

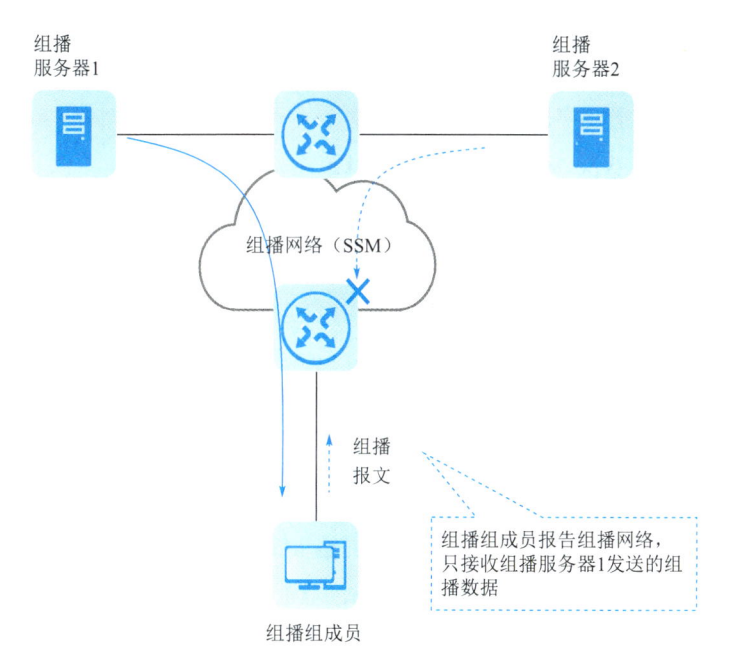

图 10-17 指定组播源

IGMPv3 的工作原理与 IGMPv2 的工作原理类似。与 IGMPv2 相比，IGMPv3 发生的变化如下。

（1）IGMPv3 的查询报文除包含普遍组查询报文和特定组查询报文外，还新增了特定源组查询报文（Group-and-Source Specific Query）。特定源组查询报文用于查询组播组成员是否愿意接收特定源组发送的组播报文。特定源组查询通过在报文中携带一个或多个组播源地址来实现。

（2）IGMPv3 报告报文不仅包含主机想要加入的组播组，还包含主机想要接收哪些组播源的数据。

（3）IGMPv3 没有定义专门的离开报文，组播组成员离开通过特定类型的报告报文来传达。

IGMPv3 查询报文格式如图 10-18 所示。

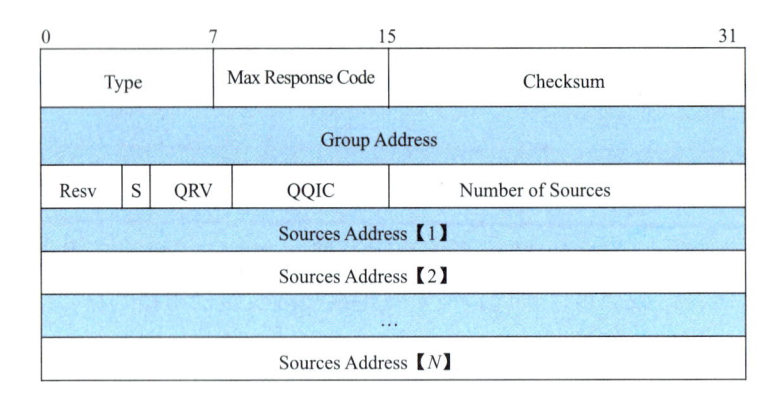

0	7	15	31
Type	Max Response Code	Checksum	
Group Address			
Resv	S	QRV	QQIC	Number of Sources	
Sources Address【1】			
Sources Address【2】			
...			
Sources Address【N】			

图 10-18　IGMPv3 查询报文格式

IGMPv3 查询报文主要字段的含义如下。

（1）Type：类型。Type 字段的取值为 0x11。

（2）Max Response Code：最大响应时间。主机收到查询器发送的普遍组查询报文后，需要在最大响应时间内做出回应。

（3）Group Address：组播地址。在普遍组查询报文中，Group Address 字段的值为 0；在特定组查询报文和特定源组查询报文中，Group Address 字段的值表示要查询的组播地址。

（4）Number of Sources：组播源数量。在普遍组查询报文和特定组查询报文中，Number of Sources 字段的值为 0；在特定源组查询报文中，Number of Sources 字段的值非 0。Number of Sources 字段的值的大小受所在网络 MTU 的大小的限制。

（5）Source Address：组播源地址。Source Address 字段的值的多少受 Number of Sources 字段的值的大小的限制。

IGMPv3 报告报文与 IGMPv1 报告报文、IGMPv2 报告报文的区别在于，IGMPv3 报告报文除能通告组播组成员加入组播组的信息外，还能通告组播组成员希望接收的组播源信息。通告组播源主要有以下两种模式。

INCLUDE：接收来自特定组播源的组播报文。

EXCLUDE：过滤来自特定组播源的组播报文。

IGMPv3 报告报文中的组播组信息和组播源信息的关系会被记录在 Group Record 字段中发送给查询器。IGMPv3 报告报文格式如图 10-19 所示。

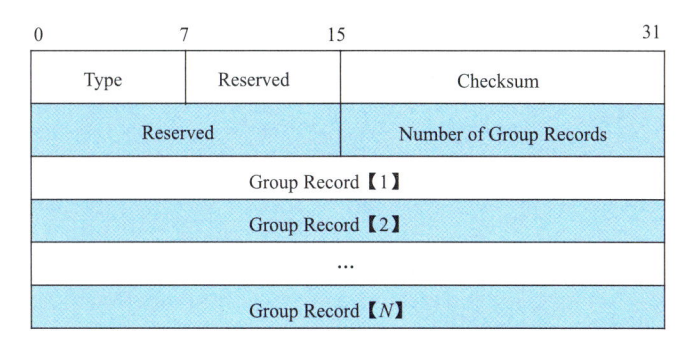

Type	Reserved	Checksum
Reserved		Number of Group Records
Group Record【1】		
Group Record【2】		
...		
Group Record【N】		

图 10-19　IGMPv3 报告报文格式

IGMPv3 支持对特定组播源进行过滤，在主机加入组播组时，支持在 IGMPv3 加入报文中携带一个或多个组播源信息，将组播组与源列表之间的对应关系简单地表示为 (S1,S2,S3,…Sn,G)，并将组播源模式设置为 INCLUDE 或 EXCLUDE。INCLUDE 模式表示接收该组播源的组播报文，EXCLUDE 模式表示过滤该组播源的组播报文。

10.3　IGMP Snooping

IGMP Snooping（Internet Group Management Protocol Snooping）是一种网络组播协议，通过侦听三层组播路由器和主机之间发送的组播报文来维护发送组播报文的接口信息，从而管理和控制组播报文在数据链路层的转发。

10.3.1　IGMP Snooping 工作原理

在很多情况下，组播报文会不可避免地经过一些二层交换机，尤其是在局域网中。在组播组成员和三层组播路由器之间，组播报文要经过二层交换机。

如图 10-20 所示，组播路由器将组播报文转发给二层交换机后，二层交换机负责将组播报文转发给主机。由于组播报文的目的地址为组播地址，在二层交换机上学习不到这类 MAC 表项，因此组播报文会在所有接口处进行广播，和它处于同一个广播域内的组播组成员和非组播组成员都能收到组播报文。这样不但浪费了网络带宽，而且影响了网络信息的安全。

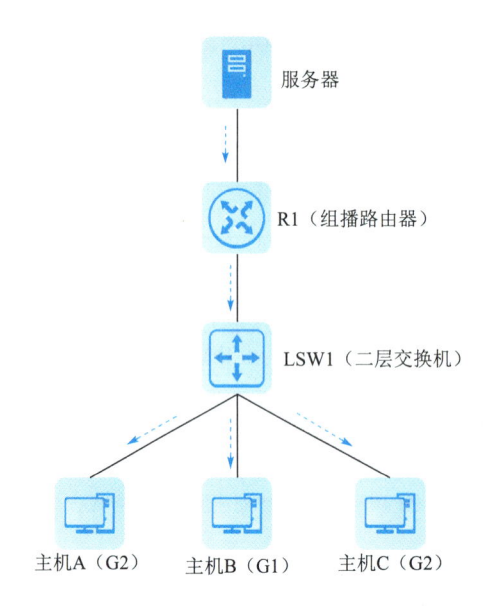

图 10-20　组播组成员和非组播组成员接收组播报文

使用 IGMP Snooping 可以有效地解决这个问题。配置 IGMP Snooping 后，二层交换机可以侦听和分析组播组成员发送的报文和上游组播路由器的组播报文，根据这些信息建立二层组播转发表，控制组播报文的转发，这样就防止了组播报文在二层网络中广播。IGMP Snooping 分析组播报文携带的信息（报文类型、组播地址、接收组播报文的接口等），根据这些信息建立和维护二层组播转发表，从而确保组播报文在数据链路层按需转发。如图 10-21 所示，组播路由器向 G2 发送组播报文，到达二层交换机，二层交换机运行 IGMP Snooping 之后，只根据二层组播转发表将组播数据转发给对应的组播组成员。

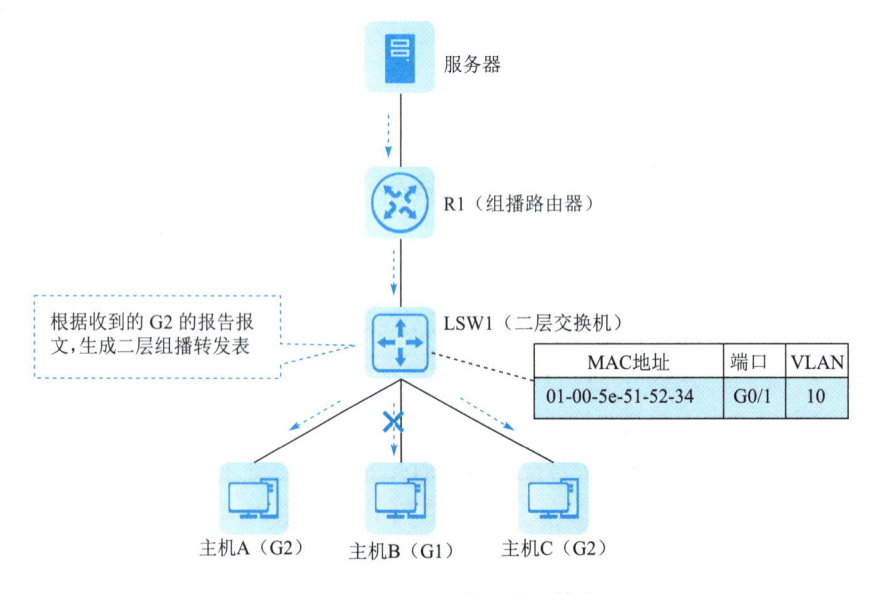

MAC地址	端口	VLAN
01-00-5e-51-52-34	G0/1	10

图 10-21　二层交换机按需转发

10.3.2　IGMP Snooping 接口分类

配置基于 VLAN 的 IGMP Snooping 的基本功能之前，需要创建 VLAN，相关的接口也是指 VLAN 内的成员口（Member Port）。运行 IGMP Snooping 的设备将 VLAN 内的接口标识为路由连接口或成员口，从而能够管理和控制 IP 组播流在 VLAN 内转发。IGMP Snooping 接口分类如图 10-22 所示。

组播路由器接口是二层交换机上连接路由器的接口，指向组播源的方向。通过监听组播报文，二层交换机可以自动发现并维护动态路由信息连接口。同时，允许配置静态路由信息连接口。例如，如图 10-22 所示，二层交换机的 G0/1 接口为组播路由器接口。

成员口是二层交换机上连接组播组成员主机的接口，指向组播组成员的方向。又称侦听者端口（Listener Port）。通过监听组播报文，二层交换机可以自动发现并维护动态成员口。例如，如图 10-22 所示，二层交换机的 G0/2 接口和 G0/4 接口均属于成员口。

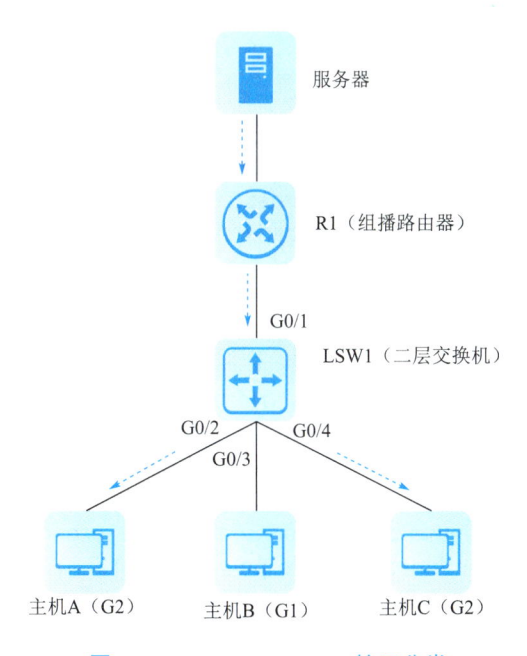

图 10-22　IGMP Snooping 接口分类

运行 IGMP Snooping 的设备通过对收到的组播报文进行分析，发现并识别路由连接口和成员口，从而建立并维护二层组播转发表。

10.3.3　IGMP Snooping 工作模式

IGMP Snooping 有 IVGL 和 SVGL 两种工作模式。

（1）IVGL：在该模式下，各 VLAN 之间的组播报文是相互独立的。主机只能向与自己处于同一个 VLAN 的路由连接口请求组播。

（2）SVGL：在该模式下，主机可以跨 VLAN 申请组播报文。指定一个组播 VLAN，在该 VLAN 内收到的组播报文可以向其他 VLAN 的主机转发。

问题与思考

1. 以下表示所有主机的组播地址的是（ ）。
   A．224.0.0.1   B．224.0.0.2
   C．224.0.0.5   D．224.0.0.6

2. 以下为 IGMPv1 报文的是（ ）。
   A．报告报文   B．离开报文
   C．普通组查询报文   D．特定组查询报文

3. 以下通过命令查询 IGMP 接口的信息中正确的是（ ）。

```
R1#show ip igmp interface gigabitEthernet 0/1
Interface GigabitEthernet 0/1 (Index 2)
 IGMP Active, Non-Querier, Version 2 (default)
 Internet address is 192.168.1.2
 IGMP interface limit is 2000
 IGMP interface has 1 group-record states
 IGMP interface has 0 static-group records
 IGMP activity: 6 joins, 0 leaves
 IGMP querying router is 192.168.1.1
 IGMP query interval is 125 seconds
 IGMP querier timeout is 255 seconds
 IGMP max query response time is 10 seconds
 Last member query response interval is 10
 Last member query count is 2
 Group Membership interval is 260 seconds
 Robustness Variable is 2
R2#
```

   A．IGMP 的版本是 1   B．查询器的地址是 192.168.1.2
   C．R1 是查询器   D．查询响应时间是 10s

4. 组播 IPv4 地址 224.0.0.9 是供（ ）发送报文使用的。
   A．IGMPv1   B．PIM
   C．BGP   D．RIPv2

5. 以下关于 IGMP Snooping 的描述正确的是（   ）。

   A．IGMP Snooping 用于解决组播报文在三层交换机上广播的问题

   B．IGMP Snooping 运行在数据链路层，是二层交换机上的组播约束机制，用于管理和控制组播组

   C．IGMP Snooping 通过侦听主机发送的组播报文，建立二层组播转发表

   D．IGMP Snooping 会大量消耗交换机的 CPU 资源

6. 在 IGMPv2 中，特定查询的目的地址是（   ）。

   A．224.0.0.13　　　　　　　　B．224.0.0.3

   C．224.0.0.1　　　　　　　　D．238.1.1.1

7. IGMP 的工作位置是（   ）。

   A．主机和二层交换机之间

   B．二层交换机和三层交换机（或路由器）之间

   C．三层交换机（或路由器）之间

   D．主机和三层交换机（或路由器）之间

第11章 组播路由协议

> 【学习目标】

组播报文用于转发一组特定的组播组成员，这些组播组成员可能分布在网络中的任意位置。为了正确、高效地转发组播报文，组播路由器需要建立和维护组播路由表。组播路由表需要像单播路由表一样通过多种算法动态生成组播路由信息。组播直接利用单播路由表的路由信息进行 RPF 检查，创建组播路由表，转发组播报文。

学习完本章内容应能够：
- 了解组播分发树
- 掌握 RPF 检查
- 掌握 PIM-DM
- 掌握 PIM-SM（ASM）和 PIM-SM（SSM）

> 【知识结构】

本章主要介绍组播路由协议，内容包括组播分发树、RPF 检查、PIM-DM、PIM-SM（ASM）、PIM-SM（SSM）等。

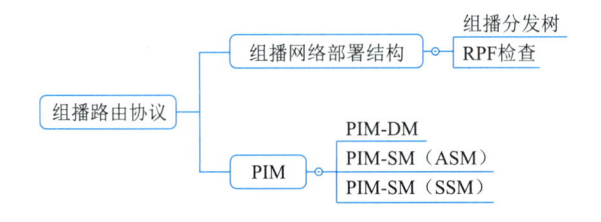

11.1 组播网络部署结构

组播网络大致可以分为三部分，即组播源端网络、组播转发网络、组成员端网络，如图 11-1 所示。

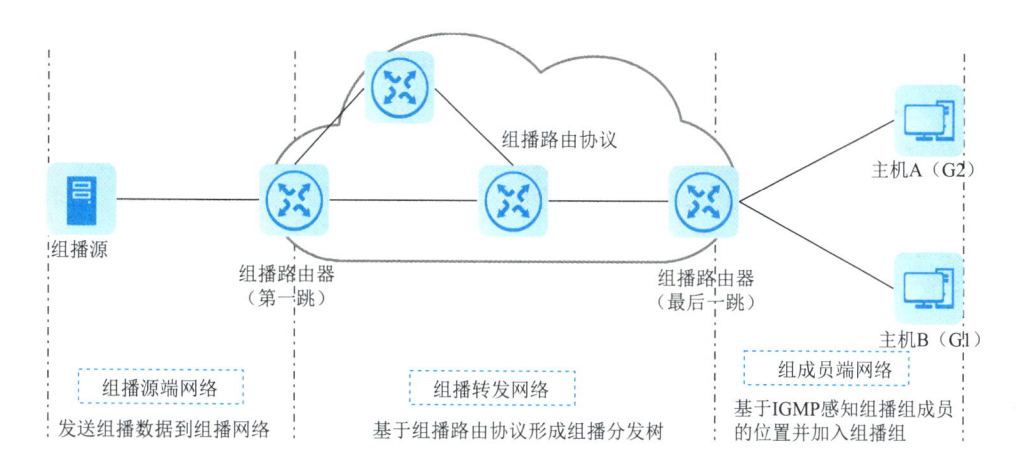

图 11-1 组播网络部署结构

11.1.1 组播分发树

根据组播网络中的组播组成员的分布和使用的不同，组播路由协议分为两种，即域间组播路由协议和域内组播路由协议。

组播路由协议的主要任务就是构造组播分发树，使组播组能够将组播报文传送给相应的组播组成员。

组播路由协议形成了一个从数据源到多个接收端的单向无环数据传输路径，这被称为组播分发树。组播分发树有两种基本类型，分别为 SPT 和 RPT。

1. SPT

SPT（Shortest Path Tree，最短路径树）是以组播源作为树根，将组播源到每个接收者的最短路径结合起来构成的转发树。对于某个组播组，网络要为任何一个向其发送组播报文的组播源建立一棵 SPT，如图 11-2 所示。

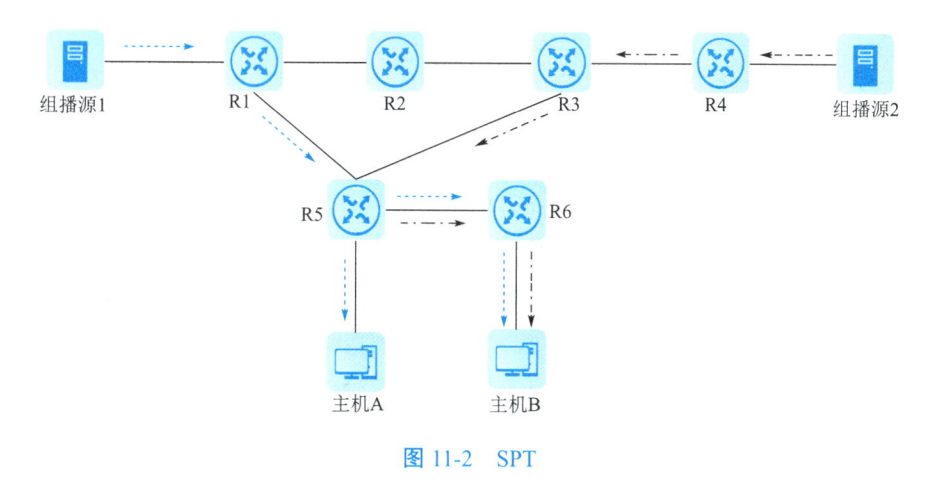

图 11-2 SPT

2. RPT

RPT（Rendezvous Point Tree，共享树）是以某台路由器作为组播路由的树根，将 RP 到所有接收者的最短路径结合起来构成的转发树，该台路由器被称为 RP（Rendezvous Point，汇集点）。在应用 RPT 时，对应某个组播组网络中只有一棵树，所有组播源和接收者都使用这棵树来收发组播报文。组播源先向树根发送组播报文，之后组播报文向下转发给所有接收者，如图 11-3 所示。

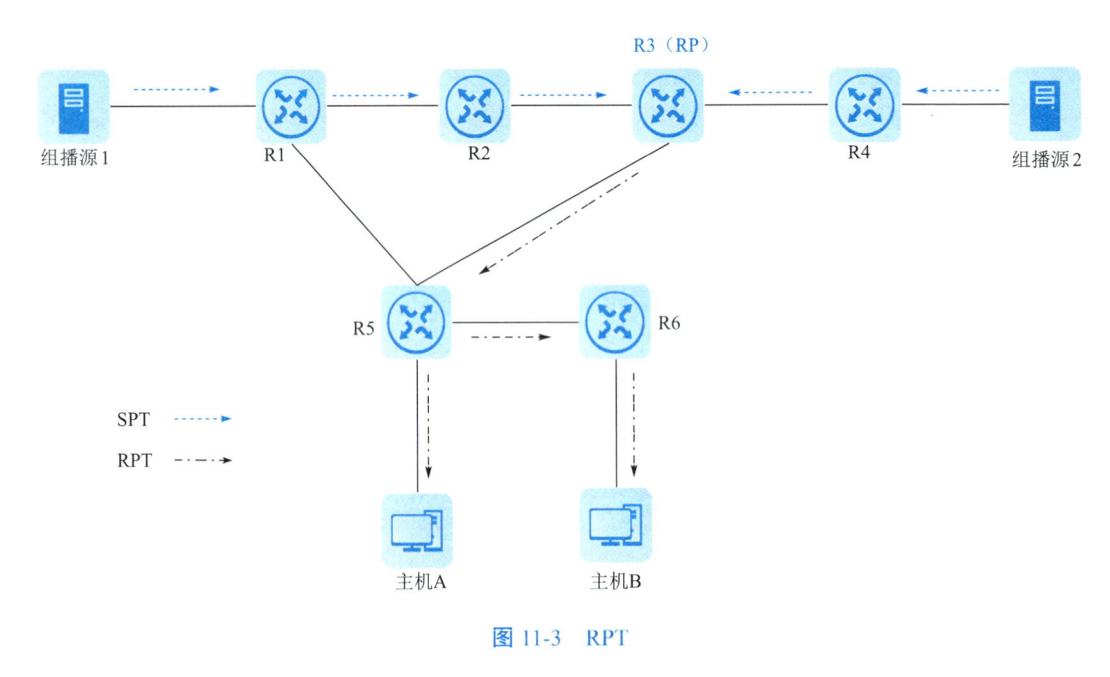

图 11-3 RPT

SPT 能构造组播源和接收者之间的最短路径，使端到端的延迟达到最小，但是在路由器中必须为每个组播源保存路由信息，这样会占用大量的系统资源，且路由表的规模也比较大。

RPT 在路由器中保留的资源比较少，但是组播源发送的组播报文要先经过 RP，再到达组播组成员，经过的路径通常不是最优路径，且对 RP 的可靠性和处理能力要求很高。

11.1.2 RPF 检查

在单播传输过程中，组播报文的目的地址对应网络中一个确定的位置。只要知道目的地址，即可确定对应的组播报文转发的出口。而组播与单播不同，组播地址对应着一组组播组成员，并不确定每个组播组成员的 IP 地址，无法通过目的地址确定接收者的位置。

组播路由协议依赖现有的单播路由信息、MBGP（MultiProtocol Extensions for BGP-4，多协议边界网关协议）路由信息或组播静态路由信息来创建组播路由表。在创建组播路由表时，组播路由协议运用了 RPF（Reverse Path Forwarding，逆向路径转发）检查机制，以确保组播报文能够沿着正确的路径传输，同时避免因各种原因而造成的环路。

RPF 检查的过程实际上是查找单播路由表的过程，路由器收到组播报文后，查找单播路由表，检查到达组播源的出接口是否与接收组播报文的入接口相一致。如果一致，那么认为合法；如果不一致，那么认为从错误接口接收组播报文，RPF 检查失败，丢弃该组播报文。

如图 11-4 所示，R4 能同时从 G0/1 和 G0/2 两个不同的接口接收组播报文，R4 对收到的组播报文的两个接口进行 RPF 检查，发现 G0/1 接口到达组播源的出接口和接收组播报文的入接口一致，而 G0/2 接口到达组播源的出接口和接收组播报文的入接口不一致，RPF 检查失败。因此，R4 从 G0/1 接口接收组播报文并向接收者转发组播报文。

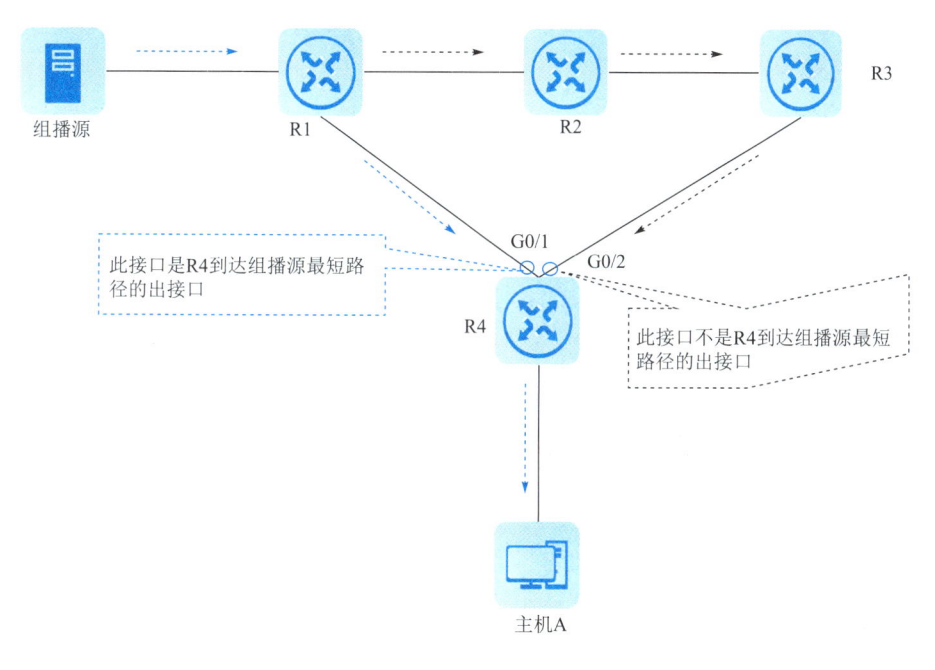

图 11-4 RPF 检查

RPF 检查主要有 3 个步骤，即选择最优路径、确定 RPF 路由信息、进行接口检查。

1. 选择最优路径

将组播源地址（组播报文中的源 IP 地址）作为目的地址，选择本路由器到目的地址的最优路径。注意，在单播路由表、MBGP、组播静态路由表中均需要选出最优路径。

2. 确定 RPF 路由信息

从多个路由表的最优路径中，按规则确定一条路由信息作为 RPF 路由信息（数值越小，优先级越高）。RPF 路由信息规则如表 11-1 所示。

表 11-1　RPF 路由信息规则

是否配置按最长匹配原则选择 RPF 路由信息	规则优先级	规则内容
否	1	选择优先级最高的路由信息
	2	按组播静态路由信息、MBGP 路由信息、单播路由信息顺序选取
是	1	选择掩码最长的路由信息
	2	选择优先级最高的路由信息
	3	按组播静态路由信息、MBGP 路由信息、单播路由信息顺序选取

RPF 路由信息中包含 RPF 接口信息，以供接口检查使用。

（1）在单播路由信息和 MBGP 路由信息中，把动态路由表的出接口当作 RPF 接口，下一跳为 RPF 对等体。

通过 show ip rpf 100.1.1.1 命令查看特定 IPv4 源地址（100.1.1.1）的 RPF 路由信息。

```
R4#show  ip rpf  100.1.1.1
RPF information for 100.1.1.1
RPF interface: GigabitEthernet 0/1
  RPF neighbor: 10.1.14.1
  RPF route: 10.1.14.0/24
  RPF type: unicast (ospf)
  RPF recursion count: 0
  Doing distance-preferred lookups across tables
Distance: 110
  Metric: 2
R4#
```

（2）静态路由表中已明确 RPF 接口和 RPF 对等体。

```
R4#show  ip mroute  static
The num of static mroute : 1
Mroute: 100.1.1.0/24, RPF neighbor: 10.1.14.1
  Protocol: static, distance: 0
R4#
```

3. 进行接口检查

判断组播报文的入接口是否与 RPF 接口一致。

（1）若一致，则检查通过。

（2）若不一致，则检查未通过。

11.2 PIM

PIM（Protocol Independent Multicast，协议无关组播）是一种协议无关的域内组播路由协议，即为 IP 组播提供路由信息的可以是任意单播路由协议。PIM 不依赖于任何特定的单播路由协议。

在组播传输过程中，需要运行组播路由协议，用于控制组播报文的转发。组播网络可以分为多个域，而域内典型的组播路由协议为 PIM。根据实现机制不同，PIM 可以分为两类，即 PIM-DM（PIM Dense-Mode，协议无关组播密集模式）和 PIM-SM（PIM Spares-Mode，协议无关组播稀疏模式）。

PIM-DM 建立组播分发树的基本思路是，先将组播数据全网扩散，再裁剪没有组播组成员的路径，最终形成组播分发树。

PIM-SM 主要用于组播组成员较多但相对稀疏的组播网络中。该模式建立组播分发树的基本思路是，先收集组播组成员的信息，再形成组播分发树。使用 PIM-SM 不需要全网泛洪组播，对当前网络的影响较小。

11.2.1 PIM–DM

PIM-DM 是一种密集模式的组播路由协议，适用于中小型网络规模。

1. PIM 邻居发现

PIM-DM 设备之间通过 Hello 报文来发现 PIM 邻居，如图 11-5 所示。设备接口一旦启动 PIM-DM，便会周期性地向目的地址 224.0.0.13 发送 Hello 报文。Hello 报文有一个 Hello Hold Time 字段，该字段的默认值为 105 秒，定义了 PIM 邻居等待下一个 Hello 报文的最长时间。如果 PIM 邻居在这个时间内没有收到下一个 Hello 报文，那么会将这台设备从 PIM 邻居关系表中删除。

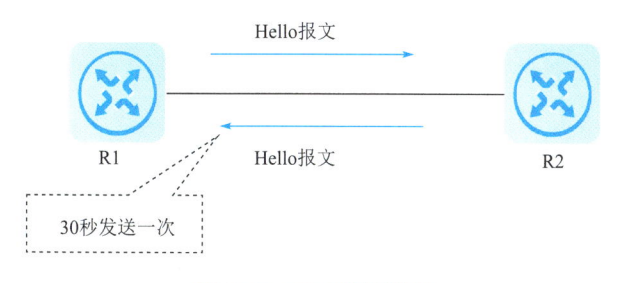

图 11-5 PIM 邻居发现

Hello 报文格式如图 11-6 所示。

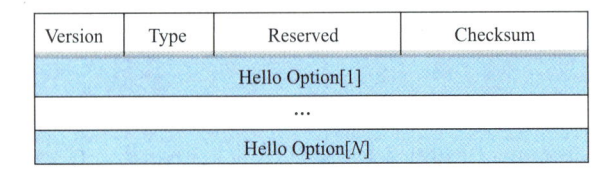

Version	Type	Reserved	Checksum
Hello Option[1]			
...			
Hello Option[N]			

图 11-6　Hello 报文格式

Hello 报文格式各字段的含义如下。

（1）Version：版本。Version 字段的值为 2。

（2）Type：类型。Type 字段的值为 0。

（3）Reserved：保留。若发送则设置值为 0；若接收则忽略值。

（4）Checksum：校验和。Checksum 字段用于验证报文的完整性。

（5）Hello Option：采用 TLV 格式。Type 字段的参数如下。

DR_Priority 表示各路由器接口竞选 DR 的优先级，优先级越高，越容易获胜。

Holdtime 表示保持 PIM 邻居为可达状态的超时时间。如果在超时时间内没有收到 PIM 邻居发送的 Hello 报文，那么认为邻居不可达。

LAN_Delay 表示共享网段内传输剪枝报文的延迟时间。

通过 show ip pim dense-mode neighbor 命令查看 PIM 邻居信息。

```
R1#show  ip pim  dense-mode  neighbor
Neighbor-Address   Interface                Uptime/Expires         Ver
10.1.12.2          GigabitEthernet 0/0      22:32:30/00:01:22      v2
R1#
```

2. PIM–DM 工作机制

PIM-DM 使用 Push 模式转发组播报文。在实现过程中，PIM-DM 会假设网络中的组播组成员分布非常密集，每个网段都存在组播组成员，当有活跃的组播源出现时，PIM-DM 会先将组播源发送的组播报文扩散到整个网络的 PIM 路由器上，再裁剪不存在的组播组成员的分支。

PIM-DM 通过周期性地进行"扩散—剪枝"，来构建并维护一棵连接组播源和组播组成员的单向无环 SPT。扩散如图 11-7 所示。如果在下一次"扩散—剪枝"前，被裁剪的分支因叶子路由器上有新组播组成员的加入而希望提前恢复转发状态，那么可以通过嫁接主动恢复其对组播报文的转发。

PIM-DM 工作机制主要包括扩散、剪枝、状态刷新、嫁接和断言。其中，扩散、剪枝、嫁接是构建 SPT 的主要方法。

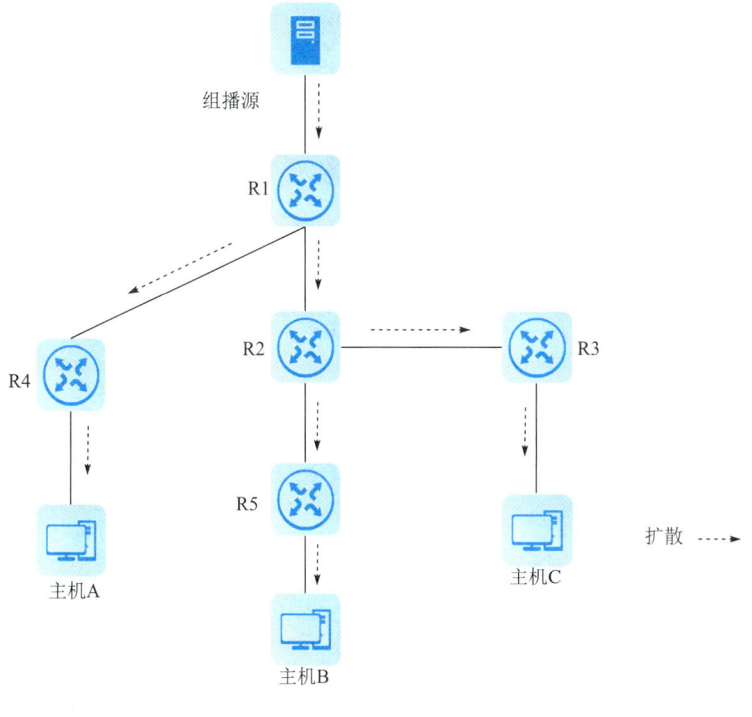

图 11-7　扩散

1）扩散

当 PIM-DM 网络中出现活跃的组播源之后，组播源发送的组播报文将在全网内扩散。当路由器收到组播报文时，单播路由表进行 RPF 检查通过后，就会在该路由器上创建 (S,G) 表项，下游接口列表中包括除上游接口外与所有 PIM 邻居相连的接口，后续到达的组播报文将从各个下游接口转发出去。例如，如图 11-7 所示，R1 收到组播源发送的组播报文后，将该组播报文向与本路由器相连的下游接口扩散。

2）剪枝

当组播路由器下没有组播组成员接收者或 RPF 检查失败的组播转发路径时，对组播路由器到达组播源的组播转发路径执行剪枝，剪枝由下游路由器发起，逐跳向上，最终组播转发路径上只存在与组播组成员相连的分支。

如图 11-8 所示，R4 在 G0/1 接口处和 G0/2 接口处收到组播报文，G0/2 接口处的 RPF 检查失败，R4 向上游 R2 发起剪枝申请，直到有组播组成员接收者需要的组播路由器为止，R3 收到组播报文但由于下游不存在组播组成员接收者，因此会向上游路由器发起剪枝申请。

3）状态刷新

在 PIM-DM 网络中，为了避免被剪枝的接口因剪枝定时器超时而恢复转发，距组播源最近的组播路由器会周期性地发送状态刷新报文，将其在全网内扩散，收到状态刷新报文的组播路由器会刷新剪枝定时器的状态。如果被剪枝的接口的下游组播路由器一直没有组播组成员加入，那么该接口将一直处于抑制转发状态。

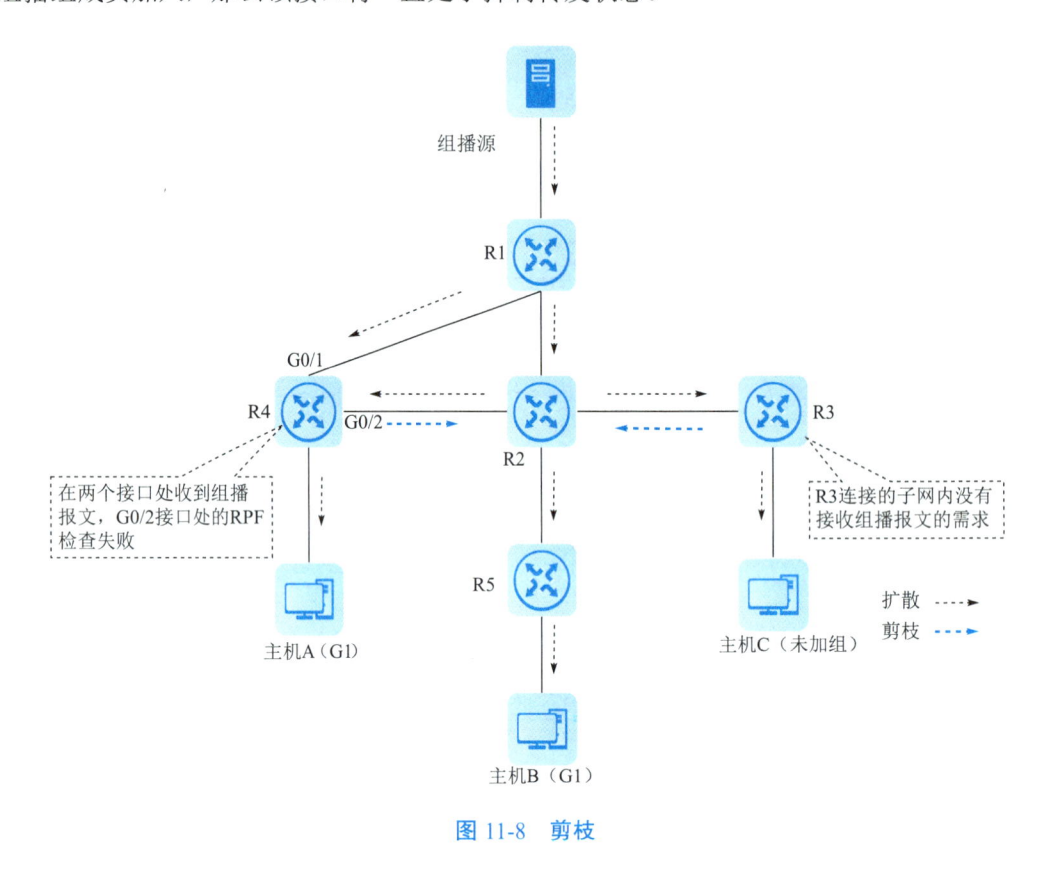

图 11-8 剪枝

4）嫁接

当被剪枝的路径上出现了组播组成员后，需要重新恢复组播报文在该路径上的转发，进行嫁接。如图 11-9 所示，R3 收到组播组成员加组报文，为了让组播组成员能快速接收组播组报文，R3 向上游路由器发送嫁接报文，申请重新加入 SPT，上游路由器收到下游路由器发送的嫁接报文，并回复嫁接确认报文，开始重新向下游路由器转发组播报文。

5）断言

如图 11-10 所示，当组播路由器接收相邻的路由器发送的相同组播报文后，会向该网段发送断言报文，进行断言选举。断言选举失败的路由器会抑制转发断言报文，并将这种抑制转发状态保持一段时间。

断言选举的规则如下。

（1）单播路由协议优先级较高的路由器获胜。

（2）如果优先级相同，那么到达组播源的度量值较小的路由器获胜。

（3）如果以上都相同，那么下游接口 IP 地址最大的路由器获胜。

（4）断言保持时间超时后，竞选失败的路由器会恢复转发，从而触发新一轮的竞选。

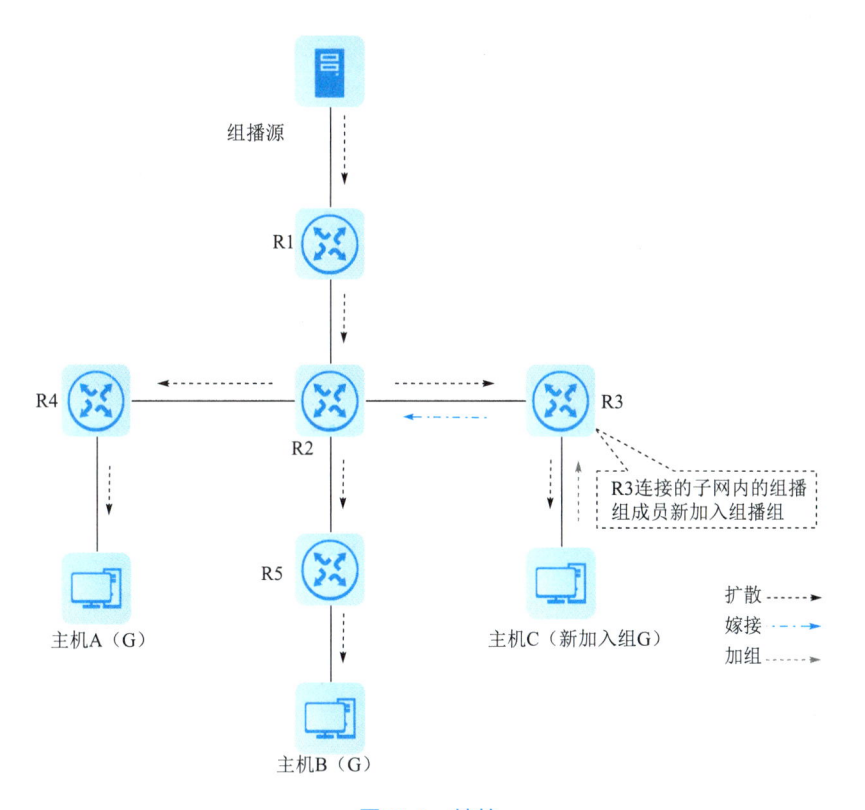

图 11-9　嫁接

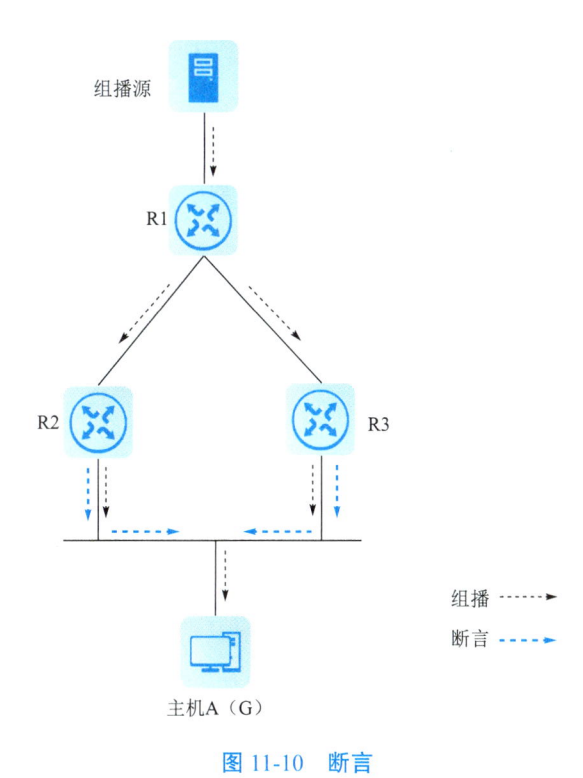

图 11-10　断言

11.2.2 PIM-SM（ASM）

PIM-SM 是一种稀疏模式的组播路由协议，使用 Pull 模式转发组播报文，适用于组播组成员分布较为稀疏的网络环境。PIM-SM 同时提供 ASM 模型和 SSM 模型的组播服务。当使用的组播地址是 SSM 范围内的组播 IP 地址时，使用 SSM 模型。当使用其他组播地址时，使用 ASM 模型。

可以通过配置 BSR（Bootstrap Router，自举路由器）管理域来实现单个 PIM-SM 域的精细化管理。PIM-SM 中的 PIM 邻居建立及断言过程和 PIM-DM 中的 PIM 邻居建立及断言过程相同。

1. RPT 与 SPT 概念

在 PIM-SM 网络中，RP 处理源端 DR 的注册信息及组播组成员的加入请求。如图 11-11 所示，从组播源到组播组成员分成两段：以源端 DR 为根、以 RP 为叶子的 SPT 和以 RP 为根、以组成员端 DR 为叶子的 RPT。

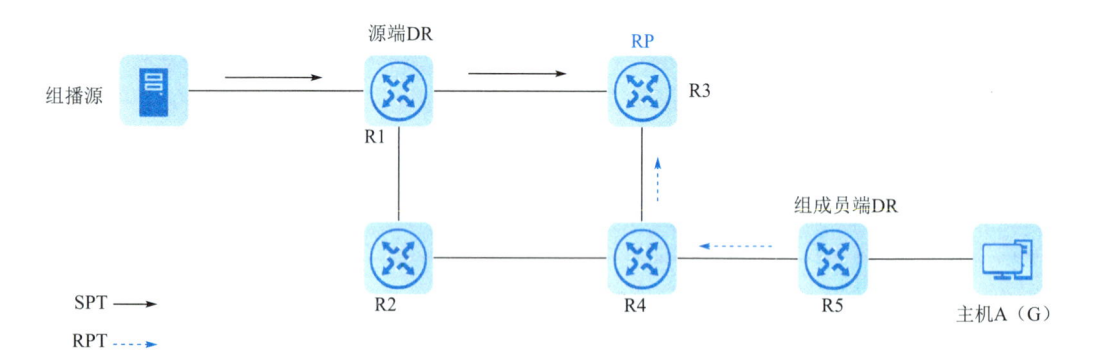

图 11-11 RPT 与 SPT 的拓扑结构

2. RP 发现

RP 是 PIM-SM 网络中的核心路由器，作为 RPT 的根节点，RPT 中的所有组播流量都要经过 RP 转发给接收者。可以通过配置命令限制 RP 提供服务的组播组的范围。

RP 发现有两种方式，即静态 RP 和动态 RP。

静态 RP 是指由管理员在每台组播路由器上手动指定 RP 的地址，使每台组播路由器获知 RP 的位置。静态 RP 一般应用在网络规模较小的环境中。

```
R4(config)#ip pim  rp-address 3.3.3.3            // 手动指定 RP 的地址
```

通过 show ip pim sparse-mode rp mapping 命令查看静态 RP。

```
R4#show  ip pim  sparse-mode  rp mapping
```

```
PIM Group-to-RP Mappings
Group(s): 224.0.0.0/4, Static
    RP: 2.2.2.2(Not self), Static
        Uptime: 01:11:48
R4#
```

动态 RP 是指在 PIM-SM 网络中通过配置多台 C-RP（Candidate-RP，候选 RP）来动态选举 RP，这些 C-RP 将包括地址及服务的组播组等信息，组成 Advertisement 报文，周期性地单播发送给 BSR，如图 11-12 所示。

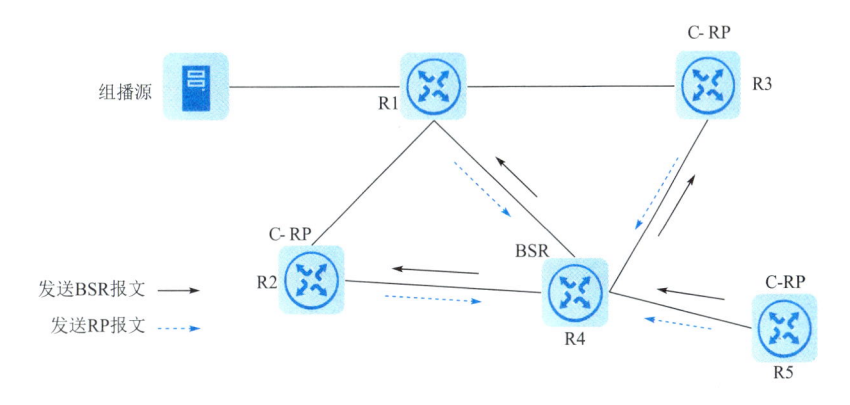

图 11-12　RP 和 BSR 交互

BSR 可以通过配置 C-BSR（Candidate-Bootstrap Router，候选 BSR），按一定的规则被竞选出来。BSR 定期生成包括一系列 C-RP 及其服务的组播地址的自举消息。自举消息在整个网络中发布。网络中的每台组播路由器接收并保存这些自举消息，运用相同的 Hash 算法进行运算，竞选出各个组播组对应的 RP。

BSR 的竞选过程为，竞选初期每个 C-BSR 都认为自己是 BSR 并向全网发送自举消息。自举消息中携带 C-BSR 的地址和优先级。全网中的每台组播路由器收到自举消息后，都会通过比较 C-BSR 的地址和优先级竞选出 BSR。

BSR 的竞选原则如下。

（1）如果网络中只有一台 C-BSR，那么该台 C-BSR 将会被选举为网络中的 BSR。

（2）如果网络中存在多台 D-BSR，那么拥有最高优先级的 D-BSR 将会被选举为网络中的 BSR。

（3）如果网络中存在多台拥有相同优先级的 C-BSR，那么拥有最大 IP 地址的 C-BSR 将会被选举为网络中的 BSR。

RP 的竞选过程为，C-RP 通过周期性地向 BSR 单播发送 Advertisement 报文来通告 C-RP 的地址、优先级及服务的地址。BSR 把这些信息汇总成一个 RP-Set（RP 集合），封装在自举消息中，发布给全网中的每台组播路由器。全网中的组播路由器收到 RP-Set 后，会使用相同的算法计算得到为每个特定组服务的 RP。全网中的每台组播路由器都知道各个组播组对应的 RP 的位置。

RP 的竞选原则如下。

（1）如果网络中只有一台 C-RP，那么这台 C-RP 将会被选举为网络中的 RP。

（2）C-RP 接口地址掩码最长者获胜。

（3）如果网络中存在多台拥有不同优先级的 C-RP，那么优先级最高的 C-RP 将会被选举为网络中的 RP。

（4）如果网络中存在多台拥有相同优先级的 C-RP，那么依靠 Hash 算法（Hash 算法参数有组播地址、掩码长度、C-RP 的地址）计算出的数值来决定 RP，计算出的数值最大的 C-RP 将会被选举为网络中的 RP。

（5）如果网络中存在多台拥有优先级与 Hash 数值相同的 C-RP，那么拥有最大 IP 地址的 C-RP 将会被选举为网络中的 RP。

由于在一个 ASM 模型的 PIM-SM 网络中，必须存在一台唯一的自举路由器 BSR，因此要配置动态 RP，还需要先配置 BSR。

```
R4(config)#interface   loopback 0              // 配置 Loopback 接口
R4(config-if-Loopback 0)#ip pim   sparse-mode  // 接口启动 PIM-SM
R4(config-if-Loopback 0)#exit
R4(config)#ip pim   bsr-candidate   loopback 0  // 配置 C-BSR
R4(config)#ip pim   rp-candidate    loopback 0  // 配置 C-RP
R4(config)#
```

通过 show ip pim sparse-mode bsr-router 命令查看 BSR 信息，可以发现，BSR 的地址是 4.4.4.4。

```
R4#show  ip pim  sparse-mode  bsr-router
PIMv2 Bootstrap information
This system is the Bootstrap Router (BSR)
  BSR address: 4.4.4.4
  Uptime:      00:01:05, BSR Priority: 64, Hash mask length: 10
  Next bootstrap message in 00:00:12
  Role: Candidate BSR    Priority: 64, Hash mask length: 10
  State: Elected BSR

  Candidate RP: 4.4.4.4(Loopback 0)
    Advertisement interval 60 seconds
    Next Cand_RP_advertisement in 00:00:02
R4#
```

通过 show ip pim sparse-mode rp mapping 命令查看 RP 信息，可以发现 R4 既是 BSR 又是 RP。

```
R4#show  ip pim  sparse-mode  rp mapping
PIM Group-to-RP Mappings
```

```
This system is the Bootstrap Router (v2)
Group(s): 224.0.0.0/4
  RP: 4.4.4.4(Self)
    Info source: 4.4.4.4, via bootstrap, priority 192
         Uptime: 00:00:02, expires: 00:02:28
R4#
```

3. RPT 与 SPT 构建

PIM-SM 通过建立组播分发树来进行组播报文的转发。PIM-SM 通过显式加入 / 剪枝来完成组播分发树的建立和维护。

1）RPT 构建

RPT 构建是指以 RP 为根、以组成员端 DR 为叶子建立 RPT。RPT 构建的具体过程如下。

（1）组成员端 DR 收到来自组播组成员的报告报文。

（2）如果组成员端 DR 不是 G 的 RP，那么组成员端 DR 会向 RP 方向发送 (*,G)Join 报文，收到这个 (*,G)Join 报文的上游路由器又会向 RP 方向发送 (*,G)Join 报文，这样 (*,G)Join 报文逐跳发送，直到 G 的 RP 收到 (*,G)Join 报文，即表示加入 RPT。

RPT 构建如图 11-13 所示。

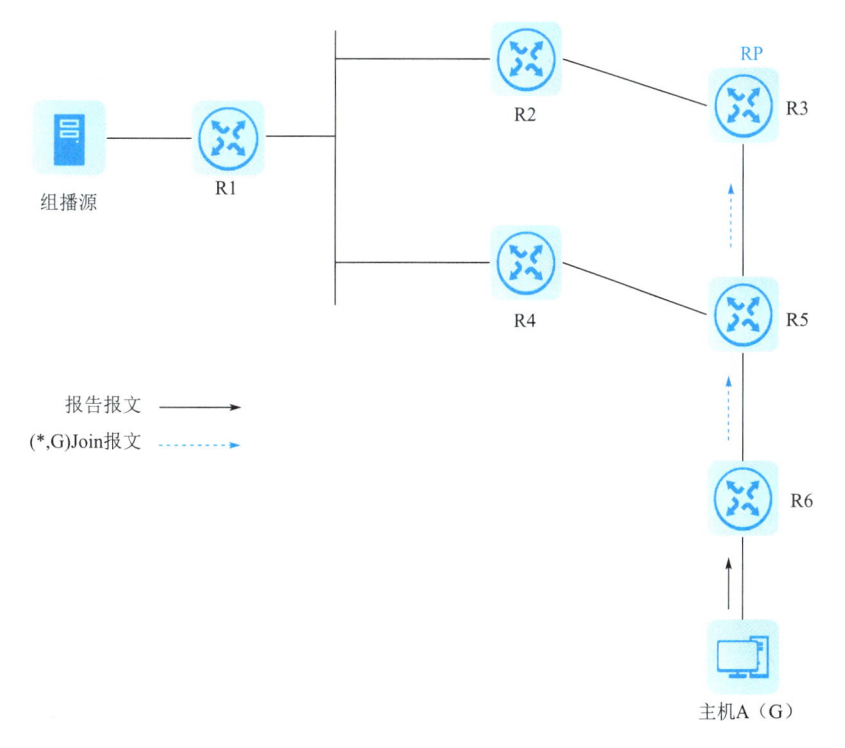

图 11-13　RPT 构建

2）SPT 构建

在 PIM-SM 网络中，任何一个新出现的组播源都必须先在 RP 上执行注册，只有这样才能将组播报文传递给组播组成员。SPT 构建如图 11-14 所示。

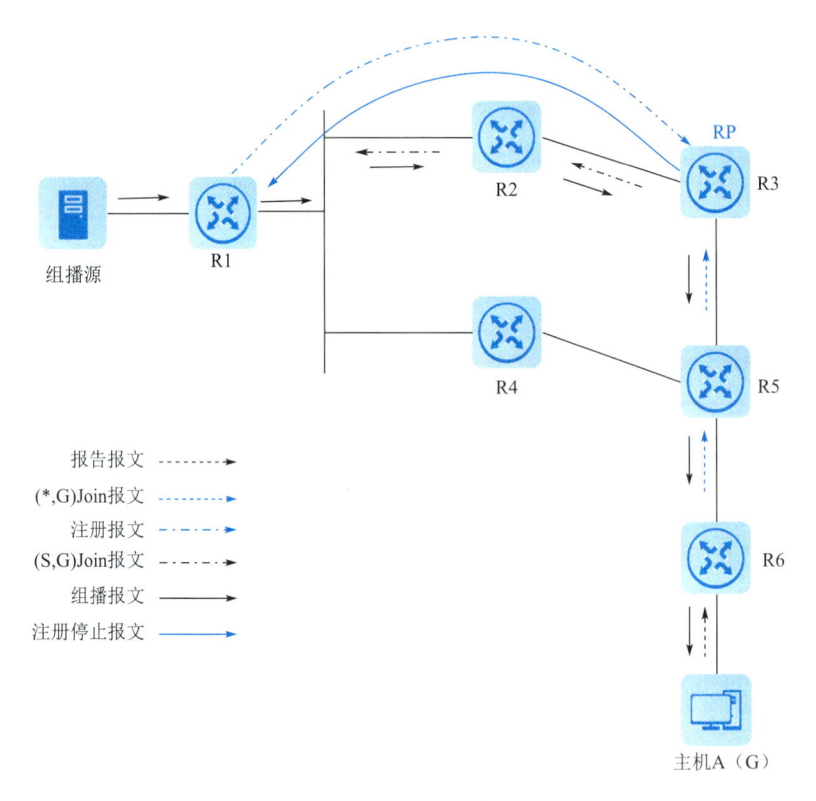

图 11-14　SPT 构建

SPT 构建的具体过程如下。

（1）组播源在向组播组发送组播报文时，组播报文被封装在注册报文内，源端 DR 将注册报文单播发送给 RP，RP 将注册报文解封，提取其中的组播报文，沿着 RPT 转发给各个组播组成员。

（2）RP 向组播源发送 (S,G)Join 报文，沿途的路由器上都会生成相应的 (S,G) 表项，从而加入此组播源的 SPT。

（3）从 RP 到源端 DR 的 SPT 建立完成后，组播源的组播报文沿着 SPT 被不加封装地直接转发给 RP，由 RP 将该组播报文向下游转发给组播组成员。

（4）当第一个组播报文沿着 SPT 到达时，RP 向源端 DR 发送注册停止报文，以使源端 DR 停止注册报文的封装。源端 DR 收到注册停止报文后，不再封装注册报文，而只沿着组播源的 SPT 发送到 RP，并由 RP 将其组播数据沿着 RPT 转发给各个组播组成员。

（5）当某个组播组成员不再需要接收组播报文时，组播组成员发送离开报文，如图 11-15 所示。

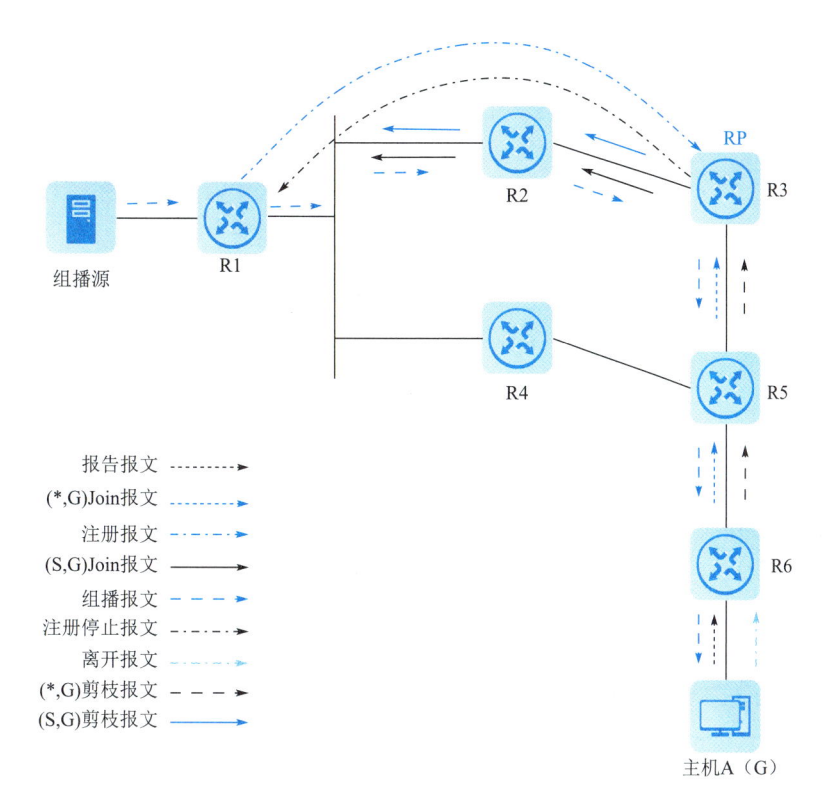

图 11-15 组播组成员离开

（6）组成员端 DR 向 RP 逐跳发送 (S,G) 剪枝报文，用以剪枝 RPT，这个剪枝报文最后会到达 RP 或去往 RP 的某台路由器上，且这台路由器上还有其他 (*,G) 剪枝报文接收者。

（7）若 RP 上已没有下游组播组成员，则 RP 会向组播源发送 (S,G) 剪枝报文，(S,G) 剪枝报文被逐跳发送到源端 DR，源端 DR 剪掉收到这个 (S,G) 剪枝报文的接口，在源端 DR 上的组播报文被过滤掉。

4. SPT 切换

在 PIM-SM 网络中，一个组播组只对应一个 RP。因此，组播报文最初都会发往 RP，由 RP 进行转发，这可能会因组播报文过大而给 RP 带来沉重的负担，或组播转发路径为次优路径。

如图 11-16 所示，组播源 1 和组播源 2 的组播报文都必须经过 RP 被转发给组播组成员，组播源 2 的最优路径为 R2—R4，显然正常转发路径是次优路径，所有组播报文都经过 RP，这可能会给 RP 带来沉重的负担。

当将组播报文发送到 RP 中后，RP 会沿着 RPT 将组播报文发送给组成员端 DR，为了解决 RPT 潜在的次优路径问题，组成员端 DR 会基于组播报文的源 IP 地址，反向建立从组成员端 DR 到组播源的 SPT，执行 SPT 切换。在默认情况下，当 RP 或组成员端 DR 收到第一个组播报文后会触发 SPT 切换。SPT 切换如图 11-17 所示。

· 261 ·

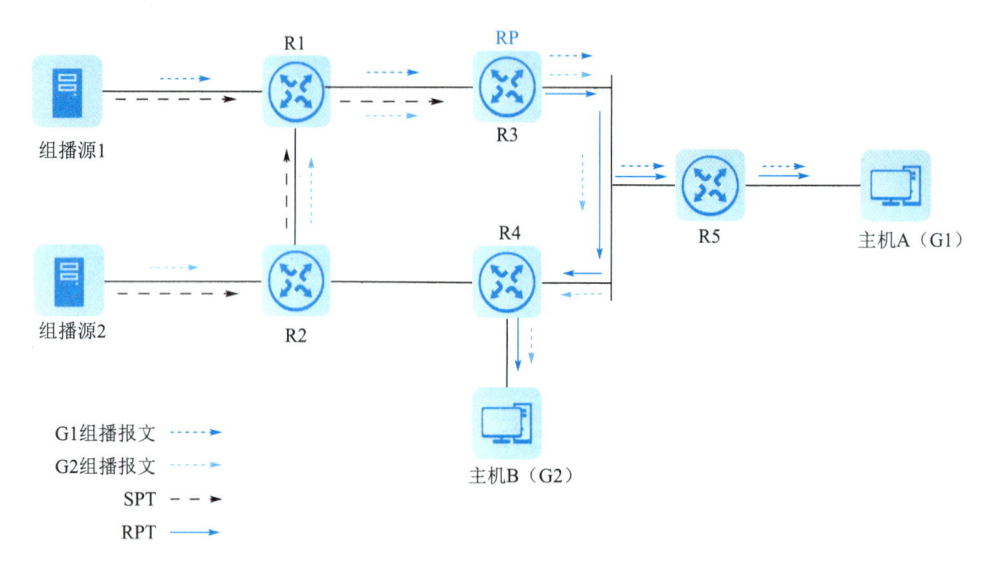

图 11-16　产生次优路径

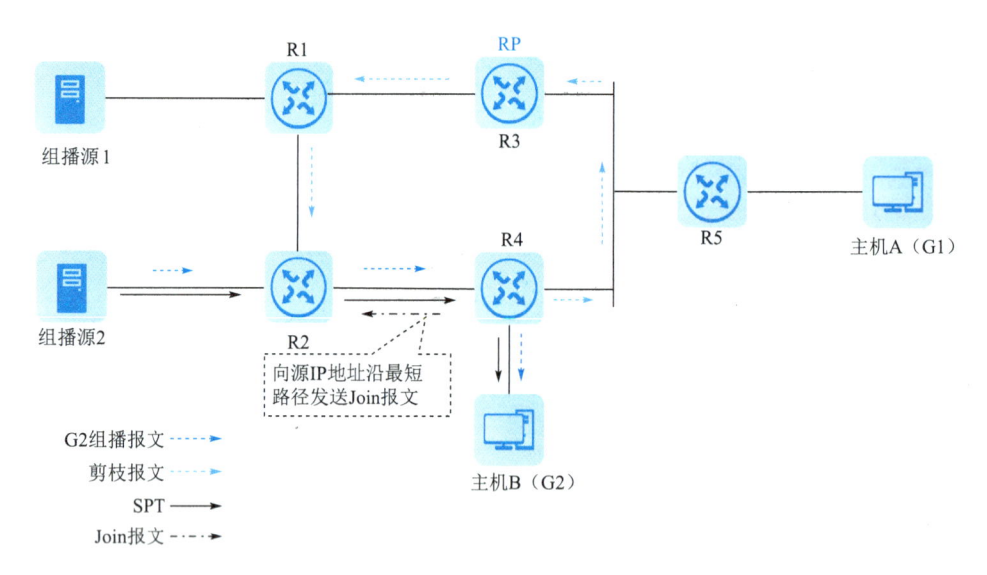

图 11-17　SPT 切换

11.2.3　PIM–SM（SSM）

SSM 模型与 ASM 模型是两个完全独立的模型。SSM 模型可以借助 PIM-SM 技术实现，组播数据接收者可以同时指定组播源和组播组。

PIM 的 SSM 模型为指定源组播提供了实现方案，PIM 的 SSM 模型需要借助 IGMPv3 来管理主机和路由器的组播组成员之间的关系，借助 PIM-SM 来执行路由器之间相互连接的操作。如图 11-18 所示，组播组成员只接收 SSM 模型发送的组播报文。

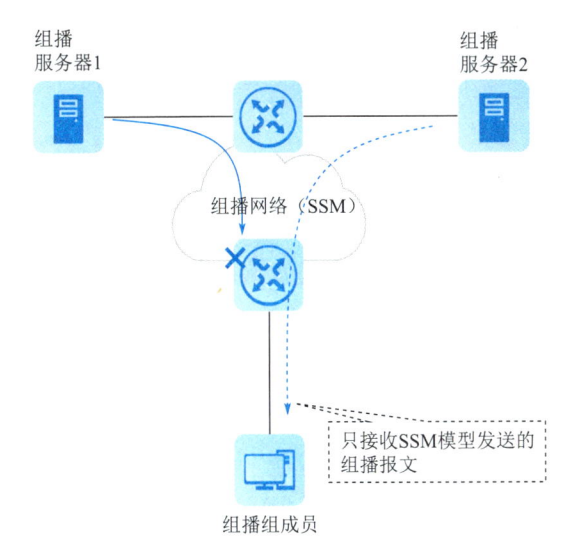

图 11-18 SSM 模型

因为 SSM 模型提前定义了组播源地址，所以 SSM 模型可以在组成员端 DR 上基于组播源地址直接反向建立 SPT。因此，无须维护 RP、无须构建 RPT、无须注册组播源，即可直接在组播源和组播组成员之间建立 SPT。SPT 建立如图 11-19 所示。

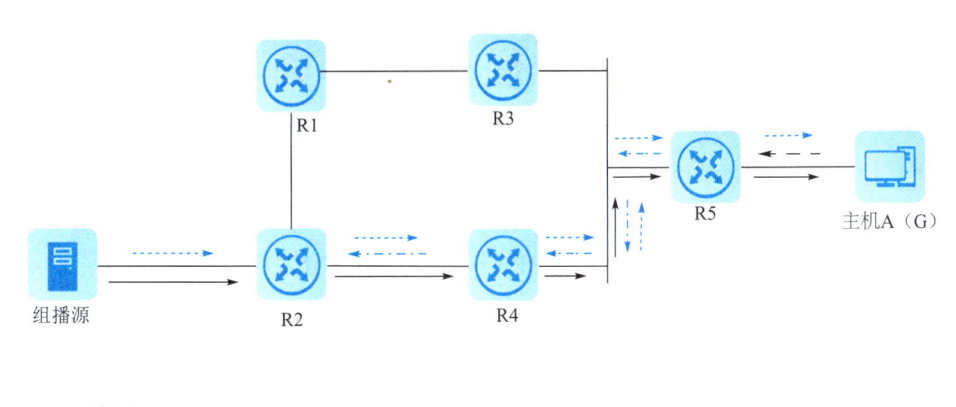

图 11-19 SPT 建立

问题与思考

1. 组播路由协议中对数据转发使用 Push 模式的是（   ）。

　　A．PIM-DM　　　　B．PIM-SM　　　　C．PIM-SSM

2. 以下关于 PIM-SM 的说法错误的是（　　）。

   A．RP 和 BSR 不能是同一台设备

   B．BSR 的作用是选举 RP

   C．RP 的作用是作为 RPT 的根，转发组播报文

   D．PIM-SM 采用的是一种 RPT 机制

3. 以下关于 PIM-DM 和 PIM-SM 的描述正确的是（　　）。

   A．PIM-DM 假设刚开始时网络中没有接收者

   B．PIM-SM 假设刚开始时网络中的每个子网都有接收者

   C．PIM-DM 适用于稀疏场景

   D．PIM-SM 适用于密集场景

4. 以下不属于 PIM-SM 网络中能够发起 SPT 切换的是（　　）。

   A．最后一跳路由器　　　　　　　B．中间路由器

   C．RP　　　　　　　　　　　　　D．源端 DR

5. PIM-SM 报文中的目的地址是单播地址的（　　）。

   A．断言　　　　　B．Bootstrap　　　　C．Register Stop　　　D．嫁接

6. 以下是 PIM-DM 工作流程的是（　　）。

   A．RP 选举　　　　B．RPT 建立　　　C．扩散—剪枝　　　D．SPT 切换

7. 以下关于 PIM-DM 和 PIM-SM 的说法正确的是（　　）。

   A．PIM-DM 使用 Join 报文将剪掉的分支加入组播分发树

   B．PIM-DM 既存在 RPT 又存在 SPT

   C．PIM-DM 路由器上只要没有组播组成员，就会向上游路由器发送剪枝报文

   D．PIM-DM 和 PIM-SM 都使用 RPF 检查构建组播分发树

第 12 章 路由信息规划设计

> 【学习目标】

路由信息规划设计是网络部署中非常重要的环节，主要是对路由信息重分布及路由信息控制进行设计。

学习完本章内容应能够：
- 掌握路由信息重分布概念
- 掌握路由信息重分布类型
- 掌握路由信息过滤策略
- 掌握路由信息控制方法

> 【知识结构】

本章主要介绍路由信息规划设计，内容包括路由信息重分布概念、路由信息重分布类型、路由信息过滤策略、路由信息控制方法等。

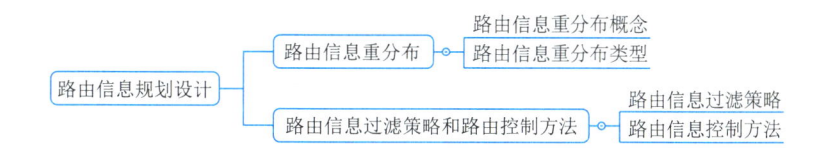

```
                      ┌─ 路由信息重分布 ──┬─ 路由信息重分布概念
路由信息规划设计 ─┤                        └─ 路由信息重分布类型
                      └─ 路由信息过滤策略和路由控制方法 ─┬─ 路由信息过滤策略
                                                          └─ 路由信息控制方法
```

12.1 路由信息重分布

12.1.1 路由信息重分布概念

路由信息重分布是指连接到不同 RD（AS）的边界路由器之间交换和通告路由选择信息。进行路由信息重分布前，路由信息必须位于 RIB 中，路由信息重分布的过程可以解释为复制路由表的过程。

路由信息重分布可以是从一种协议到另一种协议，也可以是同一种协议的多个不同实例，路由信息重分布一般都是向外进行的，进行路由信息重分布的路由器不会修改其路由表。

路由信息重分布的度量标准和 AD 是必须要考虑的，在进行路由信息重分布时必须转换协议，使其兼容，默认度量值是在路由信息重分布配置期间定义的，它是一条通过外部重分布进来的路由信息的初始度量值。

分布在不同 AS 的边界路由器通常被称为 ASBR（Automatic System Border Router）。同时，进行重分布的路由信息只有在路由表中才会被重分布到另一个 RD（AS）内。如图 12-1 所示，R2 同时运行 RIP 和 OSPF，即该设备为 ASBR。

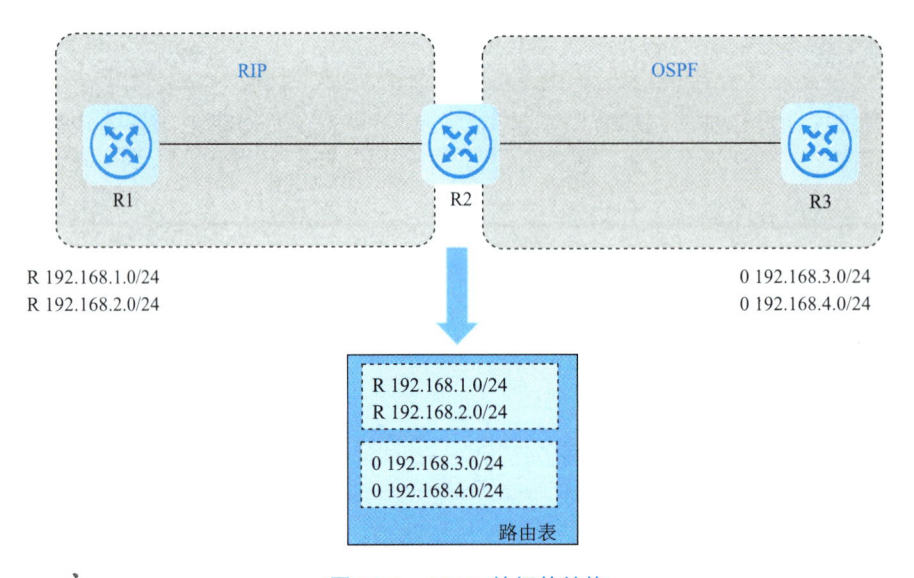

图 12-1 ASBR 的拓扑结构

RIP 若需要接收 OSPF 的路由信息，则应由 ASBR 重分布路由信息，将 OSPF 内的路由信息重分布到 RIP 内。路由信息重分布如图 12-2 所示。

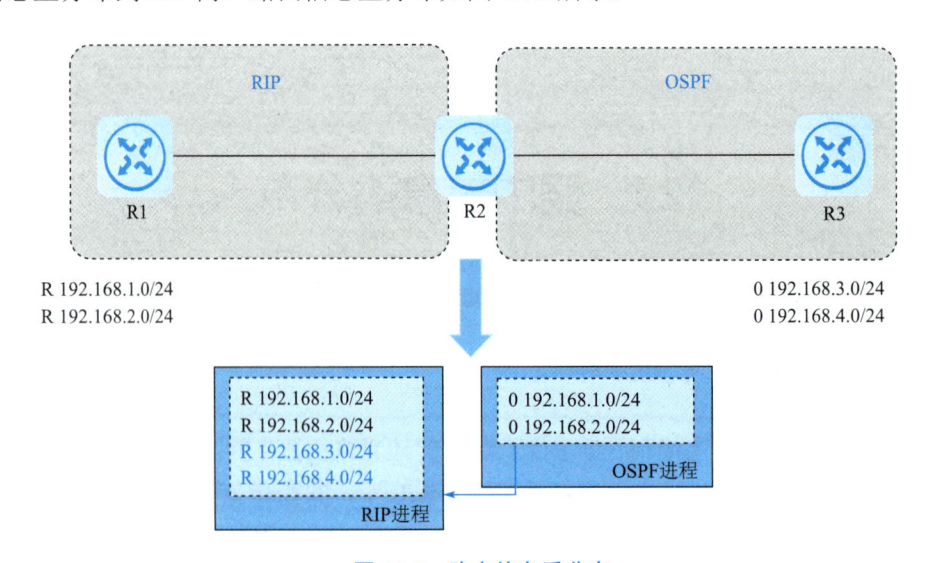

图 12-2 路由信息重分布

12.1.2 路由信息重分布类型

1. 单点双向重分布

单点双向重分布是指在一台运行两种以上路由协议的设备上双向重分布路由信息，该设备运行了 OSPF 和 RIP，既要将 OSPF 重分布到 RIP 内，又要将 RIP 重分布到 OSPF 内。单点双向重分布如图 12-3 所示。

在 ASBR 上配置路由信息重分布的参数，配置参数可以根据需求添加。

```
R2(config)#router rip
R2(config-router)#redistribute ospf 110        // 将 OSPF 路由信息重分布到 RIP 中

R1(config)#router ospf 110
R1(config-router)#redistribute rip  subnets    // 将 RIP 路由信息重分布到 OSPF 中，若不加
//subnets，则默认只有主类地址能被重分布
```

2. 多点单向重分布

当网络中存在多台 ASBR 时，就会涉及多点单向重分布。多点单向重分布会使路由信息具有冗余性且可以选择最优路径。如图 12-4 所示，R3 同时收到 R1 和 R5 传递的 192.168.1.0/24 的路由信息，R4 根据 AD 的值选择最优路径，访问目标网段。

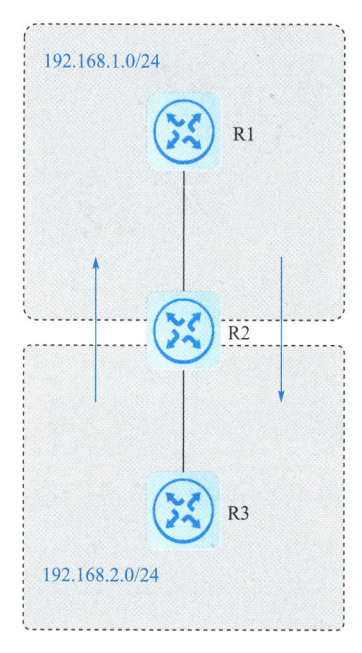

图 12-3　单点双向重分布 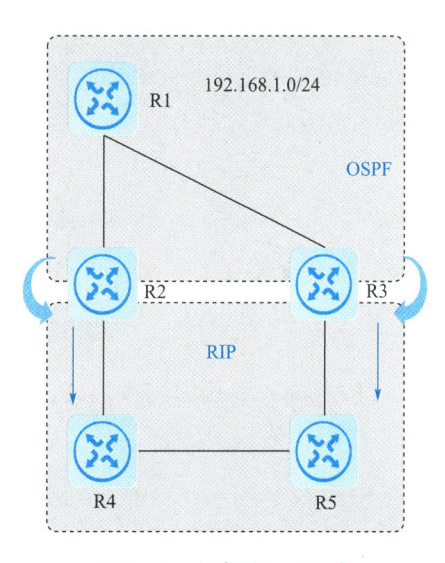　　　　　图 12-4　多点单向重分布

OSPF 默认 AD 的值为 110，RIP 默认 AD 的值为 120，因为根据 AD 的值选择最优路径，所以 R3 优选 R1 传递的路由信息访问目标网段，该路由信息是最优的。在 R2 和 R3 上执行路由信息重分布，将 OSPF 路由信息重分布到 RIP 中。

```
R2(config)#router   rip
R2(config-router)#redistribute   ospf   1
R2(config-router)#exit
R2(config)#

R3(config)#router   rip
R3(config-router)#redistribute   ospf   1
R3(config-router)#exit
R3(config)#
```

3. 多点双向重分布

多点双向重分布是指在两个或两个以上 AS 之间，手动进行路由信息的共享。在进行多点双向重分布时，需要考虑默认度量值和 ASBR 的设置，以确保路由信息的正确性和可靠性。如图 12-5 所示，在运行多种路由协议的 R2 和 R3 上执行多点双向重分布。

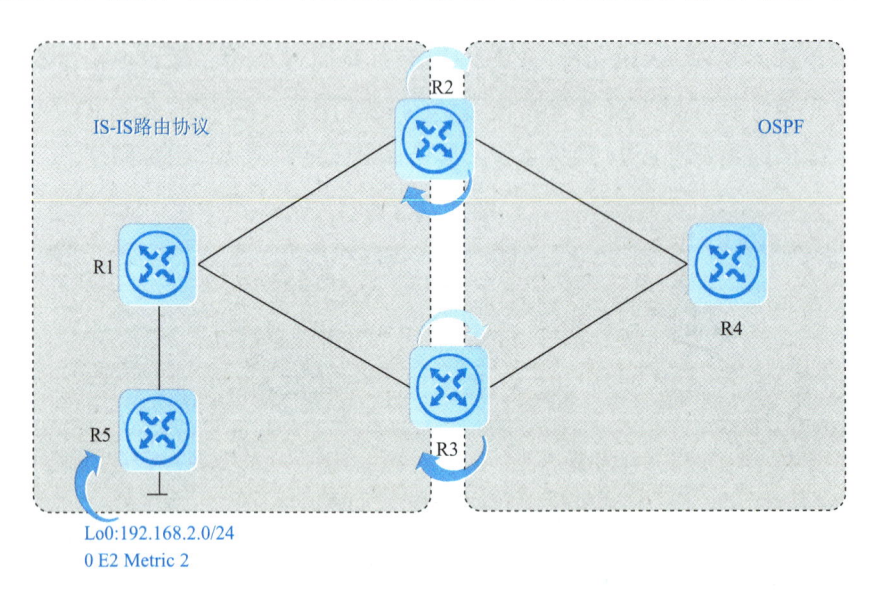

图 12-5　多点双向重分布 1

R5 的 Loopback 0 接口的直连路由信息通过外部路由方式被重分布到 IS-IS 路由协议中，在 IS-IS 路由协议中传递。

```
R5(config)#access-list   1 permit   192.168.2.0  0.0.0.255
R5(config)#route-map Lo0 permit   10
R5(config-route-map)#match   ip address   1
R5(config-route-map)#exit
```

```
R5(config)#router   isis   1
R5(config-router)# redistribute   connected   level-2 route-map   Lo0 metric 5

R2(config)#show    ip route    isis
I L2  10.0.13.0/24 [115/2] via 10.0.12.1, 17:43:56, GigabitEthernet 0/0
I L2  10.0.15.0/24 [115/2] via 10.0.12.1, 17:43:56, GigabitEthernet 0/0
I L2  192.168.2.0/24 [115/7] via 10.0.12.1, 00:00:17, GigabitEthernet 0/0
R2(config)#
```

如图 12-6 所示，R2 和 R3 作为 ASBR，在两台 ASBR 之间进行多点双向重分布，将 IS-IS 路由协议路由信息重分布到 OSPF 中，此时 OSPF 中的路由器传递 R5 的 Loopback 0 接口的直连路由信息。

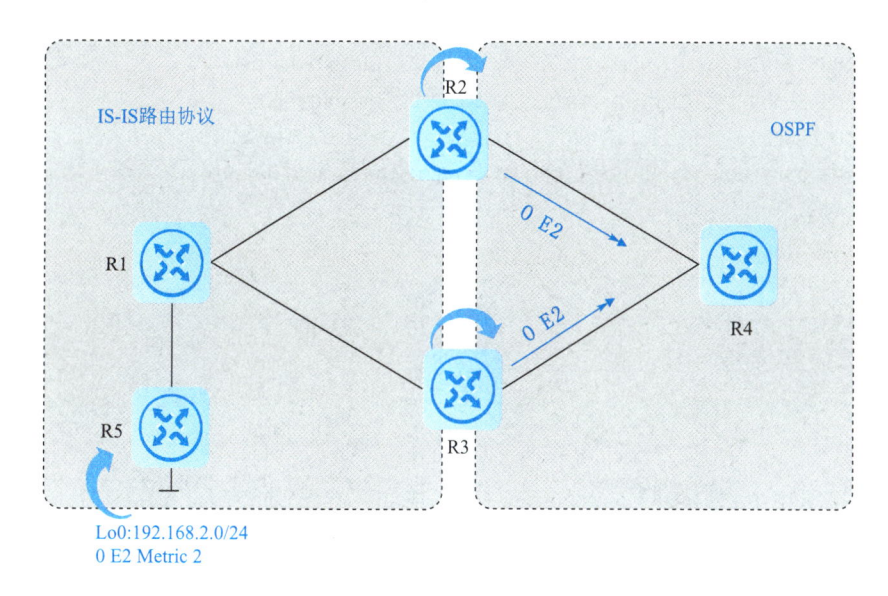

图 12-6 将 IS-IS 路由协议路由信息重分布到 OSPF 中

重分布到 OSPF 中 192.168.2.0/24 的路由信息，以 OSPF 外部路由类型 2 传递，AD 的值为 110，Metric 的值为 20，不累加外部 Metric 的值。此时，在 R4 上查看路由表，显示在 R2 上重分布的路由信息；在 R3 上查看路由表，显示 R4 传递的路由信息，进而产生次优路径，如图 12-7 所示。

产生次优路径的原因是路由协议多点双向重分布，导致并非最优路径替代了现有最优路径，从根本上来说是重分布的路由信息的 AD 比现有路由信息的 AD 要短，进而替代了现有最优路径，形成了次优路径。

```
R2(config)#router   ospf   1
R2(config-router)#redistribute   isis   1   subnets
R2(config-router)#exit
R2(config)#
```

```
R3(config)#router   ospf   1
R3(config-router)#redistribute   isis   1   subnets
R3(config-router)#exit
R3(config)

R4#show   ip   route   ospf
O E2    10.0.12.0/24 [110/20] via 10.0.24.2, 00:00:16, GigabitEthernet 0/1
O E2    10.0.13.0/24 [110/20] via 10.0.34.3, 00:00:07, GigabitEthernet 0/0
O E2    10.0.15.0/24 [110/20] via 10.0.24.2, 00:00:16, GigabitEthernet 0/1
O E2    192.168.2.0/24 [110/20] via 10.0.24.2, 00:00:16, GigabitEthernet 0/1
R4#

R3#show   ip   route   ospf
O E2    10.0.12.0/24 [110/20] via 10.0.34.4, 00:07:10, GigabitEthernet 0/0
O E2    10.0.15.0/24 [110/20] via 10.0.34.4, 00:07:10, GigabitEthernet 0/0
O       10.0.24.0/24 [110/2] via 10.0.34.4, 17:21:45, GigabitEthernet 0/0
O E2    192.168.2.0/24 [110/20] via 10.0.34.4, 00:07:10, GigabitEthernet 0/0
R3#
```

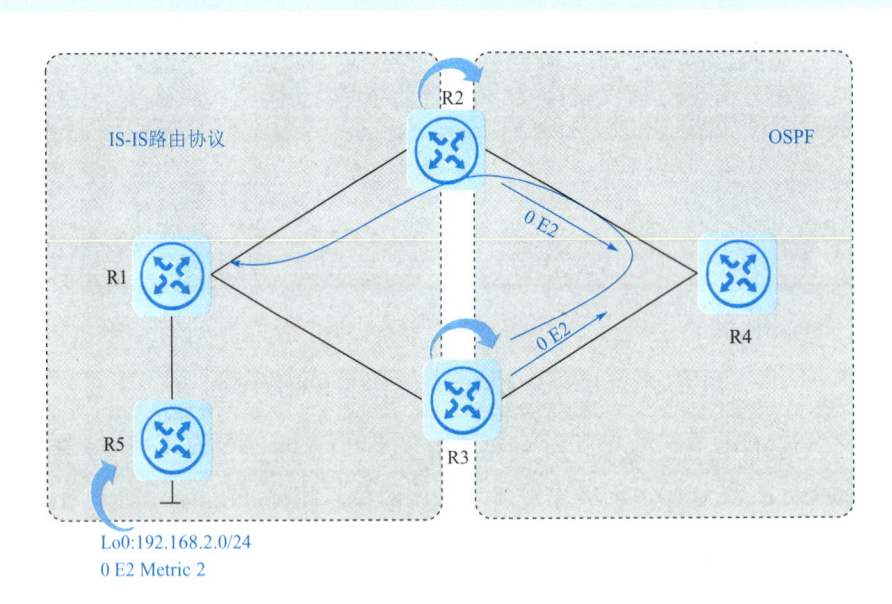

图 12-7 产生次优路径

以上配置只执行了单向重分布，R3 访问 192.168.2.0/24 出现次优路径，此时需要将 OSPF 路由信息重分布到 IS-IS 路由协议中，否则无法通信。如图 12-8 所示，将 OSPF 路由信息重分布到 IS-IS 路由协议中，在这个重分布的过程中，有可能会将原 IS-IS 路由协议中重分布到 OSPF 中的路由信息再一次重分布到 IS-IS 路由协议中，这个现象被称为路由回馈。

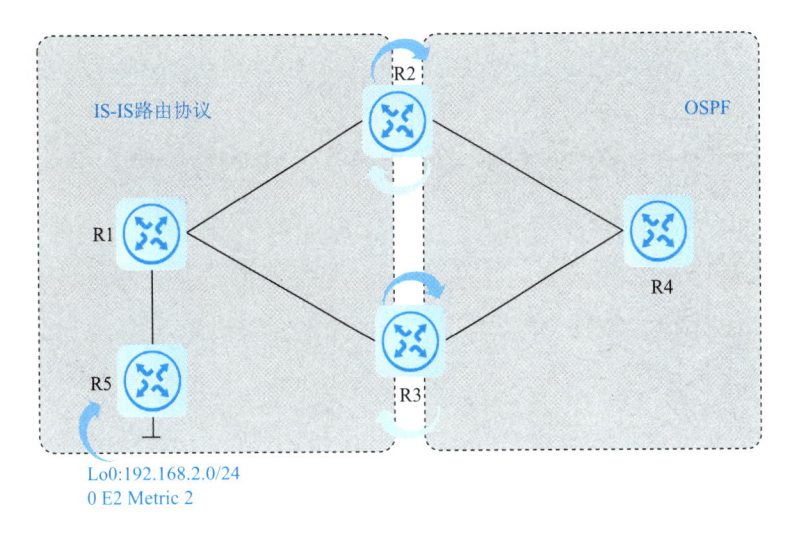

图 12-8　多点双向重分布 2

在 R2 和 R3 之间进行路由信息重分布，将 OSPF 路由信息重分布到 IS-IS 路由协议中，此时 R5 能收到 R4 的相关路由信息。

```
R2(config)#router   isis   1
R2(config-router)#redistribute   ospf   1
R2(config-router)#exit
R2(config)#

R3(config)#router   isis   1
R3(config-router)#redistribute   ospf   1
R3(config-router)#exit
R3(config)#

R5#show   ip route   isis
I L2   10.0.12.0/24  [115/2]  via  10.0.15.1,  18:30:08,  GigabitEthernet  0/2
I L2   10.0.13.0/24  [115/2]  via  10.0.15.1,  18:30:08,  GigabitEthernet  0/2
I L2   10.0.24.0/24  [115/2]  via  10.0.15.1,  00:02:45,  GigabitEthernet  0/2
I L2   10.0.34.0/24  [115/2]  via  10.0.15.1,  00:02:45,  GigabitEthernet  0/2
R5#
```

进行多点双向重分布后，各 RD 可以相互收到对端相关目标网段的路由信息，但无法相互访问。路由信息重分布会导致出现次优路径，且多点双向重分布会造成路由回馈，从而形成环路，使得目标网段无法访问。

在 R3 上通过 ping 命令测试 192.168.2.0/24 的路由信息，显示无法 ping 通；通过 traceroute 命令验证目标路径，显示形成环路。

```
R3#ping   192.168.2.1
Sending 5, 100-byte ICMP Echoes to 192.168.2.1, timeout is 2 seconds:
```

```
  < press Ctrl+C to break >
  ......
  Success rate is 0 percent (0/5).
  +++++++++++++++++ 通过 traceroute 命令验证目标路径 +++++++++++++++
  R3#traceroute 192.168.2.1
    < press Ctrl+C to break >
  Tracing the route to 192.168.2.1

    1     10.0.34.4      1 msec    <1 msec    1 msec
    2     10.0.24.2      2 msec    1 msec     2 msec
    3     10.0.24.2      1 msec
          10.0.12.1      3 msec    1 msec
    4     10.0.12.1      <1 msec   <1 msec
          10.0.34.3      <1 msec
    5     10.0.34.4      1 msec    <1 msec    2 msec
    6     10.0.34.4      1 msec
          10.0.24.2      2 msec    *
  R3#
```

在 R2 和 R3 之间进行多点双向重分布，无论是先在 R2 上进行多点双向重分布，还是先在 R3 上进行多点双向重分布，都有可能出现次优路径或形成环路。其原因是在进行多点双向重分布时，R2 和 R3 都会优选 AD 的值小的路由信息进行访问。

如图 12-9 所示，在 R2 和 R3 之间进行多点双向重分布时添加 Tag 的值，R2 将 IS-IS 路由协议路由信息重分布到 OSPF 中时携带的 Tag 的值为 200，R3 将 IS-IS 路由协议路由信息重分布到 OSPF 中时携带的 Tag 的值为 300，R2 和 R3 将 OSPF 路由信息重分布到 IS-IS 路由协议中时不携带 Tag 的值。

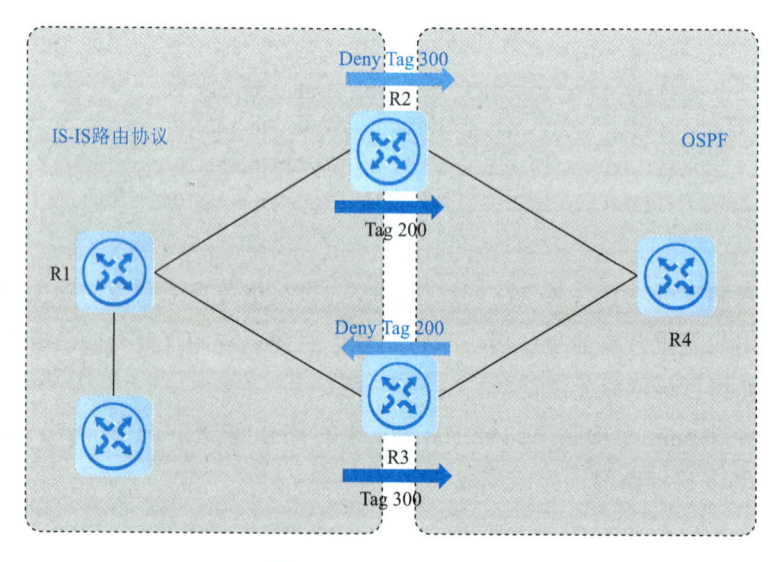

图 12-9 设置 Tag 的值

通过在过滤路由信息重分布时携带 Tag 的值的路由信息防止出现次优路径或形成环路。

```
++++++++ 在路由信息重分布时携带 Tag 的值 +++++++++
    R2(config)#router  ospf  1
    R2(config-router)#redistribute  isis  1  subnets  metric-type  1  tag  200      // 在路由信息重分布
// 时携带 Tag 的值为 200
    R2(config)#router  isis  1
    R2(config-router)#redistribute  ospf  1  level-2
    R2(config-router)#exit
    R2(config)#

    R3(config)#router  ospf  1
    R3(config-router)#redistribute  isis  1  subnets  metric-type  1  tag  300
    R3(config-router)#exit
    R3(config)#router  isis  1
    R3(config-router)#redistribute  ospf  1 level-2
    R3(config-router)#exit
    R3(config)#
++++++++++ 通过在过滤路由信息重分布时携带 Tag 的值的路由信息防止出现次优路径或形成环路
++++++++++
    R2(config)#route-map 300 deny 10                       // 在 R2 上创建路由图，拒绝携带 Tag 的值为
//300 的路由信息
    R2(config-route-map)#match  tag  300
    R2(config-route-map)#exit
    R2(config)#route-map  300 permit 100
    R2(config-route-map)#exit
    R2(config)#

    R2(config)#router  ospf  1
    R2(config-router)#distribute-list  route-map 300 in     // 在 OSPF 进程中使用路由信息过滤策略在入
// 方向调用路由图
    R2(config-router)#exit
    R2(config)#

    R3(config)#route-map 200 deny 10
    R3(config-route-map)#match  tag  200
    R3(config-route-map)#exit
    R3(config)#route-map  200 permit 100
    R3(config-route-map)#exit
    R3(config)#

    R3(config)#router  ospf  1
    R3(config-router)#distribute-list  route-map 200 in
    R3(config-router)#exit
    R3(config)#
```

运行以上配置命令可以防止出现次优路径或形成环路，同时可以正常访问目标路径。在 R4 上通过 show ip route ospf 命令查看路由表可以发现，能正常接收路由信息，通过 traceroute 命令验证目标路径。

```
R4#show  ip route  ospf
O E2    10.0.12.0/24 [110/20] via 10.0.24.2, 00:58:35, GigabitEthernet 0/2
                    [110/20] via 10.0.34.3, 00:58:35, GigabitEthernet 0/0
O E2    10.0.13.0/24 [110/20] via 10.0.24.2, 00:58:52, GigabitEthernet 0/2
                    [110/20] via 10.0.34.3, 00:58:52, GigabitEthernet 0/0
O E2    10.0.15.0/24 [110/20] via 10.0.24.2, 00:58:35, GigabitEthernet 0/2
                    [110/20] via 10.0.34.3, 00:58:35, GigabitEthernet 0/0
O E2    192.168.2.0/24 [110/20] via 10.0.24.2, 00:58:35, GigabitEthernet 0/2
                    [110/20] via 10.0.34.3, 00:58:35, GigabitEthernet 0/0
R4#

+++++++++++ 通过 traceroute 命令验证目标路径 ++++++++++
R4#traceroute  192.168.2.1
  < press Ctrl+C to break >
Tracing the route to 192.168.2.1

  1        10.0.34.3       1 msec     2 msec     <1 msec
  2        10.0.34.3       <1 msec    1 msec     <1 msec
  3        10.0.13.1       5 msec
           192.168.2.1     3 msec     1 msec
R4#
+++++++++++ 正常 ping 通目标网段 ++++++++++
R4#ping 192.168.2.1
Sending 5, 100-byte ICMP Echoes to 192.168.2.1, timeout is 2 seconds:
  < press Ctrl+C to break >
!!!!!
Success rate is 100 percent (5/5), round-trip min/avg/max = 4/6/7 ms.
R4#
```

以上是在进行多点双向重分布时可能产生的问题及解决方案。

路由信息重分布都运行在多种不同路由协议中。为了使处于不同 RD 的主机能够相互访问，运行不同路由协议的路由器都应进行路由信息重分布。

12.2　路由信息过滤策略和路由信息控制方法

路由信息过滤策略是指过滤路由信息、设置属性等操作的方法。通过控制路由信息，可以影响数据流量的转发。路由信息过滤策略和路由信息控制方法的应用是非常广泛的，同时是非常重要的。

12.2.1 路由信息过滤策略

distribute-list 可以应用于路由信息重分布、距离矢量路由协议邻居之间路由信息的传递（距离矢量路由协议邻居之间传递的是路由信息，可以对其进行过滤）及链路状态路由协议将路由信息提交给路由表时（链路状态路由协议邻居之间传递的是 LSA 而非路由信息，不能过滤邻居之间传递的 LSA）等多种场景。

根据具体的应用场景，如果 distribute-list 与 route-map 均能够使用，那么若需要修改路径属性，则必须使用 route-map；若不需要修改路径属性，则二者选其一即可。

1. distribute-list

路由信息过滤策略工具为 distribute-list，通过 distribute-list 可以对路由信息进行过滤，但不能修改路由信息的属性。

在调用 distribute-list 时如果不关联接口，那么作用对象对所有接口有效。如下所示，在路由协议进程中调用 distribute-list，针对路由协议有效。

```
R1(config-router)#distribute-list 1 in ?
  Async            Async interface
  BVI              Bridge-Group Virtual Interface
  CTunnel          CTunnel interface
  Dialer           Dialer interface
  FastEthernet     FastEthernet IEEE 802.3
  Loopback         Loopback interface
  ...
  <cr>
R1(config-router)#
```

作用接口的配置命令如下所示，后续在 OSPF 进程中为配置命令添加接口参数。

```
r1(config-router)#distribute-list 1 in fastEthernet 0/0
```

在进行路由信息过滤时，会使用一些路由匹配工具。常用的路由匹配工具有 ACL、prefix-list、route-map。

使用 route-map 除了能够过滤路由信息，还能够修改路由信息的属性。

1）在距离矢量路由协议（RIP、BGP）中应用

使用不同类型的路由协议调用 distribute-list 的 IN 方向会直接影响路由表中的结果。在距离矢量路由协议中应用如图 12-10 所示。

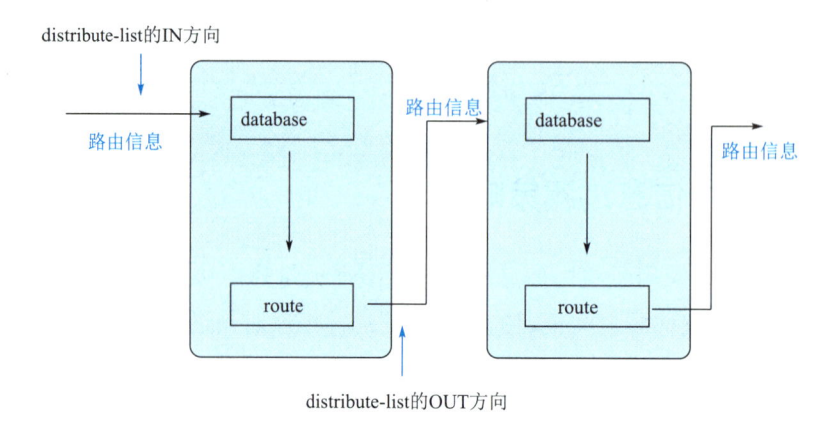

图 12-10 在距离矢量路由协议中应用

在 RIP 中应用后，直接影响的内容是 RIP 数据库，RIP 只通告路由表中携带 R 标记的路由信息，如果某路由信息虽在数据库中存在，但在路由表中不携带 R 标记，那么不会通告路由信息。

在 BGP 中应用后，直接影响的内容是 BGP 路由表，在 BGP 路由表中被优选的路由信息无论是否携带 B 标记，都会被通告。

在路由协议中应用 distribute-list 的 OUT 方向，对路由表中的路由信息是否被通告给邻居进行控制，如果路由表中没有响应的路由信息，那么使用 distribute-list 毫无效果。

2）在链路状态路由协议（OSPF）中应用

在 OSPF 中应用 distribute-list 的 IN 方向，并在数据库中同步后，设备开始生成路由表时，根据 distribute-list 中的定义来决定什么样的路由信息可以被加载到路由表中。distribute-list 无法阻止 LSA 进入数据库，也无法阻止 LSA 泛洪。在链路状态路由协议中应用如图 12-11 所示。

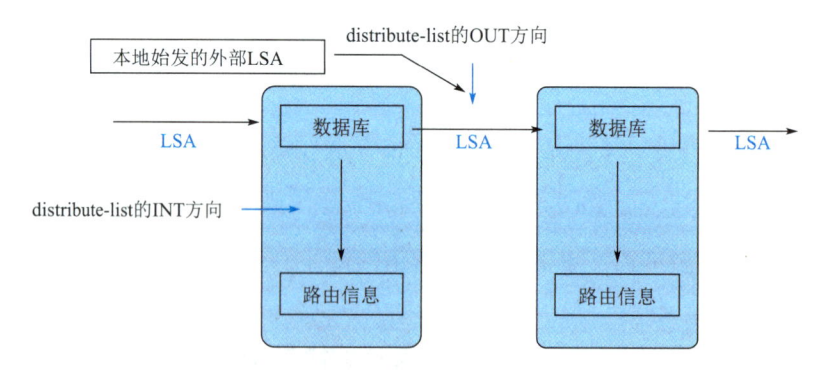

图 12-11 在链路状态路由协议中应用

在 OSPF 中应用 distribute-list 的 OUT 方向时，针对 OSPF 的 5 类 LSA 只能控制本地始发的 LSA，可以在路由信息重分布时，根据 distribute-list 中的定义有选择地通告 5 类 LSA。无法对本地始发的其他类型的 LSA 及其他路由器通告的 LSA 进行控制。

2. route–map

route-map 的使用场景较为广泛，采用 route-map 来创建一个条目。一个 route-map 相当于一个列表，可以包含一个或多个有序的条目（这些条目有统一的名称），每个条目都被一个序列号标识，按序列号从小到大排序。

在每个条目中，定义两个元素，即条件、动作。可以在 route-map 中定义多个条件，当多个条件都被满足时，就会执行 set 语句指定的动作。

route-map 中的 set 语句不是必须配置项。例如，若 route-map 仅仅是为了匹配感兴趣的报文或路由信息，那么 route-map 中可能就只有 match 语句而没有 set 语句。当然，match 语句不是必须配置项。例如，若该 route-map 条目的条件是允许所有路由信息通过，则 route-map 中可能只有 set 语句而没有 match 语句。

route-map 在被调用后，匹配的动作将从序列号最小的条目开始计算，如果该条目的条件被满足，那么执行 set 语句；如果该条目的条件未被满足，那么切换到下一个条目继续进行计算。

在路由器上进行路由信息重分布，如将 RIP 路由信息重分布到 OSPF 中，在默认情况下所有 RIP 路由信息都会被注入 OSPF，如果不希望某条路由信息被注入 OSPF，那么需要使用一个工具把该条路由信息"抓取出来"。这时可以使用 ACL 或 prefix-list 来进行目标过滤。

1）ACL

标准 ACL 对匹配的每条路由信息都配置 ACL，无法针对某个范围进行匹配。标准 ACL 如图 12-12 所示。

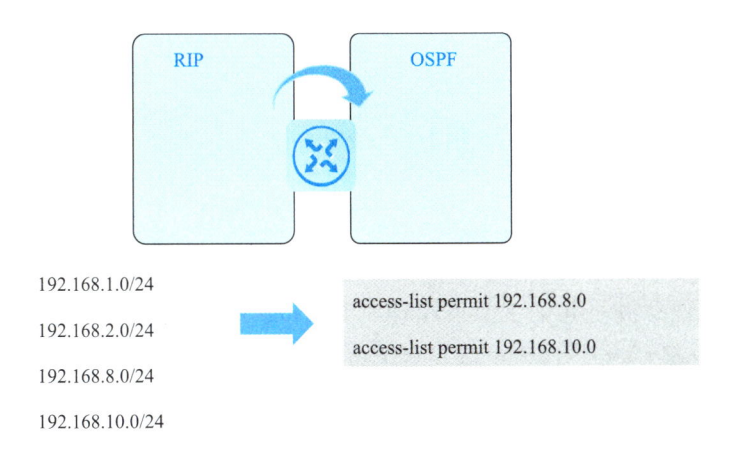

图 12-12 标准 ACL

扩展 ACL 可以用来匹配路由信息及掩码，用于匹配某个范围内的路由信息。与标准 ACL 相比，扩展 ACL 的灵活性更强。扩展 ACL 虽然能匹配某个范围内的路由信息，但掩码必须相同。如果掩码不同，那么需要多配置几条路由信息。扩展 ACL 如图 12-13 所示。

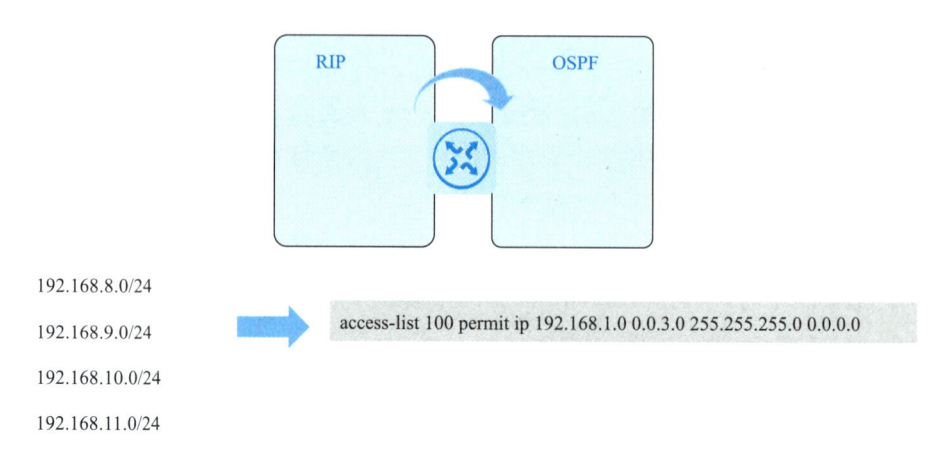

192.168.8.0/24
192.168.9.0/24
192.168.10.0/24
192.168.11.0/24

access-list 100 permit ip 192.168.1.0 0.0.3.0 255.255.255.0 0.0.0.0

图 12-13　扩展 ACL

2）prefix-list

prefix-list 用于匹配路由信息的序列号及掩码长度，提高匹配的精确度。prefix-list 包含一个或多个条目，每个条目按序列号进行排列，与 ACL 类似。如果路由信息不与 prefix-list 中的任何条目匹配，那么路由信息将不被匹配。prefix-list 如图 12-14 所示。

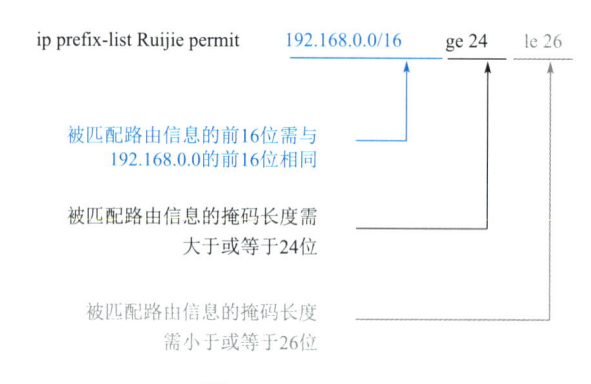

ip prefix-list Ruijie permit 192.168.0.0/16 ge 24 le 26

被匹配路由信息的前16位需与192.168.0.0的前16位相同

被匹配路由信息的掩码长度需大于或等于24位

被匹配路由信息的掩码长度需小于或等于26位

图 12-14　prefix-list

3）route-map

若配置多个 route-map，则按序列号逐跳执行；若多个 match 语句的条件横向书写是"or"关系，则在任意满足其中 1 个条件时，该 match 语句匹配。若多个 match 语句的条件纵向书写是"and"关系，则同时满足多个条件时，该 match 语句匹配。

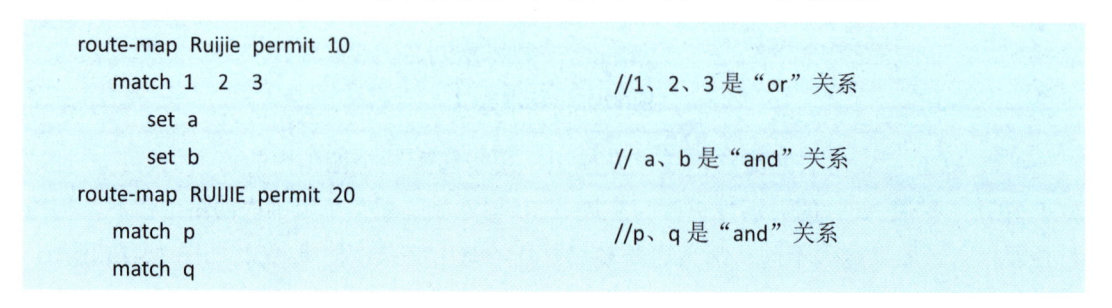

```
route-map Ruijie permit 10
    match 1 2 3                  //1、2、3 是"or"关系
      set a
      set b                      // a、b 是"and"关系
route-map RUIJIE permit 20
    match p                      //p、q 是"and"关系
    match q
```

```
        set c
route-map Ruijie deny any（系统隐含）
```

route-map 关联的一些序列号按大小顺序查找进行匹配。如果匹配，那么立刻结束 route-map 查找，并执行规定的策略。对于 route-map 执行的动作 permit 或 deny，permit 表示执行策略，deny 表示不执行策略。

如图 12-15 所示，在 R2 上将 RIP 路由信息重分布到 OSPF 中，并使用 route-map 匹配部分路由信息。

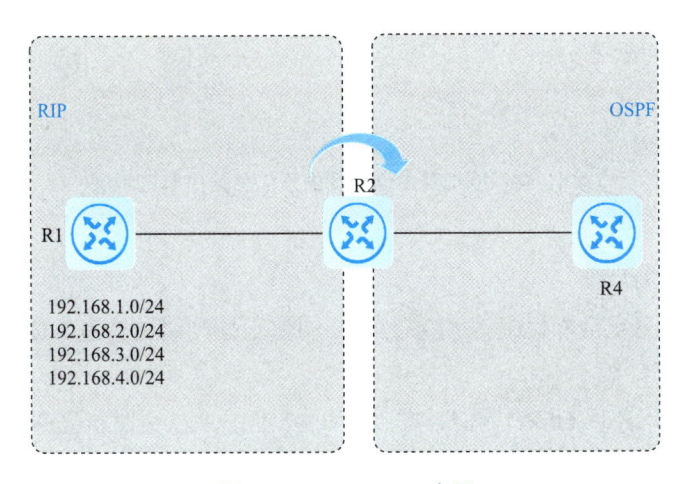

图 12-15　route-map 应用

在进行路由信息重分布时调用 route-map，仅将 192.168.1.0/24 和 192.168.2.0/24 的路由信息重分布到 OSPF 进程中。

```
R2(config)#access-list 1 permit 192.168.1.0          //ACL 1 匹配 192.168.1.0 和 192.168.2.0 的路由信息
R2(config)#access-list 1 permit 192.168.2.0
R2(config)#route-map Ruijie deny 5                   // 创建 route-map 条目，注意这里是 deny
R2 (config-route-map)#match ip address 1             // 匹配 ACL 1
R2(config)#router rip
R2 (config-router)#redistribute ospf 1 route-map Ruijie   // 在进行路由信息重分布时调用 route-map
R2 (config-router)#exit
R2(config)#
```

12.2.2　路由信息控制方法

1. 明细路由信息优先于汇总路由信息

利用明细路由信息优先于汇总路由信息的原则，可以控制路由信息，这条原则适用于任何路由协议。如图 12-16 所示，R1 向下发送生产明细路由信息和办公汇总路由信息，R2 向下发送生产汇总路由信息和办公明细路由信息，这样下联设备的生产数据流将被优先发往 R1，办公数据流优先发往 R2，当上联链路或下联设备发生故障时，可以自动切换，保证业务正常运行。

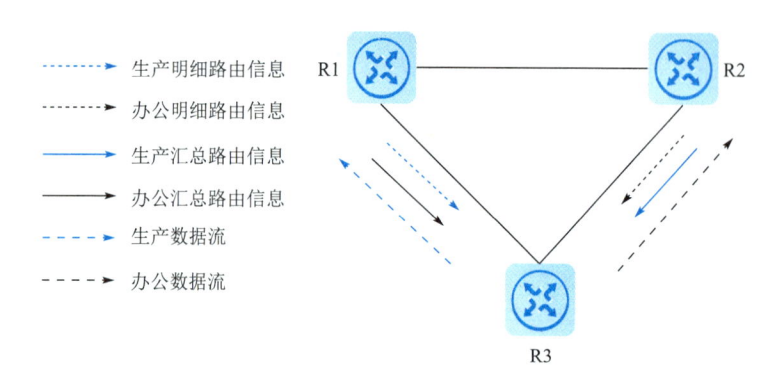

图 12-16　明细路由信息优先于汇总路由信息示例

2. 调整 Metric 的值

通常在路由信息重分布时通过调整 Metric 的值来控制路由信息，OSPF 和 RIP 都适合使用这种方法。

如图 12-17 所示，以 OSPF 为例，在 R1 和 R2 上同时分别发布生产路由信息和办公路由信息，其中在 R1 上发布生产路由信息的优先级更高，在 R2 上发布办公路由信息的优先级更高。同样地，可以实现生产数据流优先发往 R1，办公数据流优先发往 R2，同时两台设备互相备份。

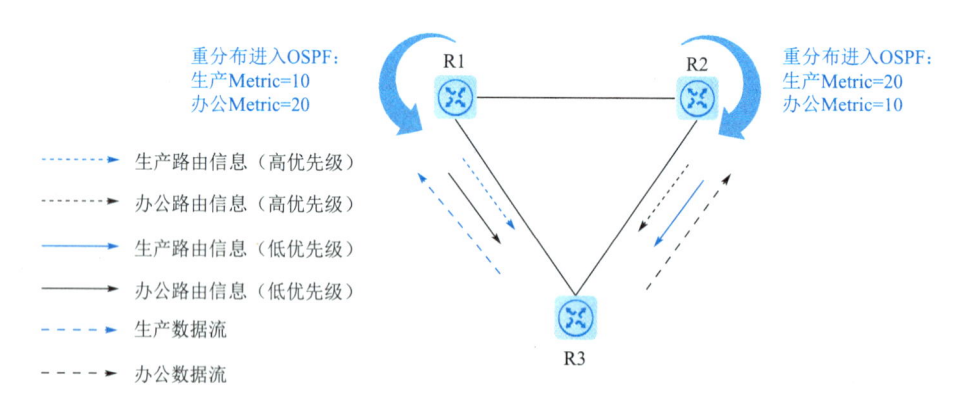

图 12-17　调整 Metric 的值示例

3. 静态路由信息优先于静态浮动路由信息

如果网络中已配置静态路由信息，那么可以利用静态路由信息优先于静态浮动路由信息的原则来控制路由信息。如图 12-18 所示，在 R3 上为生产业务配置静态路由信息和静态浮动路由信息，分别指向 R1 和 R2，同时为办公业务配置生产静态路由信息和生产静态浮动路由信息，这样保证生产业务优先从 R1 上转发，当 R1 或生产链路发生故障时，会自动从 R2 上转发。办公业务亦是如此。

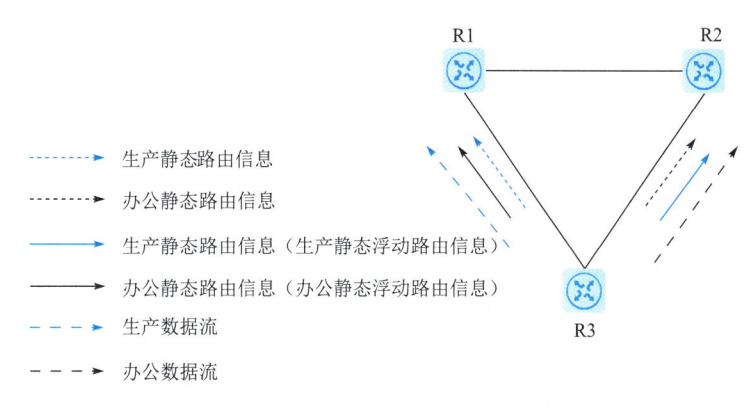

图 12-18　静态路由信息优先于静态浮动路由信息示例

4. 配置 OSPF 链路的开销值

通过配置 OSPF 链路的开销值进行链路主备备份来控制路由信息。如图 12-19 所示，调整右侧 OSPF 链路的开销值，使所有业务都从左侧 OSPF 链路进行转发，当左侧 OSPF 链路或左侧设备发生故障时，所有业务都从右侧进行转发，实现链路主备备份。

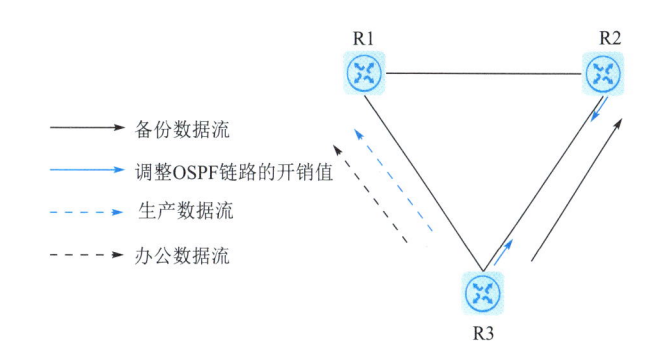

图 12-19　配置 OSPF 链路的开销值示例

问题与思考

1. 以下不能用于路由信息控制的是（　　）。

　　A．修改路由协议的 AD

　　B．明细路由信息优先于汇总路由信息

　　C．修改 BGP 的本地优先级

　　D．配置静态浮动路由信息

2. 以下无法进行路由信息重分布的是（　　）。

   A. 仅在 OSPF 的 LSDB 中，但不在 RIB 中的路由信息

   B. 静态路由信息

   C. 动态路由信息

   D. 直连路由信息

3. 要在 OSPF 中重分布 RIP 路由信息，以下命令错误的是（　　）。

   A. redistribute rip

   B. redistribute rip subnets

   C. redistribute rip subnets metric 3

   D. redistribute ospf subnets

4. 使用 prefix-list 与 ACL 匹配路由信息的区别是（　　）。

   A. 使用 prefix-list 可以匹配掩码，使用 ACL 无法匹配掩码

   B. 使用 prefix-list 只可以匹配数据，使用 ACL 可以同时匹配路由信息和数据

   C. 使用 prefix-list 和 ACL 都可以匹配掩码，但使用 prefix-list 匹配掩码的精确度更高

   D. 使用 prefix-list 和 ACL 都可以匹配掩码，但使用 ACL 匹配掩码的精确度更高

5. 以下命令能匹配下面两个网段的是（　　）。

   192.168.10.0/24　　192.168.10.0.28

   A. ip prefix-list ruijie seq 5 permit 192.168.10.0/24 ge24 le 26

   B. ip prefix-list RUIJIE seq 5 permit 192.168.0.0/16 le 24

   C. ip prefix-list RUIJIE seq 5 permit 192.168.10.0/16 le 25

   D. ip prefix-list ruijie seq 5 permit 192.168.10.0/24